Wolfgang Böge (Hrsg.)

Arbeitshilfen und Formeln für das technische Studium

Band 3 **Fertigung**

5., verbesserte Auflage

erarbeitet von
Wolfgang Böge und Heinz Wittig

Mit 209 Bildern

Arbeitshilfen und Formeln für das technische Studium erscheinen in der Reihe Viewegs Fachbücher der Technik und werden herausgegeben von *Wolfgang Böge.* Band 3 wurde bis zur 3. Auflage herausgegeben von *Alfred Böge.*

Autoren des Bandes 3: *Wolfgang Böge / Heinz Wittig*

1. Auflage 1979
2., überarbeitete Auflage 1984
Nachdruck 1988
3., überarbeitete Auflage 1990
4., erweiterte und überarbeitete Auflage 1992
5., verbesserte Auflage 1993

Der Verlag Vieweg ist ein Unternehmen der Verlagsgruppe Bertelsmann International.

Satz: Vieweg, Braunschweig
Druck und buchbinderische Verarbeitung: Lengericher Handelsdruckerei, Lengerich
Umschlaggestaltung: Klaus Birk, Wiesbaden
Gedruckt auf säurefreiem Papier
Printed in Germany

ISBN 3-528-44071-6

Vorwort

Für wen und wozu

Im vorliegenden Band 3 der „Arbeitshilfen“ finden die Studierenden an

- *Fachhochschulen*
- *Fachschulen*
- *Fachoberschulen*
- *Fachgymnasien*
- *Berufsaufbauschulen*

die zum Lösen von Aufgaben aus dem Fach *Fertigung* erforderlichen

- *Größengleichungen*
- *Erläuterungen einzelner Größen*
- *Lehrsätze*
- *Regeln und Verfahren*
- *Konstruktionszeichnungen*
- *Skizzen*
- *Diagramme*
- *Beispiele*

Was wird erreicht, und wie

Mit den „Arbeitshilfen“ wird Zeit gespart für das Erarbeiten des Lösungsweges der Aufgaben:

- *das ausführliche Sachwortverzeichnis führt zur gesuchten Größe*
- *die zugehörige Tafel enthält die Größengleichungen in zweckmäßiger Form*
- *mit einem Blick ist der Anwendungsbereich erfaßbar*
- *die zusätzlichen Erläuterungen sichern die richtige Anwendung*
- *Hinweise auf andere Tafeln vervollständigen den Überblick*

Für Klausuren gerade richtig

Umfang, Schwerpunktbildung und Ordnung des Stoffes bringen den Studierenden die zulässige und wünschenswerte Hilfe für schriftliche Prüfungen.

Gesetzliche Einheiten und Umrechnungen

Selbstverständlich werden nur die gesetzlichen Einheiten und die Einheiten des Internationalen Einheitensystems (SI-Einheiten) verwendet.

Brücke von einer Schulform zur folgenden

Herausgeber und Autoren sind bestrebt, die Bände didaktisch und methodisch so anzulegen, daß sie für alle Schulformen der Sekundarstufe II mit technischen Lehrinhalten und für die anschließenden Studiengänge echte *Arbeitshilfen* sind.

Braunschweig, im August 1993

Alfred Böge

Inhaltsübersicht zu den Bänden 1, 2 und 4

Band 1 **Grundlagen**

Mathematik • Physik • Chemie • Werkstoffkunde • Statik • Dynamik • Hydrostatik • Hydrodynamik • Festigkeitslehre • Wärmelehre • Elektrotechnik

Band 2 **Konstruktion** (mit Formelsammlung)

Toleranzen und Passungen • Schraubenverbindungen • Schweißverbindungen • Achsen, Wellen, Zapfen • Nabenverbindungen • Kupplungen • Lager • Zahnradgetriebe einschließlich Planetengetriebe • Flach- und Keilriemengetriebe • Stahlbau • Federn • Festigkeit und zulässige Spannung

Band 4 **Elektrotechnik / Elektronik**

Normen und VDE-Bestimmungen • Konstante und häufig benötigte Stoffwerte • Vorsätze für dezimale Vielfache und Teile von Einheiten • Codiertes Herstellungsdatum auf Bauelementen • Nennwertreihen für Widerstände und Kondensatoren • Schaltzeichen • Widerstand • Induktivität • Kapazität • Magnetisches Feld • Elektrisches Feld • Formale Analogien zwischen den Feldgrößen • Wärmeableitung bei Halbleiterbauteilen • Halbleiterdioden • Transistoren • Operationsverstärker • Thyristoren • Gleichstrom • Wechselstrom • Elektrische Antriebe, Elektromotoren • Elektronik • Zahlensysteme • Logische Schaltglieder • Schaltalgebra • Sequentielle logische Schaltungen • Schaltkreisfamilien • Beispiele und Arbeitspläne zur Schaltungslehre der Fachgebiete Gleichstrom, Wechselstrom, Elektromotoren, Elektronik und Digitaltechnik

Inhaltsverzeichnis

Spanende Fertigung

Spanlose Fertigung

1. Spanende Fertigung durch Drehen

Normen (Auswahl)

DIN 803	Vorschübe für Werkzeugmaschinen, Nennwerte, Grenzwerte, Übersetzungen
DIN 804	Lastdrehzahlen für Werkzeugmaschinen, Nennwerte, Grenzwerte, Übersetzungen
DIN 4951	Gerade Drehmeißel mit Schneiden aus Schnellarbeitsstahl
DIN 4971	Gerade Drehmeißel mit Schneidplatte aus Hartmetall
DIN 6580	Begriffe der Zerspantechnik, Bewegungen und Geometrie des Zerspanvorganges
DIN 6581	Begriffe der Zerspantechnik, Bezugssysteme und Winkel am Schneidteil des Werkzeuges
DIN 6582	Begriffe der Zerspantechnik, Ergänzende Begriffe am Werkzeug, am Schneidkeil und an der Schneide
DIN 6584	Begriffe der Zerspantechnik, Kräfte – Energie – Arbeit – Leistungen

1.1. Schnittgrößen und Spanungsgrößen

Schnittgrößen und Spanungsgrößen beim Runddrehen (Außendrehen).
Größen gelten sinngemäß auch für das Plandrehen.

d Ausgangsdurchmesser
a_p Schnitttiefe
f Vorschub
h Spanungsdicke
b Spanungsbreite
A Spanungsquerschnitt (idealisiert)
κ_r Einstellwinkel
α_0 Orthogonalfreiwinkel
β_0 Orthogonalkeilwinkel
γ_0 Orthogonalspanwinkel

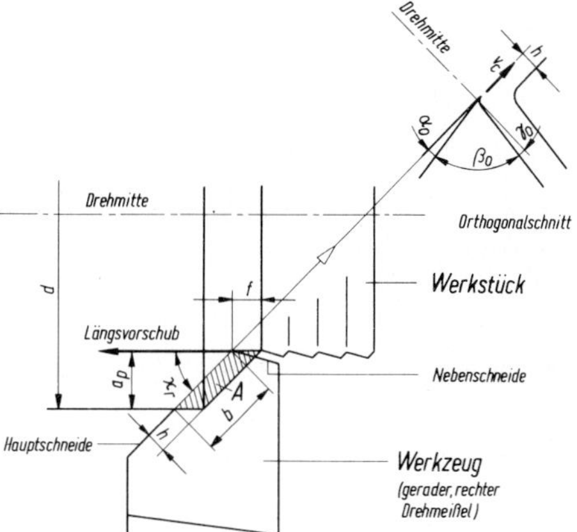

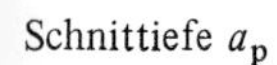

1

Schnittiefe a_p

Tiefe des Eingriffs der Hauptschneide.
Berechnung der erforderlichen Schnittiefe $a_{p\,erf}$ für eine ökonomische Nutzung der Motorleistung beim Runddrehen:

$$a_{p\,erf} = \frac{6 \cdot 10^4 P_m \eta_g}{f k_c v_c}$$

$a_{p\,erf}$	P_m	f	k_c	v_c
mm	kW	$\frac{mm}{U}$	$\frac{N}{mm^2}$	$\frac{m}{min}$

P_m	Motorleistung	(1.7 Nr. 3)
η_g	Getriebewirkungsgrad	(1.7 Nr. 3)
f	Längsvorschub der Maschine	(1.1 Nr. 2 und 3)
k_c	spezifische Schnittkraft	(1.5 Nr. 2 und 3)
v_c	Schnittgeschwindigkeit	(1.2 Nr. 1)

2 Vorschub f

Weg, den das Werkzeug während einer Umdrehung (U) des Werkstücks in Vorschubrichtung zurücklegt.

Für eine vorgegebene Rauhtiefe R_t gilt bei $r > 0{,}67\,f$:

$$f_{erf} = \sqrt{8\,r\,R_t}$$

f_{erf}	r, R_t
$\frac{\text{mm}}{\text{U}}$	mm

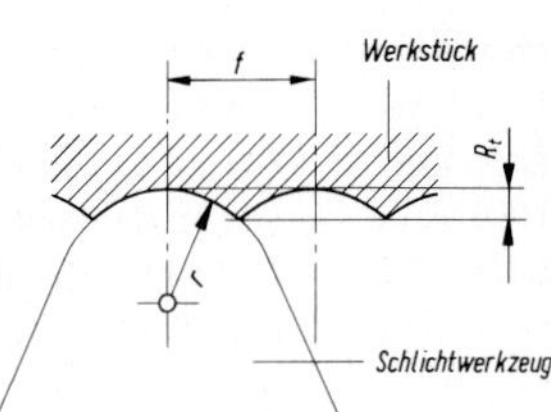

r Radius der gerundeten Schneidenecke des Zerspanwerkzeugs

R_t vorgegebene Rauhtiefe

3 Vorschübe f nach DIN 803 (Auszug)

0,01	0,0315	0,1	0,315	1	3,15
0,0112	0,0355	0,112	0,355	1,12	3,55
0,0125	0,04	0,125	0,4	1,25	4
0,014	0,045	0,14	0,45	1,4	4,5
0,016	0,05	0,16	0,5	1,6	5
0,018	0,056	0,18	0,56	1,8	5,6
0,02	0,063	0,2	0,63	2	6,3
0,0224	0,071	0,224	0,71	2,24	7,1
0,025	0,08	0,25	0,8	2,5	8
0,028	0,09	0,28	0,9	2,8	9

Die angegebenen Vorschübe sind gerundete Nennwerte der Grundreihe R 20 (Normzahlen) in mm/U mit dem Stufensprung $\varphi = 1{,}12$.

Für grobere Vorschubstufungen kann von 1 ausgehend wahlweise jeder 2., 3., 4. oder 6. Zahlenwert der Grundreihe zu Vorschubreihen mit den Stufensprüngen $\varphi^2, \varphi^3, \varphi^4$ und φ^6 zusammengestellt werden.

4 Spanungsdicke h

$$h = f \sin \kappa_r$$

5 Spanungsbreite b

$$b = \frac{a_p}{\sin \kappa_r}$$

6 Spanungsquerschnitt A

$$A = b\,h = a_p\,f$$

7 Spanungsverhältnis ϵ_s

$$\epsilon_s = \frac{b}{h} = \frac{a_p}{f \sin^2 \kappa_r}$$

1.2 Geschwindigkeiten

Geschwindigkeiten beim Runddrehen (Außendrehen) relativ zum Werkstück.

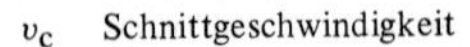

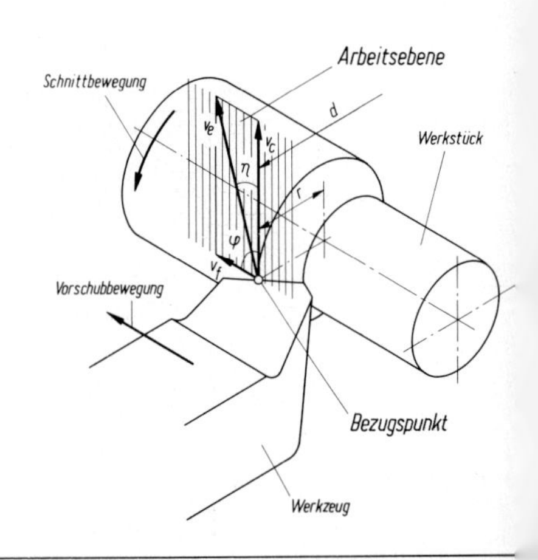

v_c Schnittgeschwindigkeit

v_f Vorschubgeschwindigkeit

v_e Wirkgeschwindigkeit

η Wirkrichtungswinkel

φ Vorschubrichtungswinkel (beim Drehen 90°)

1

Schnittgeschwindigkeit v_c (Richtwerte in 1.3)

Momentanbewegung des Werkzeugs in Schnittrichtung relativ zum Werkstück

$$v_c = \frac{d \pi n}{1000}$$

v_c	d	n
$\frac{m}{min}$	mm	min^{-1}

d Werkstückdurchmesser
n Drehzahl des Werkstücks

Umrechnung der Richtwerte v_c auf abweichende Standzeitvorgaben bei sonst unveränderten Spanungsbedingungen:

$$v_{c1} = v_c \left(\frac{T}{T_1}\right)^y$$

v_{c1}, v_c	T, T_1	y
$\frac{m}{min}$	min	1

v_{c1} Schnittgeschwindigkeit, auf T_1 umgerechnet
v_c empfohlene Schnittgeschwindigkeit nach 1.3
T Standzeit, die bei v_c erreicht wird (siehe Fußnote 3 in 1.3)
T_1 vorgegebene Standzeitforderung (z.B. T_z oder T_k)
y Standzeitexponent (nach 1.8)

2

erforderliche Drehzahl n_{erf} des Werkstücks

$$n_{erf} = \frac{1000\, v_c}{d \pi}$$

n_{erf}	v_c	d
min^{-1}	$\frac{m}{min}$	mm

v_c empfohlene Schnittgeschwindigkeit (nach 1.3 oder umgerechnet)
d Werkstückdurchmesser

3

Maschinendrehzahl n

Bei der Festlegung der Werkstückdrehzahl sind bei Stufengetrieben die einstellbaren Maschinendrehzahlen zu beachten:
Drehzahlen n (Lastdrehzahlen) nach DIN 804 in min^{-1}

10	31,5	100	315	1000	3150
11,2	35,5	112	355	1120	3550
12,5	40	125	400	1250	4000
14	45	140	450	1400	4500
16	50	160	500	1600	5000
18	56	180	560	1800	5600
20	63	200	630	2000	6300
22,4	71	224	710	2240	7100
25	80	250	800	2500	8000
28	90	280	900	2800	9000

Die angegebenen Drehzahlen sind Lastdrehzahlen (Abtriebsdrehzahlen bei Nennbelastung des Motors) als gerundete Nennwerte der Grundreihe R 20 (Normzahlen) mit dem Stufensprung $\varphi = 1{,}12$.

Für grobere Drehzahlstufungen kann wahlweise jeder 2., 3., 4. oder 6. Zahlenwert der Grundreihe zu Drehzahlreihen mit den Stufensprüngen φ^2, φ^3, φ^4 und φ^6 zusammengestellt werden.

Aus dem Drehzahlangebot der Maschine wird die Drehzahl gewählt, die der erforderlichen Drehzahl (n_{erf}) am nächsten liegt.

Ist eine Mindeststandzeit gefordert, so wird die nächstkleinere Maschinendrehzahl gewählt (Maschinendiagramm).

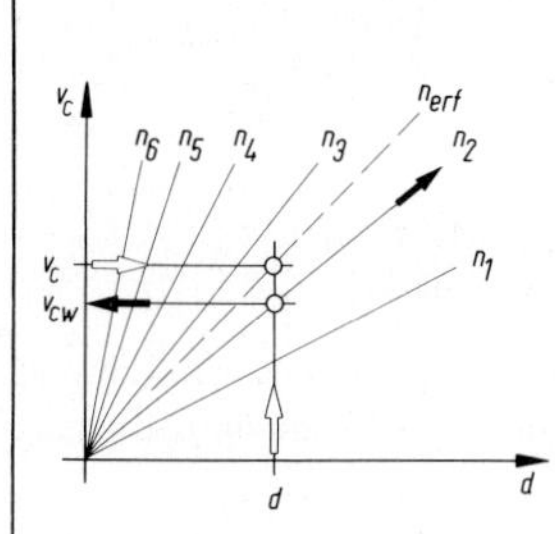

Maschinendiagramm mit einfach geteilten Koordinatenachsen

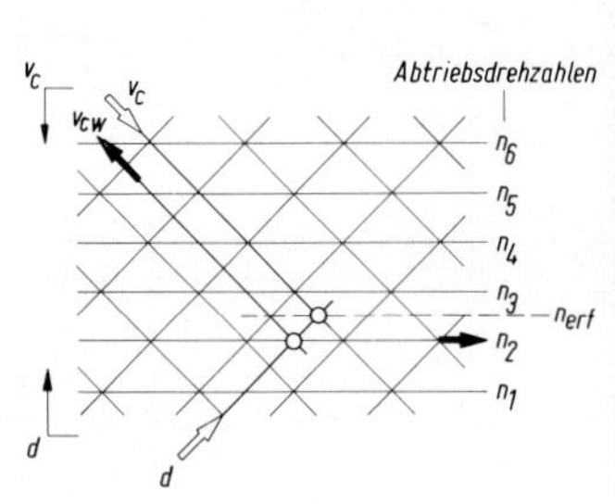

Maschinendiagramm mit logarithmisch geteilten Koordinatenachsen

4 wirkliche Schnittgeschwindigkeit v_{cw}

$$v_{cw} = \frac{d\,\pi\,n}{10^3}$$

v_{cw}	d	n
$\frac{\text{m}}{\text{min}}$	mm	min^{-1}

d Werkstückdurchmesser
n gewählte Maschinendrehzahl

5 wirkliche Standzeit T_w

$$T_w = T\left(\frac{v_c}{v_{cw}}\right)^{\frac{1}{y}}$$

T_w, T	v_c, v_{cw}	y
min	$\frac{\text{m}}{\text{min}}$	1

v_c, T vorgegebenes zusammengehörendes Wertepaar (nach 1.3 oder umgerechnet)
v_{cw} wirkliche Schnittgeschwindigkeit
y Standzeitexponent (nach 1.8)

6 Vorschubgeschwindigkeit v_f

Momentangeschwindigkeit des Werkzeugs in Vorschubrichtung:

$$v_f = f\,n$$

v_f	f	n
$\frac{\text{mm}}{\text{min}}$	$\frac{\text{mm}}{\text{U}}$	min^{-1}

f Vorschub in mm/U
n Drehzahl des Werkstücks

7 Wirkgeschwindigkeit v_e

Momentangeschwindigkeit des betrachteten Schneidenpunktes (Bezugspunkt) in Wirkrichtung:

$$v_e = \sqrt{v_c^2 + v_f^2} \qquad \text{bei } \varphi = 90^\circ$$

$$v_e = \frac{v_c}{\cos\eta} = \frac{v_f}{\sin\eta}$$

$$v_f \ll v_c \Rightarrow v_e \approx v_c$$

1.3 Richtwerte für die Schnittgeschwindigkeit v_c beim Drehen

Die Richtwerte sind von der Firma Gebr. Boehringer in Göppingen aus Versuchswerten von Prof. Kienzle, AWF 158 und allgemeinen Hinweisen aus dem Schrifttum abgeleitet worden.

Werkstoff	Zugfestigkeit R_m in N/mm²	Schneidstoff 3)	Schnittgeschwindigkeit v_c in m/min bei Vorschub f in mm/U und Einstellwinkel κ_r 1) 2) 0,063			0,1			0,16			0,25			0,4			0,63			1		
			45°	70°	90°	45°	70°	90°	45°	70°	90°	45°	70°	90°	45°	70°	90°	45°	70°	90°	45°	70°	90°
St 50 C 35	500 ... 600	L HM HSS	224	212	200	200	190	180	180 45	170 31,5	160 28	160 35,5	150 25	140 22,4	140 28	132 20	125 18	125 25	118 18	112 16	112 20	106 14	100 12,5
		W HM Keramik				475	450 560	425	400	375 500	355	335	315 450	300	280	265 400	250	236	224 355	212	200	190	180
St 60 C 45	600 ... 700	L HM HSS	212	200	190	190	180	170	170 35,5	160 25	150 22,4	150 28	140 20	132 18	132 25	125 18	118 16	118 20	112 14	106 12,5	106 16	100 11,2	95 10
		W HM Keramik				400	375 500	355	335	315 450	300	280	265 400	250	236	224 355	212	200	190 315	180	170	160	150
St 70 C 60	700 ... 850	L HM HSS	180	170	160	160	150	140	140 28	132 20	125 18	125 25	118 18	112 16	106 20	100 14	95 12,5	95 16	90 11,2	85 10	85 12,5	80 9	75 8
		W HM Keramik				315	300 450	280	265	250 400	236	224	212 355	200	190	180 315	170	160	150 280	140	132	125	118
Mn-, CrNi-, CrMo- und andere legierte Stähle	700 ... 850	L HM HSS	180	170	160	160	150	140	140 25	132 18	125 16	125 20	118 14	112 12,5	106 16	100 11,2	95 10	95 12,5	90 9	85 8	85 11	80 8	75 7
		W HM Keramik				315	300 450	280	265	250 400	236	224	212 355	200	190	180 315	170	160	150 280	140	132	125	118
	850 ... 1000	L HM HSS	140	132	125	125	118	112	100 20	95 14	90 12,5	90 16	85 11,2	80 10	71 12,5	67 9	63 8	63 10	60 7,1	56 6,3	56 8	53 5,6	50 5
		W HM Keramik				190	180 400	170	150	140 355	132	118	112 315	106	95	90 280	85	75	71 250	67	60	56	53
GG-15 GG-25		L HM HSS	95	90	85	85	80	75	75 28	71 22,4	67 20	67 20	63 16	60 14	60 14	56 11,2	53 10	53 11	50 9	47,5 8	47,5 9	45 7,1	42,5 6,3
		W HM Keramik				212	200 450	190	180	170 400	160	150	140 355	132	125	118 315	112	106	100 280	95	90	85	80
GGG-60		L HM HSS																					
		W HM Keramik				170	160 560	150	140	132 500	125	118	112 450	106	100	95 400	90	85	80 355	75	71	67	63
Hartguß		L HM HSS	19	18	17	17	16	15	15	14	13,2	13,2	12,5	11,8	11,8	11,2	10,6	10,6	10	9,5	9	8,5	8
		W HM Keramik		125			112		26,5	25 100	23,6	21,2	20 90	19	17	16 80	15	13,2	12,5 71	11,8	10,6	10	9,5
Gußbronze DIN 1705		L HM HSS	315	300	280	280	265	250	250 53	236 50	224 47,5	224 47,5	212 45	200 42,5	200 42,5	190 40	180 37,5	180 37,5	170 35,5	160 33,5	160 31,5	150 30	140 28
Rotguß DIN 1705		L HM HSS	425	400	375	400	375	355	355 75	335 71	315 67	335 63	315 60	300 56	300 50	280 47,5	265 45	265 40	250 37,5	236 35,5	250 31,5	236 30	224 28
Messing DIN 1709		L HM HSS	500	475	450	475	450	425	450 112	425 106	400 100	400 90	375 85	355 80	355 67	335 63	315 60	335 50	315 47,5	300 45	300 37,5	280 35,5	265 33,5
Al-Guß DIN 1725	300 ... 420	L HM HSS	250 125	236 118	224 112	224 100	212 95	200 85	200 75	190 71	180 67	180 56	170 53	160 50	160 42,5	150 40	140 37,5	140 31,5	132 30	125 28	125 25	118 23,6	112 22,4
Mag.-Legierung DIN 1729		L HM HSS	1600 850	1500 800	1400 750	1400 800	1320 750	1250 710	1250 750	1180 710	1120 670	1120 670	1060 630	1000 600	1000 630	950 600	900 560	900 600	850 560	800 530	800 600	750 560	710 530

1) Die eingetragenen Werte gelten für Schnittiefe a_p bis 2,24 mm. Über 2,24 bis 7,1 mm sind die Werte um 1 Stufe der Reihe R10 um angenähert 20 % und über 7,1 bis 22,4 mm um 1 Stufe der Reihe R5 angenähert 40 % zu kürzen.

2) Die Werte v_c müssen beim Abdrehen einer Kruste, Gußhaut oder bei Sandeinschlüssen um 30 ... 50 % verringert werden.

3) Die Standzeit T beträgt für gelötete Drehmeißel (L) aus HM = 240 mm; aus HSS = 60 min; für Wendeschneidplatten (W) aus HM und Keramik = 15 min.

1.4. Werkzeugwinkel

Werkzeug-Bezugssystem und Werkzeugwinkel am Drehwerkzeug (gerader, rechter Drehmeißel)

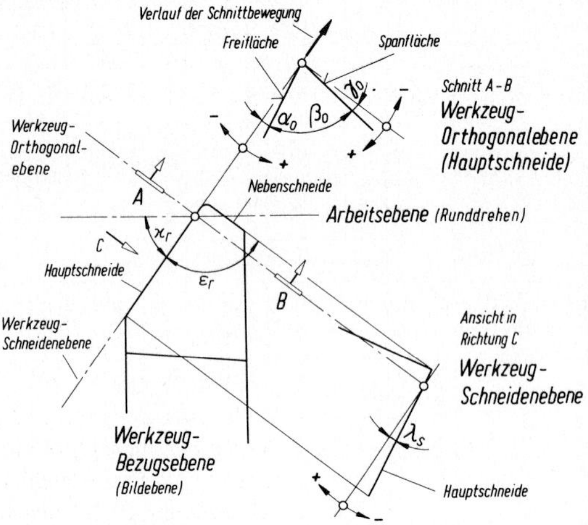

α_0 Orthogonalfreiwinkel
β_0 Orthogonalkeilwinkel
γ_0 Orthogonalspanwinkel
κ_r Einstellwinkel
ϵ_r Eckenwinkel
λ_s Neigungswinkel

$\alpha_0 + \beta_0 + \gamma_0 = 90°$

Verlauf der Schnittbewegung, Freifläche, Spanfläche, Schnitt A-B, Werkzeug-Orthogonalebene (Hauptschneide), Werkzeug-Orthogonalebene, Nebenschneide, Arbeitsebene (Runddrehen), Hauptschneide, Werkzeug-Schneidenebene, Werkzeug-Bezugsebene (Bildebene), Ansicht in Richtung C, Werkzeug-Schneidenebene, Hauptschneide

1	Werkzeug-Bezugsebene P_r	Ebene durch den betrachteten Schneidenpunkt, senkrecht zur Richtung der Schnittbewegung und parallel zur Auflagefläche des Drehwerkzeugs. 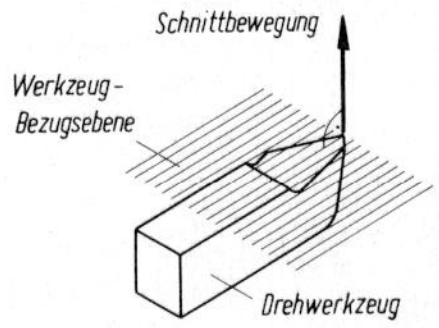
2	Werkzeug-Schneidenebene P_s	Ebene senkrecht zur Werkzeug-Bezugsebene. Sie enthält die (gerade) Hauptschneide. 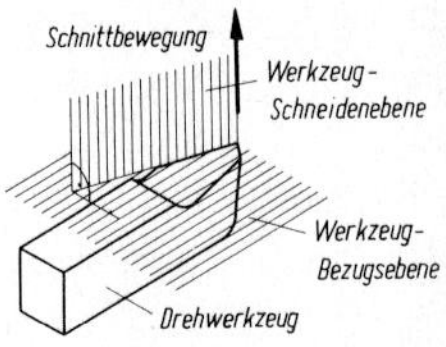
3	Werkzeug-Orthogonalebene P_o	Ebene durch den betrachteten Schneidenpunkt, senkrecht zur Werkzeug-Bezugsebene und senkrecht zur Werkzeug-Schneidenebene. In dieser Ebene werden die Winkel am Schneidkeil gemessen. 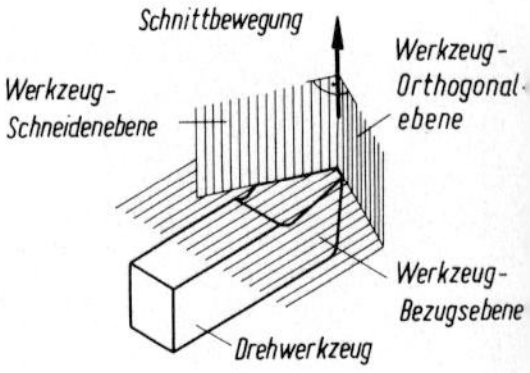
4	Arbeitsebene P_f	Ebene durch den betrachteten Schneidenpunkt, senkrecht zur Werkzeug-Bezugsebene. Sie enthält die Richtungen von Vorschub- und Schnittbewegung. 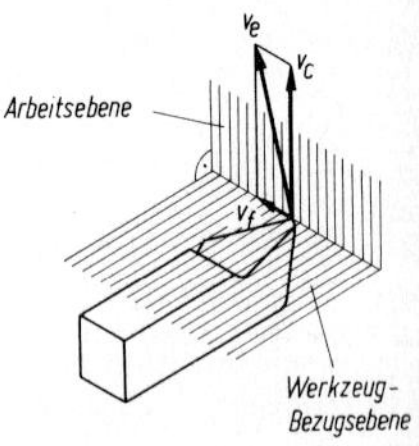

Orthogonalfreiwinkel α_0	Winkel zwischen Freifläche und Werkzeug-Schneidenebene, gemessen in der Werkzeug-Orthogonalebene. Empfohlene Freiwinkel liegen im Bereich von 5° ... 12°.	5
Orthogonalkeilwinkel β_0	Winkel zwischen Freifläche und Spanfläche, gemessen in der Werkzeug-Orthogonalebene. Er soll mit Rücksicht auf das Standverhalten des Werkzeugs möglichst groß sein. $\beta_0 = 90° - \alpha_0 - \gamma_0$	6
Orthogonalspanwinkel γ_0	Winkel zwischen Spanfläche und Werkzeug-Bezugsebene, gemessen in der Werkzeug-Orthogonalebene. Empfohlene Spanwinkel liegen im Bereich von 0° ... 20°. Bei höherer Belastung und größerem Wärmeaufkommen (*Beispiel:* Schruppzerspanung) werden auch negative Spanwinkel (bis etwa −20°) angewendet. Der Schneidkeil ist dann mechanisch und thermisch höher belastbar und die Schneidkeilschwächung bei Kolkverschleiß geringer.	7
Einstellwinkel κ_r	Winkel zwischen Arbeitsebene und Werkzeug-Schneidenebene, gemessen in der Werkzeug-Bezugsebene. Empfohlene Einstellwinkel liegen im Bereich von 45° ... 90°.	8
Eckenwinkel ϵ_r	Winkel zwischen den Werkzeug-Schneidenebenen zusammengehörender Haupt- und Nebenschneiden, gemessen in der Werkzeug-Bezugsebene. Empfohlener Eckenwinkel für Vorschübe bis 1 mm/U: $\epsilon_r = 90°$ (bei größeren Vorschüben ϵ_r größer).	9
Neigungswinkel λ_s	Winkel zwischen Hauptschneide und Werkzeug-Bezugsebene, gemessen in der Werkzeug-Schneidenebene. Empfohlene Neigungswinkel von 5° ... 20° (positiv oder negativ).	10

1.5. Zerspankräfte

Zerspankräfte beim Runddrehen bezogen auf das Werkzeug.

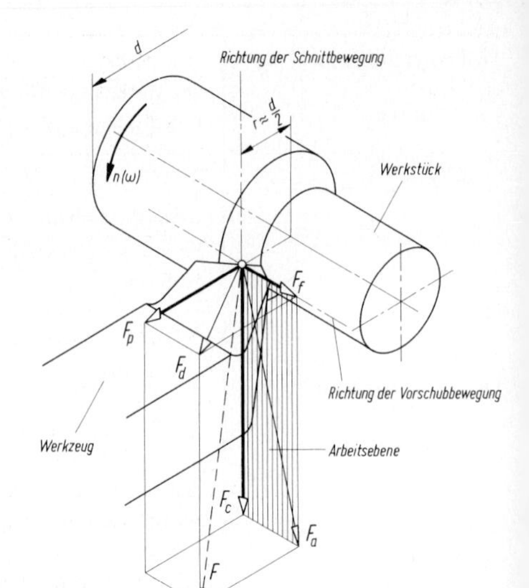

F_c Schnittkraft (leistungführend)
F_f Vorschubkraft (leistungführend)
F_a Aktivkraft
F_p Passivkraft
F_d Drangkraft
F Zerspankraft

1 Schnittkraft F_c (nach Kienzle)

$F_c = a_p f k_c$

a_p Schnittiefe
f Vorschub
k_c spezifische Schnittkraft

F_c	a_p	f	k_c
N	mm	$\frac{mm}{U}$	$\frac{N}{mm^2}$

2 spezifische Schnittkraft k_c

Richtwerte aus 1.6

3 spezifische Schnittkraft k_c (rechnerisch)

$$k_c = \frac{k_{c1\cdot1}}{h^z} K_v K_\gamma K_{ws} K_{wv} K_{ks} K_f$$

h Spanungsdicke nach 1.1 Nr. 4
z Spanungsdickenexponent
K Korrekturfaktoren

k_c, $k_{c1\cdot1}$	h	z	K
$\frac{N}{mm^2}$	mm	1	1

4 Hauptwert der spezifischen Schnittkraft $k_{c1\cdot1}$ und Spanungsdickenexponent z

$k_{c1\cdot1}$ ist die spezifische Schnittkraft für 1 mm^2 Spanungsquerschnitt (1 mm Spanungsdicke mal 1 mm Spanungsbreite)

Richtwerte für $k_{c1\cdot1}$ in N/mm^2 und Spanungsdickenexponent z

Werkstoff	$k_{c1\cdot1}$	z
St 37, St 42	1780	0,17
St 50	1990	0,26
St 60	2110	0,17
St 70	2260	0,30
C 15, Ck 15	1820	0,22
C 35, Ck 35	1860	0,20
C 45, Ck 45	2220	0,14
C 60, Ck 60	2130	0,18
16 Mn Cr 5	2100	0,26
25 Cr Mo 4	2070	0,25
GS-45	1600	0,17
GG-20	1020	0,25
Messing	780	0,18
Gußbronze	1780	0,17

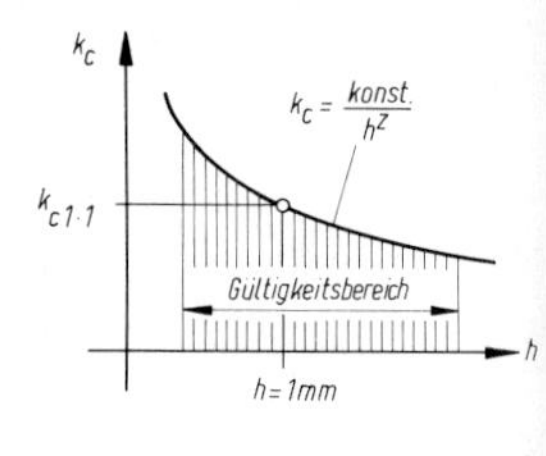

Tabellenwerte gelten für
$h = 0,05 \ldots 2,5$ mm
$\epsilon_s \approx 4$

Schnittgeschwindigkeits-Korrekturfaktor K_v für $v_c = 20...600 \frac{m}{min}$	$K_v = \frac{2{,}023}{v_c^{0{,}153}}$ für $v_c < 100 \frac{m}{min}$ $K_v = \frac{1{,}380}{v_c^{0{,}07}}$ für $v_c > 100 \frac{m}{min}$ $K_v = 1$ für $v_c = 100 \frac{m}{min}$ 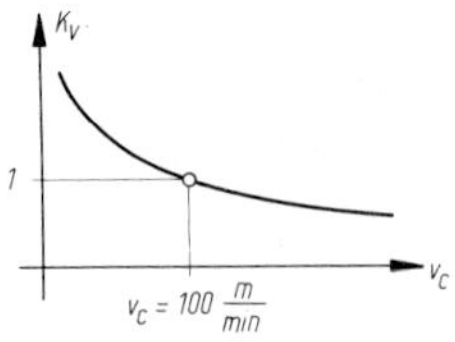	5
Spanwinkel-Korrekturfaktor K_γ	$K_\gamma = 1{,}09 - 0{,}015\ \gamma_0^\circ$ für langspanende Werkstoffe (z.B. Stahl) $K_\gamma = 1{,}03 - 0{,}015\ \gamma_0^\circ$ für kurzspanende Werkstoffe (z.B. GG) 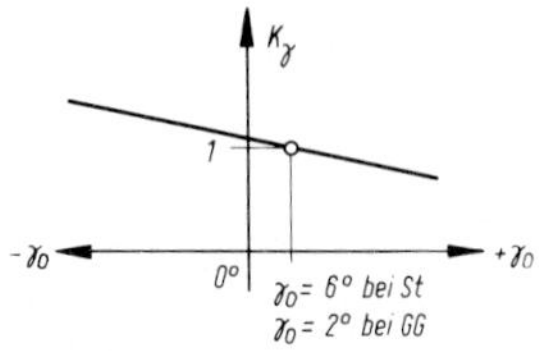	6
Schneidstoff-Korrekturfaktor K_{ws}	$K_{ws} = 1{,}05$ für Schnellarbeitsstahl $K_{ws} = 1$ für Hartmetall $K_{ws} = 0{,}9 ... 0{,}95$ für Schneidkeramik	7
Werkzeugverschleiß-Korrekturfaktor K_{wv}	$K_{wv} = 1{,}3 ... 1{,}5$ für Drehen, Hobeln und Räumen $K_{wv} = 1{,}25 ... 1{,}4$ für Bohren und Fräsen $K_{wv} = 1$ bei scharfer Schneide 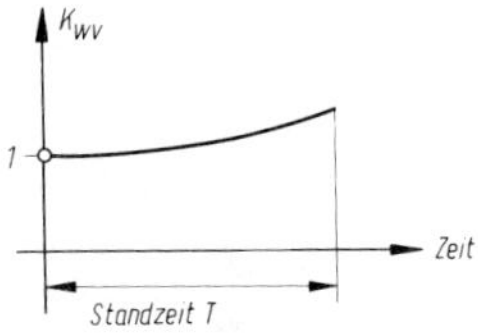	8
Kühlschmierungs-Korrekturfaktor K_{ks}	$K_{ks} = 1$ für trockene Zerspanung $K_{ks} = 0{,}85$ für nicht wassermischbare Kühlschmierstoffe $K_{ks} = 0{,}9$ für Kühlschmier-Emulsionen	9
Werkstückform-Korrekturfaktor K_f	$K_f = 1$ für konvexe Bearbeitungsflächen (*Beispiel:* Außendrehen) $K_f = 1{,}1$ für ebene Bearbeitungsflächen (*Beispiel:* Hobeln, Räumen) $K_f = 1{,}2$ für konkave Bearbeitungsflächen (*Beispiel:* Innendrehen, Bohren, Fräsen)	10
Vorschubkraft F_f	Komponente der Zerspankraft F in Vorschubrichtung.	11
Aktivkraft F_a	Resultierende aus Schnittkraft F_c und Vorschubkraft F_f: $F_a = \sqrt{F_c^2 + F_f^2}$ bei $\varphi = 90^\circ$	12
Passivkraft F_p	Komponente der Zerspankraft F senkrecht zur Arbeitsebene. Sie verformt während der Zerspanung das Werkstück in seiner Einspannung und verursacht dadurch Formfehler.	13
Drangkraft F_d	Resultierende aus Vorschubkraft F_f und Passivkraft F_p: $F_d = \sqrt{F_f^2 + F_p^2}$	14
Zerspankraft F	Resultierende aus Schnittkraft F_c, Vorschubkraft F_f und Passivkraft F_p: $F = \sqrt{F_c^2 + F_f^2 + F_p^2}$	15

1.6. Richtwerte für die spezifische Schnittkraft k_c beim Drehen

Die Richtwerte sind von der Firma Gebr. Boehringer in Göppingen aus Versuchswerten von Prof. Kienzle, AWF 158 und allgemeinen Hinweisen aus dem Schrifttum abgeleitet worden.

Werkstoff	Zugfestigkeit R_m in N/mm²	spezifische Schnittkraft k_c in N/mm² bei Vorschub f in mm/U und Einstellwinkel κ_r																				
		0,063			0,1			0,16			0,25			0,4			0,63			1		
		45°	70°	90°	45°	70°	90°	45°	70°	90°	45°	70°	90°	45°	70°	90°	45°	70°	90°	45°	70°	90°
St 42	bis 500	3010	2860	2820	2760	2635	2600	2550	2435	2400	2360	2265	2240	2200	2085	2060	2030	1945	1920	1890	1810	1800
St 50	520	4470	4180	4100	3980	3690	3610	3500	3260	3190	3100	2880	2830	2740	2550	2500	2430	2280	2240	2180	2040	1990
St 60	620	3620	3430	3380	3300	3130	3080	3010	2870	2830	2780	2650	2620	2580	2470	2440	2400	2300	2270	2220	2130	2110
St 70	720	5680	5260	5150	4980	4610	4500	4350	4010	3920	3800	3500	3410	3300	3060	2990	2900	2670	2600	2520	2310	2260
C45, Ck 45	670	3450	3300	3260	3200	3080	3040	2990	2870	2840	2800	2690	2660	2620	2530	2500	2460	2370	2340	2310	2240	2220
C60, Ck 60	770	3690	3500	3450	3380	3200	3150	3100	2960	2920	2860	2730	2700	2650	2530	2490	2450	2330	2300	2260	2160	2130
16 MnCr 5	770	4720	4410	4320	4200	3910	3830	3720	3470	3400	3300	3090	3020	2930	2720	2660	2580	2410	2360	2300	2140	2100
18 Cr Ni 6	630	5680	5260	5150	4980	4610	4510	4350	4015	3920	3800	3505	3410	3300	3070	3000	2900	2665	2590	2520	2315	2260
34 Cr Mo 4	600	4300	4070	4000	3900	3670	3610	3530	3345	3290	3220	3055	3000	2940	2795	2750	2670	2505	2460	2400	2280	2240
42 Cr Mo 4	730	5450	5100	5000	4880	4580	4500	4370	4080	4000	3890	3620	3550	3450	3220	3150	3060	2860	2800	2720	2550	2500
50 Cr V 4	600	5000	4650	4560	4440	4170	4100	3980	3690	3610	3500	3260	3190	3100	2880	2820	2730	2550	2500	2430	2270	2220
15 CrMo 5	590	3880	3715	3660	3590	3430	3390	3320	3175	3130	3070	2935	2900	2850	2720	2680	2630	2505	2470	2420	2325	2290
Mn-, CrNi-,	850 ... 1000	4530	4270	4200	4100	3870	3800	3710	3440	3450	3380	3200	3150	3080	2900	2850	2780	2640	2600	2550	2420	2380
CrMo- u.a.leg.St.	1000 ... 1400	4780	4520	4450	4350	4120	4050	3960	3760	3700	3610	3410	3350	3280	3120	3100	3030	2890	2850	2800	2660	2620
Nichtrost. St.	600 ... 700	4500	4270	4200	4120	3910	3850	3770	3580	3530	3460	3300	3250	3180	3040	3000	2940	2820	2780	2730	2610	2580
Mn-Hartstahl		6600	6210	6100	5950	5600	5500	5370	5060	4980	4860	4580	4500	4400	4150	4080	3980	3770	3700	3620	3410	3360
Hartguß		3720	3550	3500	3420	3240	3190	3130	2990	2940	2880	2730	2680	2620	2480	2450	2400	2280	2240	2200	2090	2060
GS-45	300 ... 500	2720	2590	2560	2510	2390	2360	2320	2210	2180	2140	2030	2000	1960	1890	1860	1820	1740	1720	1690	1620	1600
GS-52	500 ... 700	3010	2860	2820	2760	2630	2600	2550	2430	2400	2360	2270	2240	2200	2090	2060	2030	1950	1920	1890	1820	1800
GG-15		1800	1700	1670	1630	1530	1510	1480	1390	1370	1340	1270	1250	1220	1160	1140	1120	1050	1040	1020	960	950
GG-25		2570	2410	2360	2300	2150	2110	2060	1910	1870	1820	1690	1660	1610	1500	1470	1430	1320	1300	1280	1190	1160
GTW, GTS		2440	2280	2240	2180	2040	2000	1950	1830	1800	1750	1630	1600	1560	1490	1460	1420	1340	1320	1290	1220	1200
Gußbronze		3010	2860	2820	2760	2630	2600	2550	2430	2400	2360	2270	2240	2200	2090	2060	2030	1950	1920	1890	1820	1800
Rotguß		1360	1270	1250	1220	1140	1120	1090	1020	1000	980	910	900	880	810	800	780	720	710	700	660	650
Messing		1380	1310	1300	1280	1210	1200	1180	1110	1100	1080	1010	1000	980	930	920	900	860	850	840	790	780
Al-Guß	300 ... 420	1360	1270	1250	1220	1140	1120	1090	1020	1000	980	910	900	880	810	800	780	710	710	700	660	650
Mg-Legierung		490	475	470	455	435	430	420	405	400	390	365	360	350	335	330	320	305	300	300	285	280

1.7. Leistungsbedarf

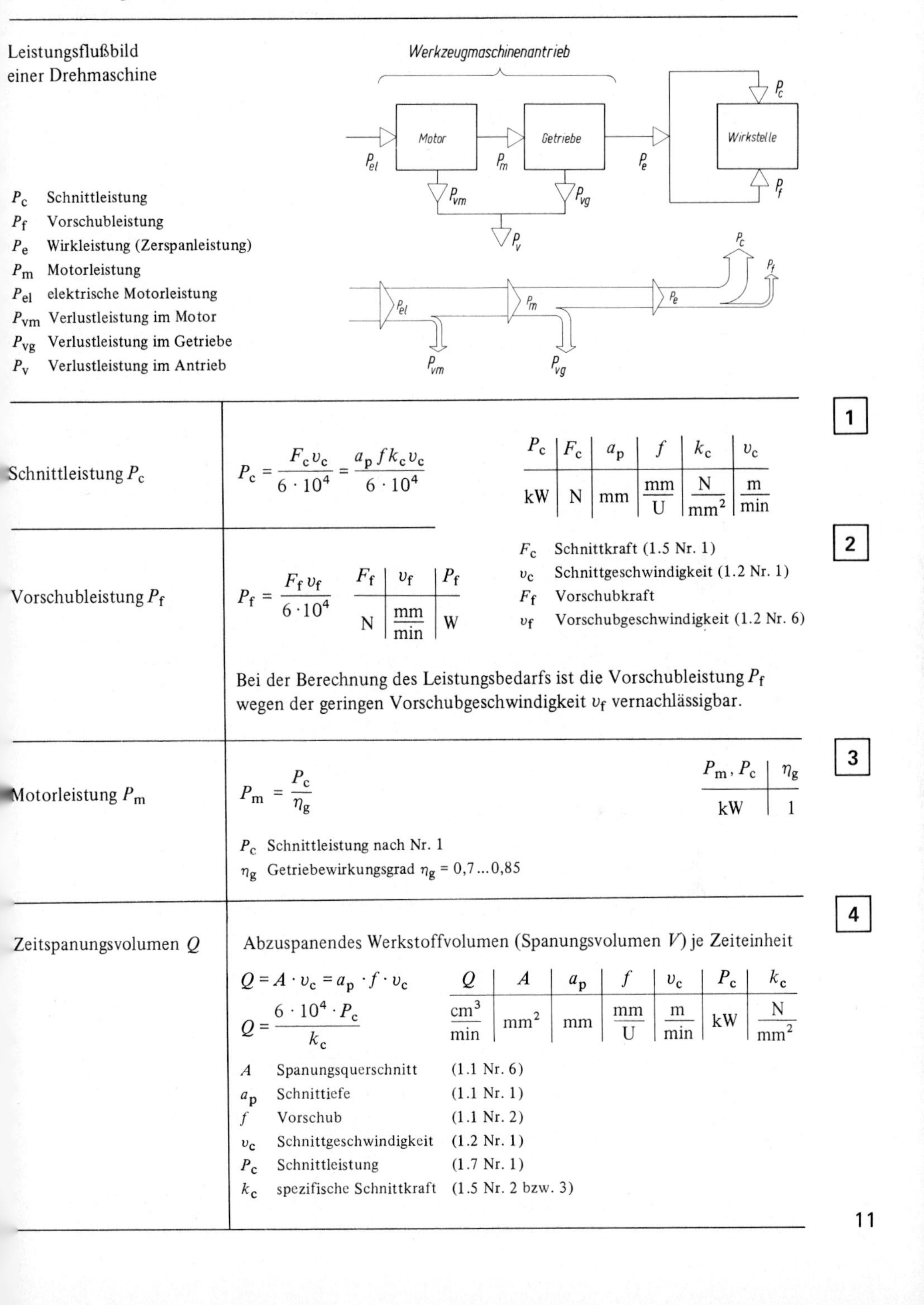

Leistungsflußbild einer Drehmaschine

P_c Schnittleistung
P_f Vorschubleistung
P_e Wirkleistung (Zerspanleistung)
P_m Motorleistung
P_{el} elektrische Motorleistung
P_{vm} Verlustleistung im Motor
P_{vg} Verlustleistung im Getriebe
P_v Verlustleistung im Antrieb

1 Schnittleistung P_c

$$P_c = \frac{F_c v_c}{6 \cdot 10^4} = \frac{a_p f k_c v_c}{6 \cdot 10^4}$$

P_c	F_c	a_p	f	k_c	v_c
kW	N	mm	$\frac{mm}{U}$	$\frac{N}{mm^2}$	$\frac{m}{min}$

2 Vorschubleistung P_f

$$P_f = \frac{F_f v_f}{6 \cdot 10^4}$$

F_f	v_f	P_f
N	$\frac{mm}{min}$	W

F_c Schnittkraft (1.5 Nr. 1)
v_c Schnittgeschwindigkeit (1.2 Nr. 1)
F_f Vorschubkraft
v_f Vorschubgeschwindigkeit (1.2 Nr. 6)

Bei der Berechnung des Leistungsbedarfs ist die Vorschubleistung P_f wegen der geringen Vorschubgeschwindigkeit v_f vernachlässigbar.

3 Motorleistung P_m

$$P_m = \frac{P_c}{\eta_g}$$

P_m, P_c	η_g
kW	1

P_c Schnittleistung nach Nr. 1
η_g Getriebewirkungsgrad $\eta_g = 0{,}7 \ldots 0{,}85$

4 Zeitspanungsvolumen Q

Abzuspanendes Werkstoffvolumen (Spanungsvolumen V) je Zeiteinheit

$$Q = A \cdot v_c = a_p \cdot f \cdot v_c$$

$$Q = \frac{6 \cdot 10^4 \cdot P_c}{k_c}$$

Q	A	a_p	f	v_c	P_c	k_c
$\frac{cm^3}{min}$	mm^2	mm	$\frac{mm}{U}$	$\frac{m}{min}$	kW	$\frac{N}{mm^2}$

A Spanungsquerschnitt (1.1 Nr. 6)
a_p Schnittiefe (1.1 Nr. 1)
f Vorschub (1.1 Nr. 2)
v_c Schnittgeschwindigkeit (1.2 Nr. 1)
P_c Schnittleistung (1.7 Nr. 1)
k_c spezifische Schnittkraft (1.5 Nr. 2 bzw. 3)

1.8. Standverhalten

1 Standgleichung

Für spanende Fertigung durch Außendrehen gilt bei bestimmtem Werkstoff und Schneidstoff:

$$v_c T^y f^p a_p^q (\sin \kappa_r)^{p-q} \approx K$$

v_c	T	f	a_p	κ_r	K, y, p, q
$\frac{m}{min}$	min	$\frac{mm}{U}$	mm	°	1

v_c Schnittgeschwindigkeit
T Standzeit
f Vorschub
a_p Schnittiefe
κ_r Einstellwinkel

K Konstante
y Standzeitexponent
p Spanungsdickenexponent
q Spanungsbreitenexponent

2 Richtwerte für Außendrehen

Richtwerte nach H. Hennermann, Werkstattblatt 576, Carl Hanser Verlag

Werkstoff	Schneidstoff	f mm/U	K	y	p	q
St 37, St 42, C 15, Ck 15	P 10	0,1 ... 0,6	615	0,25	0,25	0,1
	M 20	0,1 ... 1,0	590	0,3	0,16	0,09
St 50, C 35, Ck 35	P 10	0,1 ... 0,6	480	0,3	0,3	0,1
	M 30	0,1 ... 1,2	410	0,3	0,2	0,08
St 60, C 45, Ck 45	P 10	0,1 ... 0,6	380	0,22	0,25	0,1
	M 30	0,1 ... 1,2	380	0,3	0,19	0,08
St 70, C 60, Ck 60	P 10	0,1 ... 0,6	330	0,25	0,25	0,1
	M 30	0,1 ... 1,2	330	0,31	0,2	0,08
16 Mn Cr 5	P 10	0,1 ... 0,6	300	0,3	0,25	0,1
25 Cr Mo 4	P 30	0,3 ... 1,5	180	0,27	0,3	0,1
9 S 20	M 30	0,1 ... 1,2	400	0,3	0,2	0,1
GS 45	P 10	0,1 ... 0,6	240	0,3	0,3	0,1
GG 20	M 20	0,3 ... 0,6	245	0,5	0,18	0,11
Messing	K 20	0,1 ... 0,6	5000	0,59	0,18	0,1
Gußbronze	K 20	0,1 ... 0,6	1800	0,41	0,25	0,1

Die Tabellenwerte beziehen sich auf eine zulässige Verschleißmarkenbreite VB_{zul} = 0,8 mm und gelten für folgende Werkzeugwinkel:

	α_0	γ_0	λ_s
St, C, Ck, legierter Stahl, GS	5° ... 8°	12°	– 4°
GG	5° ... 8°	0° ... 6°	0°
Ms, Bz	8°	8° ... 12°	0°

Wird eine von VB = 0,8 mm abweichende maximal zulässige Verschleißmarkenbreite VB' (< 0,8 mm) vorgegeben, so wird für T die Größe T' in Rechnung gesetzt:

$$T' = \frac{0,8}{VB'} T$$

T, T'	VB
min	mm

Berechnung der Standzeit T	$T \approx \sqrt[y]{\dfrac{K}{v_c f^p a_p^q (\sin \kappa_r)^{p-q}}}$	3
Berechnung der Standgeschwindigkeit v_{cT}	$v_{cT} \approx \dfrac{K}{T^y f^p a_p^q (\sin \kappa_r)^{p-q}}$	4

1.9. Prozeßzeit

1 Prozeßzeit t_{hu} beim Runddrehen

$$t_{hu} = \frac{L}{v_f} = \frac{l_w + l_a + l_ü + l_s}{fn}$$

L Werkzeugweg in Vorschubrichtung

v_f Vorschubgeschwindigkeit (Längsvorschub)

l_w Drehlänge am Werkstück

l_a Anlaufweg, Richtwert: 1...2 mm

$l_ü$ Überlaufweg, Richtwert: 1...2 mm

l_s Schneidenzugabe (werkzeugabhängig)

$l_s = \dfrac{a_p}{\tan \kappa_r}$ a_p Schnittiefe, κ_r Einstellwinkel

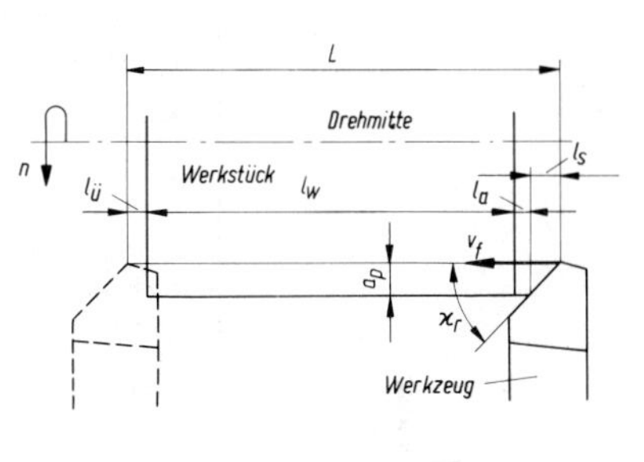

2 Prozeßzeit t_{hu} beim Plandrehen, n konstant

$$t_{hu} = \frac{L}{v_f} = \frac{l_w + l_a + l_s}{fn}$$

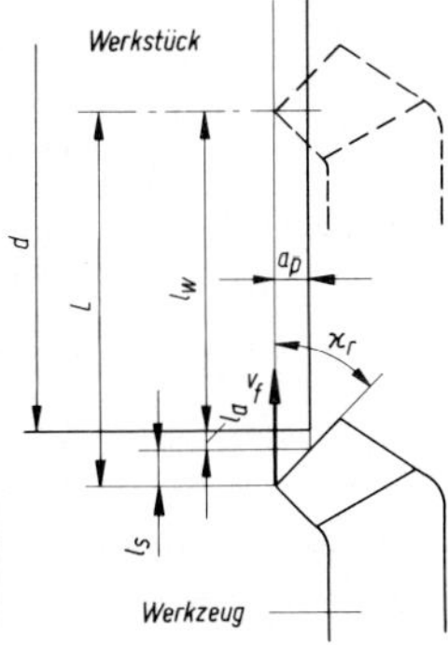

Stirnfläche des Werkstücks ist Vollkreis

$$t_{hu} = \frac{L}{v_f} = \frac{l_w + l_a + l_ü + l_s}{fn}$$

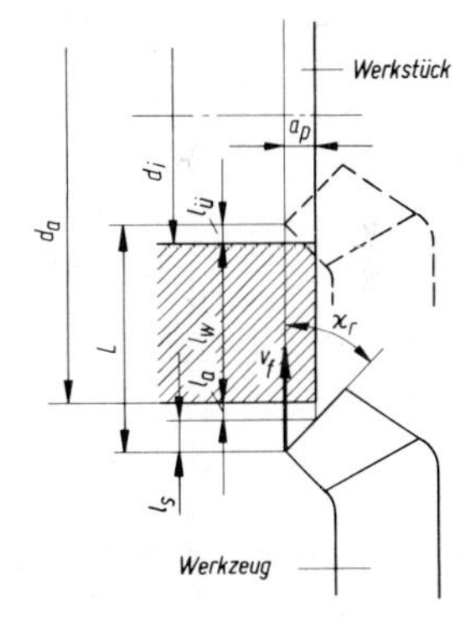

Stirnfläche des Werkstücks ist Kreisring

L Werkzeugweg in Vorschubrichtung

v_f Vorschubgeschwindigkeit (Planvorschub)

l_w Drehlänge am Werkstück

$l_w = \dfrac{d}{2}$ für Vollkreisfläche

d Werkstückdurchmesser

$l_w = \dfrac{d_a - d_i}{2}$ für Kreisringfläche

d_a Außendurchmesser

d_i Innendurchmesser

l_a Anlaufweg, Richtwert: 1...2 mm

$l_ü$ Überlaufweg, Richtwert: 1...2 mm

l_s Schneidenzugabe (werkzeugabhängig)

$$l_s = \frac{a_p}{\tan \kappa_r}$$

a_p Schnittiefe

κ_r Einstellwinkel

Die Werkstückdrehzahl wird bei Stufengetrieben nach Berechnung der erforderlichen Drehzahl n_{erf} aus der Drehzahlreihe der Maschine gewählt:

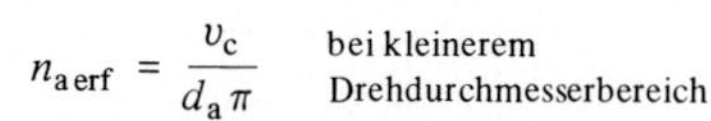

$$n_{a\,erf} = \frac{v_c}{d_a \pi}$$ bei kleinerem Drehdurchmesserbereich

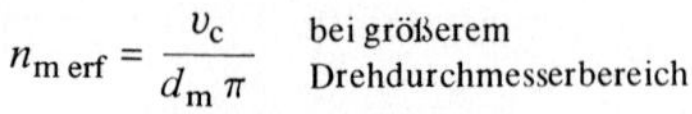

$$n_{m\,erf} = \frac{v_c}{d_m \pi}$$ bei größerem Drehdurchmesserbereich

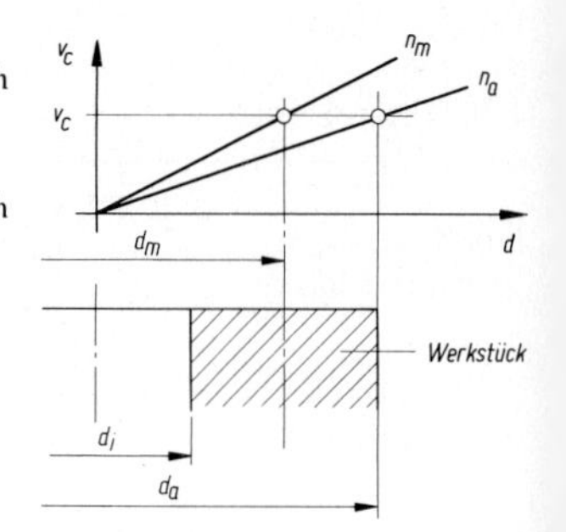

v_c Schnittgeschwindigkeit

d_a Außendurchmesser des Werkstücks

d_m mittlerer Werkstückdurchmesser

$$d_m = \frac{d_a + d_i}{2}$$ für Kreisringfläche

$$d_m = \frac{d}{2}$$ für Vollkreisfläche

3

Prozeßzeit t_{hu} beim Plandrehen, v_c konstant

Da der stufenlose Antrieb stets nur einen durch endliche Drehzahlwerte begrenzten Abtriebsdrehzahlbereich ($n_{min} \dots n_{max}$) erzeugen kann, ist der mit v_c konstant überarbeitbare Durchmesserbereich ebenfalls begrenzt. Eine Plandrehbearbeitung mit v_c = konstant ist daher nur möglich, wenn die Durchmesser der Bearbeitungsfläche (Drehdurchmesser D_a und D_i) innerhalb des Grenzdurchmesserbereiches $d_{min} \dots d_{max}$ liegen.

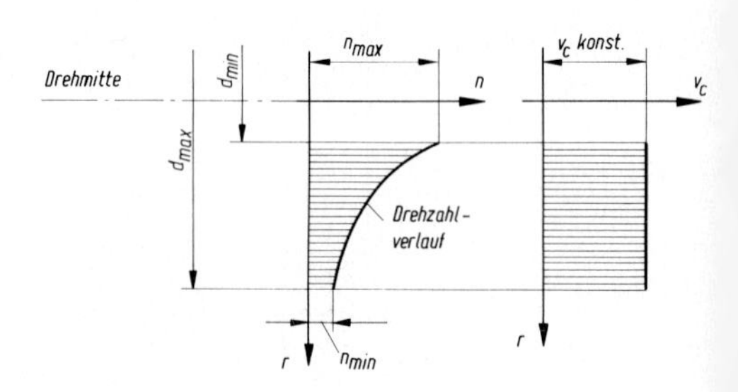

Grenzdurchmesser:

$$d_{min} = \frac{v_c}{\pi n_{max}} \qquad d_{max} = \frac{v_c}{\pi n_{min}}$$

d_{min} kleinstmöglicher Drehdurchmesser für v_c = konstant

d_{max} größtmöglicher Drehdurchmesser für v_c = konstant (größte Umlaufdurchmesser der Maschine beachten)

n_{max} größte Abtriebsdrehzahl des Antriebs

n_{min} kleinste Abtriebsdrehzahl des Antriebs

Plandrehen einer Kreisringfläche

bei $D_i \geqslant d_{min}$ und $D_a \leqslant d_{max}$;
Zerspanung von D_a bis D_i mit v_c konstant.

$$t_{hu} = \frac{(D_a^2 - D_i^2)\,\pi}{4\,f\,v_c}$$

D_a größter Drehdurchmesser:
$D_a = d_a + 2\,(l_a + l_s)$
d_a Außendurchmesser des Werkstücks
l_a Anlaufweg (Richtwert: 1 ... 2 mm)
l_s Schneidenzugabe (werkzeugabhängig)
$l_s = \frac{a_p}{\tan \kappa_r}$ a_p Schnittiefe, κ_r Einstellwinkel
D_i kleinster Drehdurchmesser:
$D_i = d_i - 2\,l_ü$
d_i Innendurchmesser des Werkstücks
$l_ü$ Überlaufweg (Richtwert: 1 ... 2 mm)

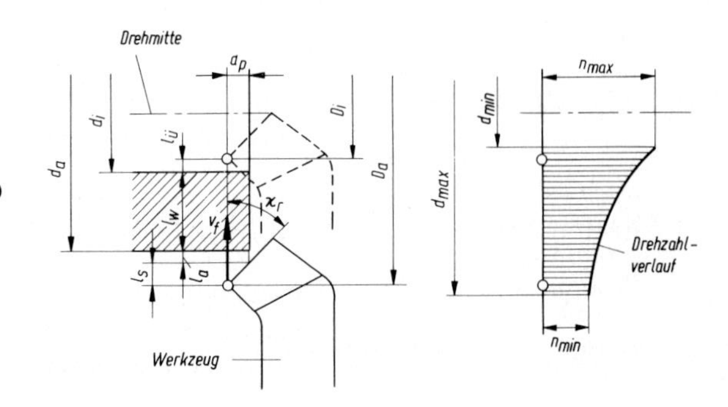

Plandrehen einer Kreisringfläche

bei $D_i < d_{min}$ und $D_a \leqslant d_{max}$;
Zerspanung von D_a bis d_{min} mit
v_c = konstant und von d_{min} bis D_i
mit n_{max} = konstant.

$$t_{hu} = \frac{(D_a^2 + d_{min}^2 - 2\,d_{min}\,D_i)\,\pi}{4\,f\,v_c}$$

d_{min} Grenzdurchmesser, kleinstmöglicher Drehdurchmesser für v_c = konstant

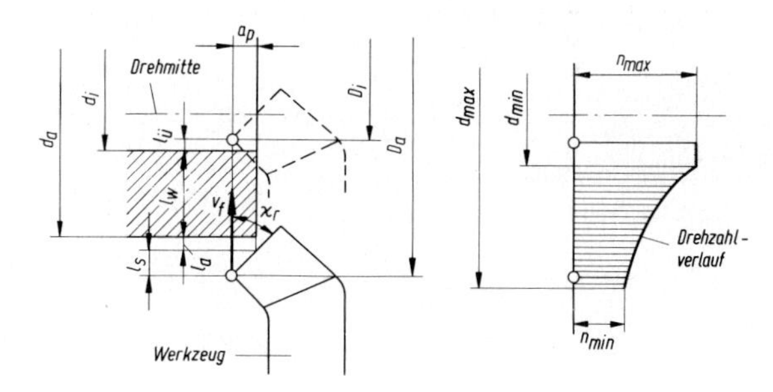

Plandrehen einer Vollkreisfläche

bei $D_i = 0\ (< d_{min})$ und $D_a \leqslant d_{max}$;
Zerspanung von D_a bis d_{min} mit
v_c = konstant und von d_{min} bis $D_i = 0$
mit n_{max} = konstant.

$$t_{hu} = \frac{(D_a^2 + d_{min}^2)\,\pi}{4\,f\,v_c}$$

d_{min} Grenzdurchmesser, kleinstmöglicher Drehdurchmesser für v_c = konstant

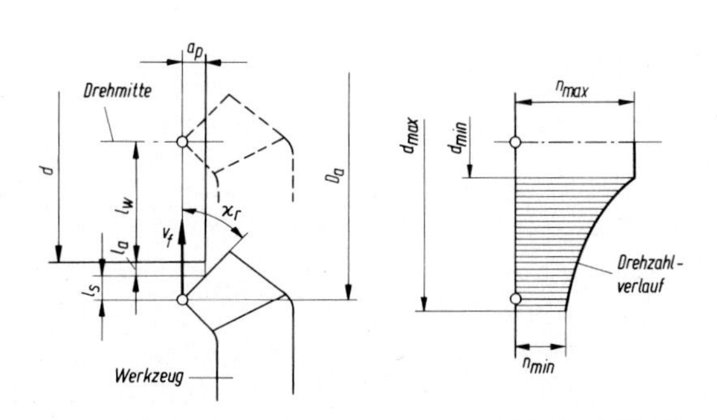

4

Prozeßzeit t_{hu}
beim Abstechdrehen

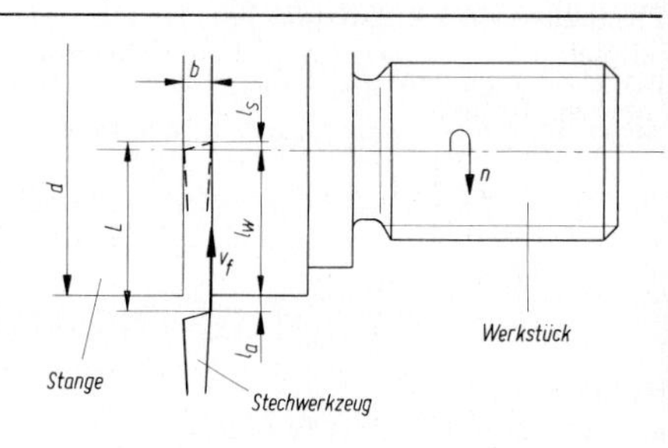

Rohteilstange als Vollmaterial

$$t_{hu} = \frac{L}{v_f} = \frac{l_w + l_a + l_s}{fn}$$

l_w Drehlänge am Werkstück

$l_w = \frac{d}{2}$ d Stangendurchmesser

l_a Anlaufweg (Richtwert: 1 mm)

l_s Schneidenzugabe:
$l_s = 0{,}2 \cdot b$ für $\alpha = 11°$

b Einstechbreite: $b \approx 0{,}05 \cdot d + 1{,}7$
(b und d in mm)
Abstimmung auf marktgängige Werkzeugbreiten

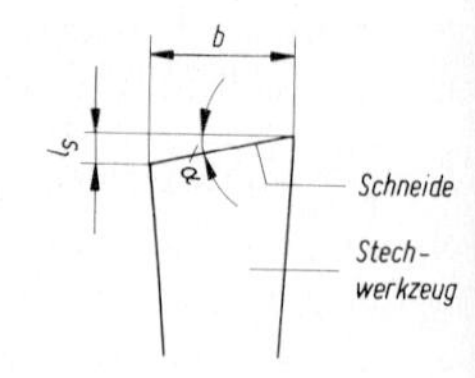

Rohteilstange als Rohrmaterial

$$t_{hu} = \frac{L}{v_f} = \frac{l_w + l_a + l_ü + l_s}{fn}$$

l_w Drehlänge am Werkstück

$l_w = \frac{d_a - d_i}{2}$ d_a Außendurchmesser, d_i Innendurchmesser

l_a Anlaufweg (Richtwert: 1 mm)

$l_ü$ Überlaufweg (Richtwert: 1 mm)

l_s Schneidenzugabe

Berechnung von b: $d = d_a$ einsetzen

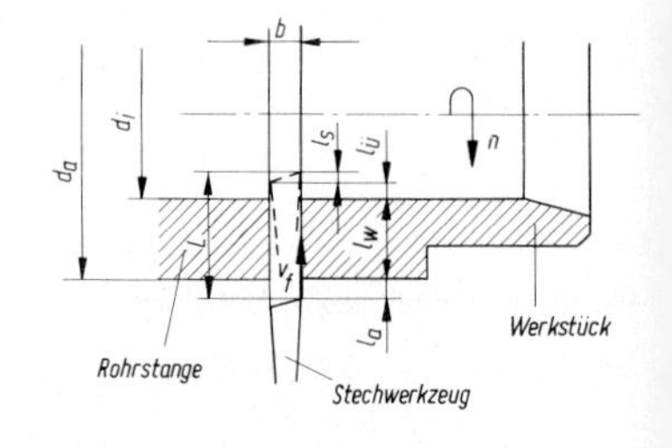

Richtwerte für Vorschub f des Stechwerkzeuges

Werkstoff			Schneid-stoff	f in $\frac{mm}{U}$
St unlegiert	bis	200 HB	P 40	0,05 ... 0,25
	bis	250 HB	P 40	0,05 ... 0,2
St legiert	bis	325 HB	P 40	0,05 ... 0,2
	über	325 HB	P 40	0,05 ... 0,16
GG	bis	300 HB	K 10	0,1 ... 0,3
Messing	unbegrenzt		K 10	0,05 ... 0,4
Bronze	unbegrenzt		K 10	0,05 ... 0,25

Richtwerte für Schnittgeschwindigkeit v_c beim Abstechdrehen

Werkstoff			Schneid-stoff	v_c in $\frac{m}{min}$
St unlegiert	bis	200 HB	P 40	75 ... 110
	bis	250 HB	P 40	70 ... 90
St legiert	bis	250 HB	P 40	70 ... 90
	bis	325 HB	P 40	55 ... 80
	über	325 HB	P 40	45 ... 60
GG	bis	200 HB	K 10	70 ... 95
	bis	300 HB	K 10	45 ... 65
Messing	unbegrenzt		K 10	bis 250
Bronze	unbegrenzt		K 10	bis 130

Beispiel: Drehbearbeitung einer Getriebewelle

Gegeben: Rohteil:
warm gewalztes Rundmaterial
Rund 36 DIN 1013 – St 60, Rohteillänge: 415 mm,
Stirnflächen geplant und zentriert für Spitzenaufnahme und Stirnseitenmitnahme.

Fertigungsschritt:
Abdrehen der zylindrischen Mantelfläche auf 32,5 mm Durchmesser als Vorbereitung auf das Fertigdrehen auf einer Kopierdrehmaschine, trockene Zerspanung.

Vorhandenes Werkzeug:
Gerader, rechter Drehmeißel (Verbundwerkzeug, arbeitsscharf),
Schneidstoff: Hartmetall P 10 (gelötete Schneidplatte),
geforderte Werkzeug-Standzeit mindestens 6 Stunden,
Einstellwinkel 70°, Spanwinkel –5°, Freiwinkel 5°.

Vorhandene Drehmaschine:
Spitzendrehmaschine mit gestuftem Haupt- und Vorschubgetriebe, Motorleistung $P_m = 5{,}5$ kW,
24 Abtriebsdrehzahlen an der Drehspindel von 14 ... 2800 min^{-1} nach DIN 804,
48 Längsvorschübe am Werkzeugschlitten von 0,01 ... 2,24 mm/U nach DIN 803,
gewählter Längsvorschub 0,16 mm/U aus der Längsvorschubreihe der Maschine.

Gesucht:
a) einzustellende Maschinendrehzahl n_1,
b) wirkliche Standzeit T_w,
c) erforderliche Schnittkraft F_c,
d) erforderliche Motorleistung P_m,
e) erzieltes Zeitspanungsvolumen Q,
f) Prozeßzeit für das einzelne Werkstück t_{hu},
g) erforderliche Maschinendrehzahl n_2, wenn der gegebene Vorschub um 75 % erhöht wird (für größeres Zeitspanungsvolumen) und die durch die Vorschubvergrößerung ausgelöste Standzeitabnahme durch Verringerung der Schnittgeschwindigkeit (bei unveränderter Schnittiefe) kompensiert werden soll.

Lösung: a) $v_c = 160\,\text{m/min}$ nach 1.3

$$a = \frac{d - d_f}{2} = \frac{36 - 32{,}5}{2}\,\text{mm} = 1{,}75\,\text{mm} < 2{,}24\,\text{mm}$$

Verringerung des Tafelwertes um 30 % (gewählt) wegen Entfernung der Walzhaut beim Abdrehen. Damit wird $v_c = 112\,\text{m/min}$ für $T = 240\,\text{min}$ Standzeit.
Umrechnung auf $T_1 = 360\,\text{min}$:

$$v_{c1} = v_c \left(\frac{T}{T_1}\right)^y; \quad \text{nach 1.2 Nr. 1 mit } y = 0{,}22$$

$$v_{c1} = 112\,\frac{\text{m}}{\text{min}} \cdot \left(\frac{240\,\text{min}}{360\,\text{min}}\right)^{0{,}22} = 102{,}5\,\frac{\text{m}}{\text{min}}$$

$$n_{1\,\text{erf}} = \frac{v_{c1}}{d\pi} = \frac{102{,}5\,\frac{\text{m}}{\text{min}}}{0{,}036\,\text{m} \cdot \pi} = 906\,\text{min}^{-1}$$

gewählt $n_1 = 900\,\text{min}^{-1}$ aus Drehzahlreihe der Drehmaschine (1.2 Nr. 3)

b) $T_w = T\left(\frac{v_c}{v_{c1w}}\right)^{\frac{1}{y}}$; $v_{c1w} = d\,\pi\,n_1 = 0{,}036\,\text{m} \cdot \pi \cdot 900\,\text{min}^{-1} = 101{,}8\,\frac{\text{m}}{\text{min}}$

$$T_w = 240\,\text{min} \cdot \left(\frac{112\,\frac{\text{m}}{\text{min}}}{101{,}8\,\frac{\text{m}}{\text{min}}}\right)^{\frac{1}{0{,}22}} = 370\,\text{min}$$

c) $F_c = a_p\,f_1\,k_c$ nach 1.5 Nr. 1

$a_p = 1{,}75\,\text{mm}$; $f_1 = 0{,}16\,\frac{\text{mm}}{\text{U}}$

$k_c = 2870\,\frac{\text{N}}{\text{mm}^2}$ (Richtwert berücksichtigt nur Werkstoff und Spanungsdicke, praktisch meist ausreichend)

$$F_c = 1{,}75\,\text{mm} \cdot 0{,}16\,\frac{\text{mm}}{\text{U}} \cdot 2870\,\frac{\text{N}}{\text{mm}^2} = 803{,}6\,\text{N}$$

Berechnung der spezifischen Schnittkraft unter genauerer Berücksichtigung der vorliegenden Spanungsbedingungen:

$$k_c = \frac{k_{c1\cdot1}}{h^z}\,K_v K_\gamma K_{ws} K_{wv} K_{ks} K_f$$

$k_{c1\cdot1} = 2110\,\frac{\text{N}}{\text{mm}^2}$; $z = 0{,}17$

$$h = f_1 \sin\kappa_r = 0{,}16\,\frac{\text{mm}}{\text{U}} \cdot \sin 70° = 0{,}15\,\text{mm}$$

$$K_v = \frac{1{,}380}{v_{c1w}^{0{,}07}} = \frac{1{,}380}{101{,}8^{0{,}07}} = 0{,}998 \approx 1$$

$$K_\gamma = 1{,}09 - 0{,}015 \cdot \gamma_0 = 1{,}09 - 0{,}015 \cdot (-5) = 1{,}165$$

$K_{ws} = 1$

$K_{wv} = 1$ bei scharfer Schneide; $K_{wv} = 1{,}5$ zum Ende der Standzeit

$K_{ks} = 1$; $K_f = 1$

$$k_c = \frac{2110\,\frac{\text{N}}{\text{mm}^2}}{0{,}15^{0{,}17}} \cdot 1 \cdot 1{,}165 \cdot 1 \cdot 1 \cdot 1 \cdot 1$$

$k_c = 3394\,\frac{\text{N}}{\text{mm}^2}$ bei scharfer Schneide

$k_c = 5091\,\frac{\text{N}}{\text{mm}^2}$ zum Ende der Standzeit

d) $P_m = \frac{P_c}{\eta_g} = \frac{F_c\,v_{c1w}}{6 \cdot 10^4 \cdot \eta_g}$ (1.7 Nr. 3) $\eta_g = 0{,}8$ angenommen

$$P_m = \frac{803{,}6 \cdot 101{,}8}{6 \cdot 10^4 \cdot 0{,}8}\,\text{kW} = 1{,}704\,\text{kW}$$

Die Motorleistung (5,5 kW) wird nur teilweise genutzt.

e) $Q_1 = A v_{c1w}$ nach 1.7 Nr. 4 (ungleichmäßige v_c-Verteilung über A vernachlässigt)

$A = a_p f_1$ nach 1.1 Nr. 6

$$A = 1{,}75 \text{ mm} \cdot 0{,}16 \frac{\text{mm}}{\text{U}} = 0{,}28 \text{ mm}^2$$

$$Q_1 = 0{,}28 \text{ mm}^2 \cdot 101{,}8 \frac{\text{m}}{\text{min}} = 28{,}5 \frac{\text{mm}^2 \cdot \text{m}}{\text{min}} = 28{,}5 \frac{\text{cm}^3}{\text{min}}$$

f) $$t_{hu} = \frac{l_w + l_a + l_ü + l_s}{f_1 n}$$

$l_a = l_ü = 1{,}5$ mm (angenommen)

$$l_s = \frac{a_p}{\tan \kappa_r} = \frac{1{,}75 \text{ mm}}{\tan 70°} = 0{,}64 \text{ mm}$$

$$t_{hu} = \frac{415 \text{ mm} + 1{,}5 \text{ mm} + 1{,}5 \text{ mm} + 0{,}64 \text{ mm}}{0{,}16 \text{ mm} \cdot 900 \text{ min}^{-1}} = 2{,}9 \text{ min}$$

g) Vorschubvergrößerung um 75 %

$f_2 = 1{,}75 f_1 = 1{,}75 \cdot 0{,}16 \frac{\text{mm}}{\text{U}} = 0{,}28 \frac{\text{mm}}{\text{U}}$ als Maschinenvorschub vorhanden

$v_{c2} = v_{c1w} \left(\frac{f_1}{f_2}\right)^p$ nach 1.8 Nr. 1 für T, a_p und κ_r konstant mit $p = 0{,}25$

$$v_{c2} = 101{,}8 \frac{\text{m}}{\text{min}} \cdot \left(\frac{0{,}16}{0{,}28}\right)^{0{,}25} = 88{,}5 \frac{\text{m}}{\text{min}}$$

$$n_{2\,erf} = \frac{v_{c2}}{d\pi} = \frac{88{,}5 \frac{\text{m}}{\text{min}}}{0{,}036 \text{ m} \cdot \pi} = 782{,}5 \text{ min}^{-1}$$

gewählt $n_2 = 710 \text{ min}^{-1}$ aus Drehzahlreihe der Drehmaschine (1.2 Nr. 3).
Damit ergibt sich das höhere Zeitspanungsvolumen:

$$v_{c2w} = d\pi n_2 = 80{,}3 \frac{\text{m}}{\text{min}}$$

$$Q_2 = a_p f_2 v_{c2w} = 1{,}75 \text{ mm} \cdot 0{,}28 \frac{\text{mm}}{\text{U}} \cdot 80{,}3 \frac{\text{m}}{\text{min}}$$

$Q_2 = 39{,}3 \frac{\text{cm}^3}{\text{min}} > Q_1$ (Erhöhung um ca. 38 %)

---

2. Spanende Fertigung durch Hobeln und Stoßen

Normen (Auswahl)

DIN 803	Vorschübe für Werkzeugmaschinen, Nennwerte, Grenzwerte, Übersetzungen
DIN 6580	Begriffe der Zerspantechnik, Bewegungen und Geometrie des Zerspanvorganges
DIN 6581	Begriffe der Zerspantechnik, Bezugssysteme und Winkel am Schneidteil des Werkzeuges
DIN 6582	Begriffe der Zerspantechnik, Ergänzende Begriffe am Werkzeug, am Schneidkeil und an der Schneide
DIN 6584	Begriffe der Zerspantechnik, Kräfte – Energie – Arbeit – Leistungen

2.1. Schnittgrößen und Spanungsgrößen

Schnittgrößen und Spanungsgrößen beim Hobeln

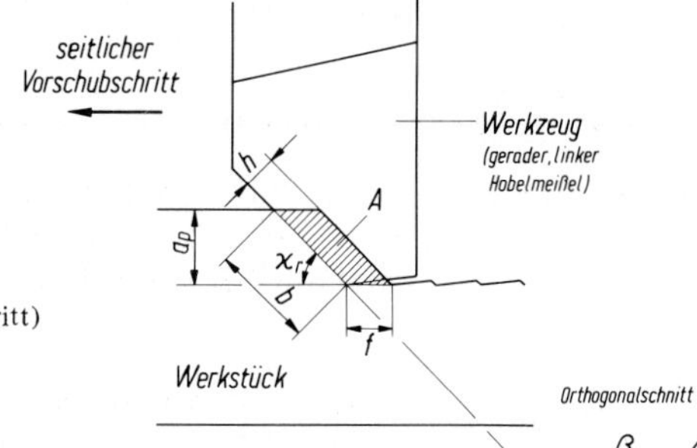

a_p	Schnittiefe
f	Vorschub (seitlicher Vorschubschritt)
h	Spanungsdicke
b	Spanungsbreite
A	Spanungsquerschnitt (idealisiert)
κ_r	Einstellwinkel
α_0	Orthogonalfreiwinkel
β_0	Orthogonalkeilwinkel
γ_0	Orthogonalspanwinkel

Nr.	Größe	Definition / Formel
1	Schnittiefe a_p	Tiefe des Eingriffs der Hauptschneide: $a_{p\,erf} = \dfrac{F_c}{f k_c}$ F_c Schnittkraft (2.6 Nr. 1) f Vorschub (seitlicher Vorschubschritt in mm/dh) (2.1 Nr. 2) k_c spezifische Schnittkraft (2.6 Nr. 2)
2	Vorschub f	Weg, den das Werkzeug oder Werkstück während eines Doppelhubs (dh) des Werkstücks oder Werkzeugs als aussetzenden Vorschubschritt in Vorschubrichtung zurücklegt.
3	Spanungsdicke h	$h = f \sin \kappa_r$
4	Spanungsbreite b	$b = \dfrac{a_p}{\sin \kappa_r}$
5	Spanungsquerschnitt A	$A = bh = a_p f$

$a_{p\,erf}$	F_c	k_c
mm	N	$\frac{N}{mm^2}$

h, b, a_p	f	A
mm	$\frac{mm}{dh}$	mm^2

2.2. Geschwindigkeiten

Geschwindigkeiten beim Hobeln relativ zum Werkstück

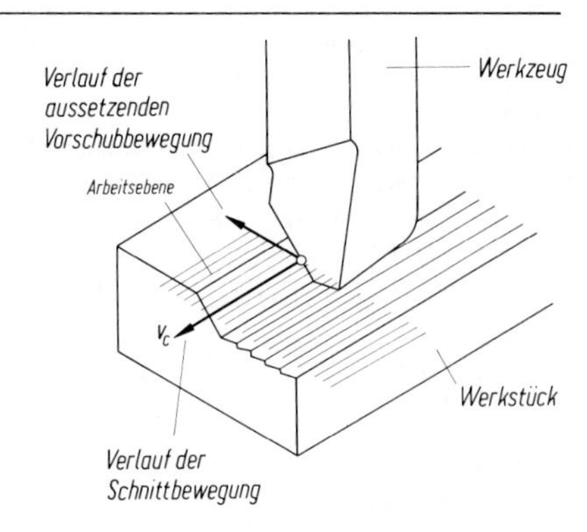

1

Schnittgeschwindigkeit v_c (Richtwerte in 2.4)	Die Schnittbewegung verläuft ungleichförmig. Als Schnittgeschwindigkeit beim Hobeln gilt die mittlere Geschwindigkeit v_{ma} des Werkzeugs oder Werkstücks während des Arbeitshubs: $v_c = v_{ma}$ Zur Verkürzung der unproduktiven Nebenzeiten wird während des Rückhubs mit erhöhter mittlerer Rückhubgeschwindigkeit v_{mr} gearbeitet: $v_{mr} > v_{ma}; \quad \frac{v_{mr}}{v_{ma}} = q > 1$ Richtwerte für q in 2.8

2.3. Werkzeugwinkel

Die Werkzeugwinkel am Hobelwerkzeug entsprechen der Schneidkeilgeometrie des Drehwerkzeugs (siehe unter 1.4).

Die Hauptschneide von Hobelwerkzeugen ist häufig unter einem negativen Neigungswinkel $\lambda_s = -10° \dots -15°$ gegen die Werkzeug-Bezugsebene geneigt. Dadurch trifft die Werkzeugschneide beim Anschneiden nicht mit der empfindlichen Schneidenecke, sondern in einiger Entfernung davon zuerst auf das Werkstück auf. Die Gefahr eines Bruches der Schneidkante wird dadurch verringert.

2.4. Richtwerte für die Schnittgeschwindigkeit v_c beim Hobeln

Die Richtwerte sind von der Firma Gebr. Boehringer in Göppingen aus Versuchswerten von Prof. Kienzle, AWF 158 und allgemeinen Hinweisen aus dem Schrifttum abgeleitet worden.

Werkstoff	Zugfestigkeit R_m in N/mm²	Schneidstoff 2)	Schnittgeschwindigkeit v_c in m/min bei Vorschub f in mm/dh und Einstellwinkel κ_r 1)													
			0,16		0,25		0,4		0,63		1		1,6		2,5	
			45°	60°	45°	60°	45°	60°	45°	60°	45°	60°	45°	60°	45°	60°
St 34 St 37 St 42 C 22	bis 500	P 30					75	70	67	63	60	56	53	50		
		SS			25	20	22	18	18	14	14	11	12	10	10	8
St 50 C 35	500 ... 600	P 30					63	60	56	53	50	47	45	42	40	37
		SS			22	18	18	14	16	12	12	10	10	8	8	6
St 60 C45	600 ... 700	P 30					53	50	47	45	42	40	37	36		
		SS			18	14	14	12	12	10	10	8	8	6	6	5
St 70 C60	700 ... 850	P 30					42	40	36	33	30	28	25	24		
		SS			16	12	12	10	10	8	8	6	6	5	5	4
42 CrMo 4, 50 CrV 4, 18 CrNi 6	600 ... 700	P 30					42	40	36	33	30	28	25	24		
34 CrMo 4, 16 MnCr 5	700 ... 850	SS			12	10	10	8	8	7	7	5,6	5,6	4,5	4,5	4
Mn-, CrNi-, CrMo- und andere leg. Stähle	850 ... 1000	P 30					30	28	25	24	20	19	18	17		
		SS			10	8	8	6	6	5	5	4,5	4,5	4		
	1000 ... 1400	P 30					18	17	16	15	14	12	12	11		
		SS			7	5,6	5,6	4,5	4,5	3,6	3,6	3				
Nichtrost. Stahl	600 ... 700	P 30					18	17	16	15	14	12				
Mn-Hartstahl		P 30					8	7,5	7	6	6	5,6	5,3	5	4,5	4
GS-45	300 ... 500	P 30					33	32	30	28	26	25	24	22	21	20
		SS			22	18	20	16	16	12	12	10	10	8	8	6
GS-52	500 ... 700	P 30					26	25	24	22	21	20	19	18	16	15
		SS			16	12	12	10	10	8	8	7	7	6	6	4,5
GG-14		K 20	53	50	50	47	47	45	45	42	42	40	40	37		
		SS			20	18	14	12	11	10	8	7	7	6	5,6	5
GG-26		K 10	36	33	32	30	28	26	26	25	25	24	22	20		
		SS			12	11	9	8	7	6	5,6	5	5	4,5	4	3
GTS-35		K 10, K 20 P 10	40	37	33	32	28	26	24	22	20	19				
		SS			18	17	14	13	11	10	8	7,5	7	6	5,6	5
GTW-40		P 20	50	47	45	42	40	37	36	33	32	30				
		SS			18	17	14	13	11	10	8	7,5	7	6	5,6	5
Hartguß		K 10	15	14	12,5	12	12	11	10	9,5	9	8,5	8	7,5		
Rotguß		K 20	335	315	315	300	300	280	265	250	250	236	224	212		
		SS			40	37	32	30	25	23	20	19	18	17	16	15
Al-Guß		K 20	200	190	180	170	160	150	140	132	125	118	112	106	100	95
		SS	47	45	36	33	26	25	20	19	16	15				
Gußbronze		K 20	250	236	224	212	200	190	180	170	160	150	140	132	125	118
		SS	53	50	47,5	45	42,5	40	37,5	36	32	30	28	26,5	25	23

1) Die v_c-Werte gelten für Schnittiefen bis 2,24 mm. Über 2,24 ... 7,1 mm sind die Werte um 1 Stufe der Reihe R10 (d.h. um 20 %) und über 7,1 ... 22,4 mm um 1 Stufe der Reihe R5 (d.h. um etwa 40 %) zu vermindern.

2) Standzeit für Hartmetall (P20, P30, K10 und K20) 240 min und für Schnellarbeitsstahl (SS) 60 min.

2.5. Richtwerte für die spezifische Schnittkraft k_c beim Hobeln

Die Richtwerte sind von der Firma Gebr. Boehringer in Göppingen aus Versuchswerten von Prof. Kienzle, AWF 158 und allgemeinen Hinweisen aus dem Schrifttum abgeleitet worden.

Werkstoff	Zugfestigkeit R_m in N/mm²	spezifische Schnittkraft k_c in N/mm² bei Vorschub f in mm/dh und Einstellwinkel κ_r 0,16		0,25		0,4		0,63		1		1,6		2,5	
		45°	60°	45°	60°	45°	60°	45°	60°	45°	60°	45°	60°	45°	60°
St 34 St 37 St 42 C 22	bis 500	3000	2800	2720	2650	2500	2430	2360	2240	2180	2120	2060	2000	1950	1900
St 50 C 35	500 ... 600	4000	3750	3650	3350	3150	3000	2800	2650	2500	2360	2240	2060	1950	1850
St 60	600 ... 700	3450	3350	3250	3150	3000	2900	2800	2650	2570	2430	2360	2300	2240	2180
C 45	600 ... 700	3450	3350	3250	3150	3070	3000	2900	2720	2650	2570	2500	2430	2360	2300
St 70	700 ... 850	5000	4750	4500	4120	3870	3550	3350	3150	2900	2720	2500	2360	2240	2060
C 60	700 ... 850	3550	3450	3350	3150	3070	3000	2800	2720	2570	2500	2430	2300	2240	2180
42 CrMo 4	600 ... 700	5000	4750	4500	4250	4000	3750	3550	3350	3150	3000	2800	2650	2500	2360
50 CrV 4	600 ... 700	4620	4370	4120	3870	3650	3550	3150	3000	2800	2650	2500	2360	2240	2120
18 CrNi 6	600 ... 700	5000	4750	4500	4120	3870	3550	3350	3150	2900	2720	2500	2360	2240	2060
34 CrMo 4	700 ... 850	4120	3870	3750	3550	3450	3250	3070	3000	2800	2650	2500	2430	2300	2180
16 MnCr 5	700 ... 850	4370	4120	3870	3650	3350	3150	3000	2800	2650	2500	2360	2240	2120	2000
Mn-, CrNi-, CrMo- und	850 ... 1000	4370	4000	3870	3650	3550	3350	3250	3070	3000	2800	2650	2570	2430	2360
andere leg. Stähle	1000 ... 1400	4620	4370	4250	4000	3870	3650	3550	3350	3250	3070	3000	2900	2720	2650
Nichtrost. Stahl	600 ... 700	4370	4250	4000	3870	3650	3550	3450	3350	3150	3070	3000	2800	2720	2650
Mn-Hartstahl		6300	6000	5600	5300	5000	4870	4620	4500	4250	4000	3750	3650	3450	3350
GS-45	300 ... 500	2650	2570	2430	2360	2240	2180	2060	2000	1950	1900	1850	1800	1750	1700
GS-52	500 ... 700	3000	2800	2720	2650	2500	2430	2300	2240	2180	2120	2060	1950	1900	1850
GG-14		1750	1650	1600	1500	1400	1360	1280	1210	1180	1120	1060	1030	970	950
GG-25		2360	2240	2060	1950	1850	1750	1700	1600	1500	1400	1280	1210	1150	1090
GTS-35 GTW-40		2240	2120	2000	1900	1800	1750	1650	1600	1500	1450	1360	1280	1250	1180
Hartguß		3650	3450	3350	3150	3070	2900	2800	2650	2500	2430	2300	2240	2120	2060
Rotguß Al-Guß		1250	1180	1120	1060	1000	950	900	850	820	780	750	710	690	650
Gußbronze		3000	2800	2720	2650	2500	2430	2300	2240	2180	2120	2060	1950	1900	1850

2.6. Zerspankräfte

Zerspankräfte beim Hobeln bezogen auf das Werkzeug

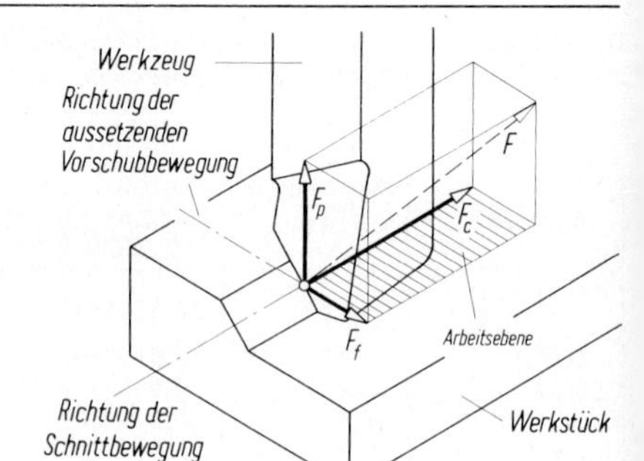

F_c Schnittkraft (leistungführend)
F_f Vorschubkraft
F_p Passivkraft
F Zerspankraft

1 Schnittkraft F_c

Die Schnittkraft F_c ist die erforderliche Durchzugskraft an der Maschine.

$$F_c = a_p f k_c$$

F_c	a_p	f	k_c
N	mm	$\frac{mm}{dh}$	$\frac{N}{mm^2}$

a_p Schnittiefe
f Vorschub (seitlicher Vorschubschritt je Doppelhub dh)
k_c spezifische Schnittkraft

2 spezifische Schnittkraft k_c

Ermittlung entweder als Richtwert nach 2.5 oder rechnerisch:

$$k_c = \frac{k_{c1\cdot1}}{h^z} K_v K_\gamma K_{ws} K_{wv} K_{ks} K_f$$

$k_c, k_{c1\cdot1}$	h	z	K
$\frac{N}{mm^2}$	mm	1	1

$k_{c1\cdot1}$ Hauptwert der spezifischen Schnittkraft (1.5 Nr. 4)
h Spanungsdicke
z Spanungsdickenexponent (1.5 Nr. 4)
K Korrekturfaktoren (1.5 Nr. 5...10)

3 Vorschubkraft F_f

Komponente der Zerspankraft F in Vorschubrichtung.
Bei Ausführung einzelner Vorschubschritte (aussetzende Vorschubbewegung während des Rückhubs) ist die Vorschubkraft keine leistungführende Kraft.

4 Passivkraft F_p

Komponente der Zerspankraft F senkrecht zur Arbeitsebene.
Die Passivkraft ist keine leistungführende Kraft.

2.7. Leistungsbedarf

1 Schnittleistung P_c

$$P_c = \frac{F_c v_c}{6 \cdot 10^4} = \frac{a_p f k_c v_c}{6 \cdot 10^4}$$

P_c	a_p	f	k_c	v_c	F_c
kW	mm	$\frac{mm}{dh}$	$\frac{N}{mm^2}$	$\frac{m}{min}$	N

F_c Schnittkraft (2.6 Nr. 1)
v_c Schnittgeschwindigkeit (2.2 Nr. 1)

Motorleistung P_m	Bedarf an Motorleistung während des Hobelns (bei aussetzender Vorschubbewegung): $P_m = \frac{P_c}{\eta_g}$ — P_c Schnittleistung, η_g Getriebewirkungsgrad; $\eta_g = 0{,}7 \ldots 0{,}85$ für Langhobelmaschinen, $\eta_g = 0{,}6 \ldots 0{,}8$ für Stoßmaschinen

2.8. Prozeßzeit

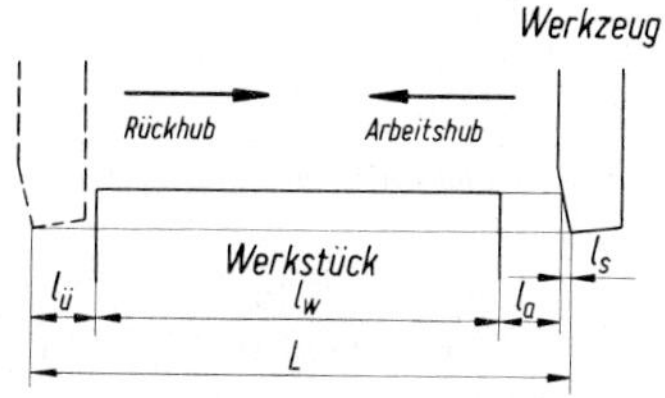

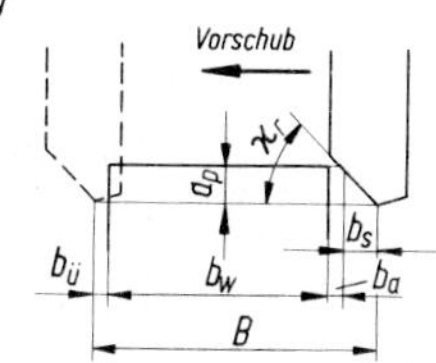

Prozeßzeit $t_{hu} = \frac{2LB}{v_m f}$

L Hobellänge (Hublänge)
$L = l_w + l_a + l_ü + l_s$
l_w Werkstücklänge in Hubrichtung
l_a Anlauflänge; abhängig von Maschinenart und Maschinengröße
Richtwerte: Langhobeln 100 ... 150 mm
Kurzhobeln 10 ... 30 mm
$l_ü$ Überlauflänge (siehe l_a)
l_s Schneidenzugabe in Hubrichtung:

$l_s = \frac{a_p \cdot \tan|\lambda_s|}{\sin \kappa_r}$ für $\lambda_s < 0°$

$l_s = 0$ für $\lambda_s \geqslant 0°$

a_p Schnittiefe, λ_s Neigungswinkel, κ_r Einstellwinkel
f Vorschub (seitlicher Vorschubschritt)

B Hobelbreite
$B = b_w + b_a + b_ü + b_s$
b_w Werkstückbreite in Vorschubrichtung
b_a Anlaufbreite
Richtwerte: Langhobeln 5 mm
Kurzhobeln 3 mm
$b_ü$ Überlaufbreite (siehe b_a)
b_s Schneidenzugabe in Vorschubrichtung

$b_s = \frac{a_p}{\tan \kappa_r}$ — a_p Schnittiefe, κ_r Einstellwinkel

v_m mittlere Geschwindigkeit

$v_m = \frac{2\, v_{ma}\, v_{mr}}{v_{ma} + v_{mr}} = 2\, v_{ma} \frac{q}{q+1}$

v_{ma} mittlere Arbeitshubgeschwindigkeit (Schnittgeschwindigkeit)
v_{mr} mittlere Rückhubgeschwindigkeit
$v_{mr} = q\, v_{ma}$
q Geschwindigkeitsverhältnis

$q = \frac{v_{mr}}{v_{ma}} > 1$

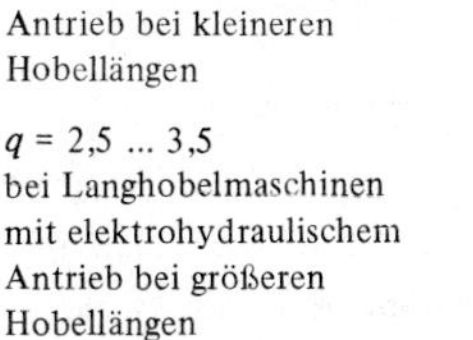

Richtwerte:
$q = 1{,}5 \ldots 2{,}5$ bei Langhobelmaschinen mit elektromechanischem Antrieb bei kleineren Hobellängen

$q = 2{,}5 \ldots 3{,}5$ bei Langhobelmaschinen mit elektrohydraulischem Antrieb bei größeren Hobellängen

$q = 1{,}2 \ldots 2$ bei Kurzhobelmaschinen mit elektromechanischem Antrieb durch schwingende Kurbelschleife

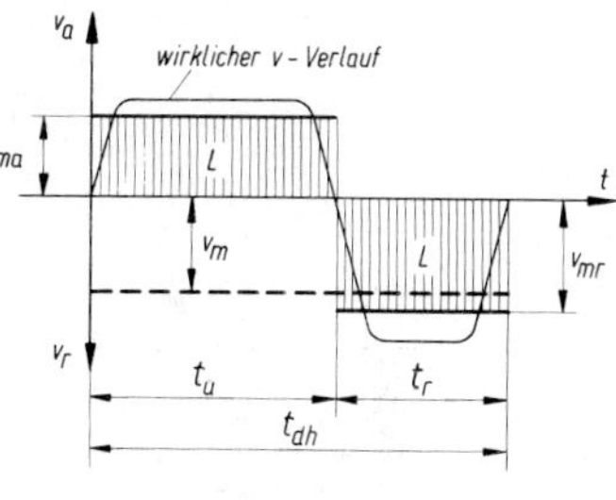

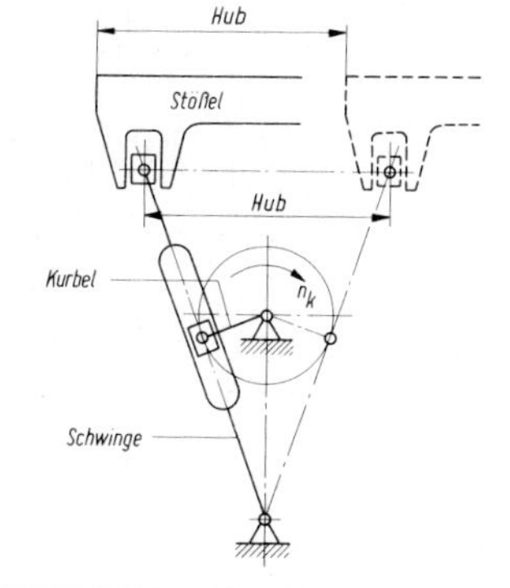

Für elektromechanisch angetriebene Kurzhobelmaschinen (Shaping) mit schwingender Kurbelschleife gilt auch:

$t_{hu} = \frac{B}{n_k f}$

B Hobelbreite
n_k Drehzahl der Antriebskurbel
f Vorschub (seitlicher Vorschubschritt)

Beispiel: Hobelbearbeitung eines Schweißteiles

Gegeben: Warmgewalzter Flachstahl Flach 120 × 40 DIN 1017 – St37
Rohteillänge 280 mm, Stirnflächen gesägt.

Fertigungsschritt:
Einseitiges Abhobeln der Profilbreite von 120 auf 116 mm.

Vorhandenes Werkzeug:
Gerader, rechter Hobelmeißel (Massivwerkzeug), Schneidstoff: Schnellarbeitsstahl, geforderte Mindeststandzeit des Werkzeuges 60 min, Einstellwinkel 45°, Neigungswinkel −10°.

Vorhandene Hobelmaschine:
Kurzhobelmaschine mit stufenlosem, hydraulischem Hauptgetriebe, Stößelgeschwindigkeiten von 4 ... 45 m/min stufenlos einstellbar, Geschwindigkeitsverhältnis 2,8.

Gewählter Vorschubschritt 0,63 mm/dh.

Gesucht:
a) mittlere Stößelgeschwindigkeit bei Vor- und Rücklauf v_{ma}, v_{mr},
b) erforderliche Schnittkraft F_c,
c) erforderliche Motorleistung beim Hobeln P_m,
d) Prozeßzeit t_{hu}

Lösung:

a) $v_c = 18 \frac{\text{m}}{\text{min}}$ nach 2.4 (entspricht der geforderten Mindeststandzeit).

Verringerung des Tabellenwertes um 20 %, weil $2{,}24 < a_p < 7{,}1$ mm;

damit wird $v_c = 0{,}8 \cdot 18 \frac{\text{m}}{\text{min}} = 14{,}4 \frac{\text{m}}{\text{min}}$ für $T = 60$ min

als Stößelgeschwindigkeit einstellbar

$v_{mr} = q\, v_{ma}$ nach 2.8

$$v_{ma} = v_c = 14{,}4 \frac{\text{m}}{\text{min}}$$

$$v_{mr} = 2{,}8 \cdot 14{,}4 \frac{\text{m}}{\text{min}} = 40{,}32 \frac{\text{m}}{\text{min}}$$

als Stößelgeschwindigkeit einstellbar

b) $F_c = a_p f k_c$ nach 2.6 Nr. 1

$$a_p = 120\text{ mm} - 116\text{ mm} = 4\text{ mm}$$

$$f = 0{,}63 \frac{\text{mm}}{\text{dh}}$$

$k_c = 2360 \frac{\text{N}}{\text{mm}^2}$ nach Richtwert-Tabelle 2.5

$$F_c = 4\text{ mm} \cdot 0{,}63 \frac{\text{mm}}{\text{dh}} \cdot 2360 \frac{\text{N}}{\text{mm}^2}$$

$F_c = 5947$ N (erforderliche Durchzugskraft der Hobelmaschine)

c) $P_m = \frac{P_c}{\eta_g} = \frac{F_c v_c}{6 \cdot 10^4 \eta_g}$ nach 2.7 mit $\eta_g = 0{,}78$ angenommen

$$P_m = \frac{5947 \cdot 14{,}4}{6 \cdot 10^4 \cdot 0{,}78} \text{kW} = 1{,}83 \text{ kW}$$

d) $t_{hu} = \frac{2LB}{v_m f}$

$$L = l_w + l_a + l_ü + l_s$$

$l_w = 280$ mm; $l_a = l_ü = 20$ mm angenommen

$$l_s = \frac{a_p \tan|\lambda_s|}{\sin \kappa_r} = \frac{4 \text{ mm} \cdot \tan 10°}{\sin 45°} = 0{,}997 \text{ mm} \approx 1 \text{ mm}$$

$$L = 280 \text{ mm} + 20 \text{ mm} + 20 \text{ mm} + 1 \text{ mm} = 321 \text{ mm}$$

$$B = b_w + b_a + b_ü + b_s$$

$b_w = 40$ mm, $b_a = b_ü = 3$ mm angenommen

$$b_s = \frac{a_p}{\tan \kappa_r} = \frac{4 \text{ mm}}{\tan 45°} = 4 \text{ mm}$$

$$B = 40 \text{ mm} + 3 \text{ mm} + 3 \text{ mm} + 4 \text{ mm} = 50 \text{ mm}$$

$$v_m = \frac{2 v_{ma} v_{mr}}{v_{ma} + v_{mr}} = \frac{2 \cdot 14{,}4 \frac{\text{m}}{\text{min}} \cdot 40{,}32 \frac{\text{m}}{\text{min}}}{14{,}4 \frac{\text{m}}{\text{min}} + 40{,}32 \frac{\text{m}}{\text{min}}} = 21{,}2 \frac{\text{m}}{\text{min}}$$

$$f = 0{,}63 \frac{\text{mm}}{\text{dh}}$$

$$t_{hu} = \frac{2 \cdot 321 \text{ mm} \cdot 50 \text{ mm}}{21{,}2 \frac{\text{m}}{\text{min}} \cdot 0{,}63 \frac{\text{mm}}{\text{dh}}} = 2{,}4 \text{ min}$$

3. Spanende Fertigung durch Räumen

Normen (Auswahl)

DIN 1415	Räumwerkzeuge, Einteilung – Benennungen – Bauarten
DIN 1416	Räumwerkzeuge, Gestaltung von Schneidzahn und Spankammer
DIN 1417	Räumwerkzeuge, Runde und rechteckige Schäfte und Endstücke
DIN 1418	Schafthalter und Endstückhalter für Räumwerkzeuge mit Schäften und Endstücken nach DIN 1417
DIN 6580	Begriffe der Zerspantechnik, Bewegungen und Geometrie des Zerspanvorganges
DIN 6581	Begriffe der Zerspantechnik, Bezugssysteme und Winkel am Schneidteil des Werkzeuges
DIN 6584	Begriffe der Zerspantechnik, Kräfte – Energie – Arbeit – Leistungen

3.1. Schnittgrößen und Spanungsgrößen

Schnittgrößen und Spanungsgrößen beim Räumen

l Spanungslänge (Räumlänge am Werkstück)
H Dicke der abzuräumenden Werkstoffschicht
h Spanungsdicke je Schneidzahn
t Teilung der Schneidzähne

1

Dicke H der abzuräumenden Werkstoffschicht

Dicke der Werkstoffschicht, die bei einem Durchgang des Räumwerkzeugs abgeräumt wird.
Die Dicke H ist die Summe der Schichtdicken H_1 und H_2, die durch Schruppräumen (Index 1) oder durch Schlichträumen (Index 2) abgeräumt werden.

$$H = H_1 + H_2$$

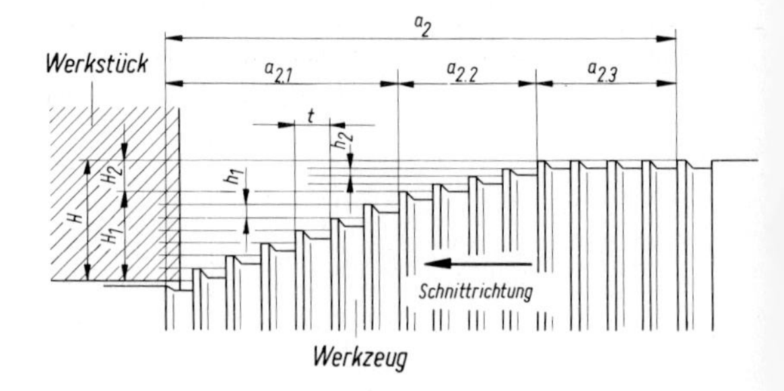

H_1 Dicke der durch Schruppen abzuräumenden Werkstoffschicht
H_2 Dicke der durch Schlichten abzuräumenden Werkstoffschicht
h_1 Spanungsdicke der Schruppzähne
h_2 Spanungsdicke der Schlichtzähne

a_2 Zahnungslänge
$a_{2.1}$ Länge der Schruppzahnung
$a_{2.2}$ Länge der Schlichtzahnung
$a_{2.3}$ Länge der Reservezahnung

2

erforderliche Zahnungslänge a_2 am Räumwerkzeug

$$a_2 = \left(\frac{H - z_2 \cdot h_2}{h_1} + z_2 + z_3\right) t$$

H Dicke der abzuräumenden Werkstoffschicht
z_2 Anzahl der Schlichtzähne, Richtwert: 5
z_3 Anzahl der Reservezähne (Kalibrierzähne), Richtwert: 4 ... 8
h_1 Spanungsdicke der Schruppzähne
h_2 Spanungsdicke der Schlichtzähne

3

Spanungsdicke h_1 und h_2

Richtwerte in mm für Räumwerkzeuge aus Schnellarbeitsstahl

Werkstoff	h_1	h_2
St	0,02 ... 0,08	0,005 ... 0,01
GG	0,1 ... 0,25	0,02 ... 0,06
Ms	0,1 ... 0,3	0,01 ... 0,02
Al-Legierung	0,08 ... 0,2	0,015 ... 0,02

Beim Schnellräumen (Räumen mit erhöhter Schnittgeschwindigkeit bis 40 m/min) wird mit Rücksicht auf die begrenzte thermische Belastbarkeit von Schnellarbeitsstahl eine Spanungsdicke von 0,08 mm nicht überschritten.

4

Teilung t der Schneidzähne

$$t = 2{,}5\sqrt{l\,h\,x}$$

l Spanungslänge (Räumlänge)
h Spanungsdicke
x Spanraumfaktor

Richtwerte für x

	Werkstoff	
	St	GG
Rundräumen	14 ... 20	12 ... 18
Planräumen	6 ... 12	4 ... 8

Empfohlene Schneidzahnteilungen nach DIN 1416:
4 4,5 5 5,5 6 7 8 9 10 11 12,5 14 16 18 20 mm

3.2. Geschwindigkeiten

1

Schnittgeschwindigkeit v_c

Richtwerte für v_c in m/min

Werkstoff	Innenräumen	Außenräumen
St	2 ... 8	6 ... 10
GG	6 ... 8	8 ... 10
Ms	6 ... 10	8 ... 12
Al-Legierung	10 ... 14	10 ... 15

Beim Schnellräumen wird mit Schnittgeschwindigkeiten von 20 ... 40 m/min gearbeitet.

Vorteile:
hohe Oberflächengüte
günstige Standwege
Wirtschaftlichkeit durch kurze Prozeßzeiten bei gleichfalls verkürzten Nebenzeiten

3.3. Werkzeugwinkel

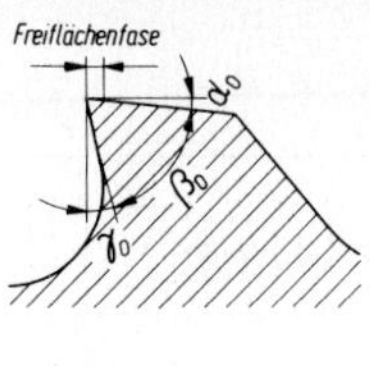

α_0 Orthogonalfreiwinkel
β_0 Orthogonalkeilwinkel
γ_0 Orthogonalspanwinkel
λ_s Neigungswinkel

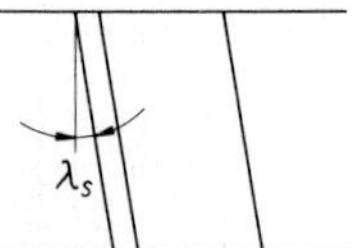

1 Orthogonalspanwinkel γ_0 und Orthogonalfreiwinkel α_0

Richtwerte für Räumwerkzeuge aus Schnellarbeitsstahl

Werkstoff	γ_0	α_0
St	10° ... 18°	3° ... 5°
GG	3° ... 10°	2° ... 5°
Ms	2° ... 8°	2° ... 5°
Al-Legierung	12° ... 20°	3° ... 5°

Größere Werte für γ_0 und kleinere Werte für α_0 gelten für Schlichträumen

2 Neigungswinkel λ_s

Durch geneigte Anordnung der Schneidzähne zur Schnittrichtung wird der Schnittkraftverlauf während des Räumens gleichmäßiger. Zusätzlich tritt eine seitliche Passivkraft (F'_{pz} unter 3.4) auf.

Richtwert für Außenräumen: $\lambda_s = 15° ... 20°$

3.4. Zerspankräfte

Zerspankräfte beim Räumen bezogen auf das Werkzeug

F_{cz} Schnittkraft
F_{pz}, F'_{pz} Passivkräfte
F_z Zerspankraft

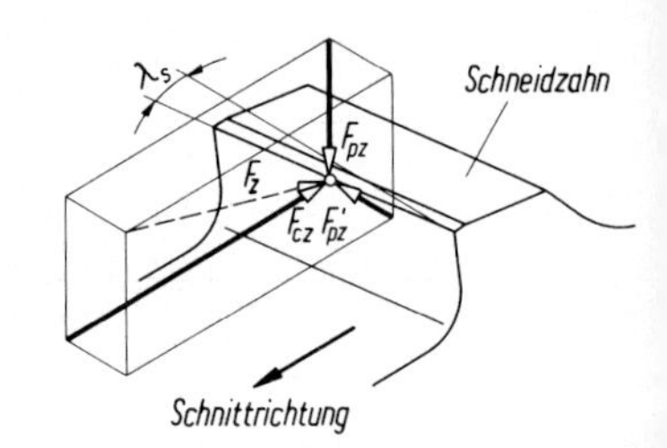

1 Schnittkraft F_{cz} je Schneidzahn

Außen-Planräumen (geräumte Flächen eben)

$$F_{cz} = b h k_c S$$

Innen-Rundräumen (geräumte Flächen kreiszylindrisch)

$$F_{cz} = d \pi h k_c S$$

F_{cz}	d, b, h	k_c	S
N	mm	$\frac{N}{mm^2}$	1

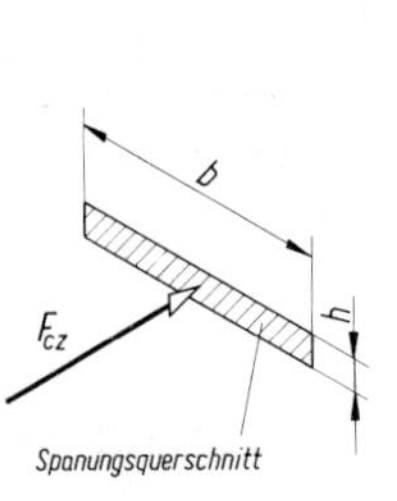

b Spanungsbreite (beim Planräumen)
h Spanungsdicke je Schneidzahn
d Durchmesser des Schneidzahnes (beim Rundräumen)
S Verfahrensfaktor
$S = 1{,}05$ beim Außenräumen
$S = 1{,}1$ beim Innenräumen

2

spezifische Schnittkraft k_c	$k_c = \frac{k_{c1\cdot 1}}{h^z} K_\gamma K_{ws} K_{wv} K_{ks} K_f$

k_c, $k_{c1\cdot 1}$	h	z	K
$\frac{N}{mm^2}$	mm	1	1

$k_{c1\cdot 1}$ Hauptwert der spezifischen Schnittkraft nach 1.5 Nr. 4
h Spanungsdicke je Schneidzahn
z Spanungsdickenexponent nach 1.5 Nr. 4
K Korrekturfaktoren nach 1.5 Nr. 6...10

3

Durchzugskraft F

Summe aller Schnittkräfte (F_{cz}), die an den gleichzeitig im Schnitt stehenden Schneidzähnen (z_e) des Räumwerkzeugs wirksam werden:

$$F = F_{cz} z_e$$

F_{cz} Schnittkraft je Schneidzahn
z_e Anzahl der gleichzeitig im Schnitt stehenden Schneidzähne

$$z_e = \frac{l}{t}\,; \quad 1 \leq z_e \leq 6 \ldots 8$$

Ergebnis stets auf die nächsthöhere ganze Zahl aufrunden
l Spanungslänge (Größtmaß)
t Teilung der Schneidzähne

4

Zugbeanspruchung des Innen-Räumwerkzeugs

$$\sigma_{z\,max} = \frac{F}{A_{min}} \leq \sigma_{z\,zul}$$

$\sigma_{z\,max}$ vorhandene maximale Zugspannung im gefährdeten Querschnitt des Räumwerkzeugs
F Durchzugskraft
A_{min} kleinster Querschnitt im belasteten Bereich des Räumwerkzeugs
$\sigma_{z\,zul}$ zulässige Zugspannung im Räumwerkzeugstoff

$\sigma_{z\,zul} = 250 \frac{N}{mm^2}$ für Schnellarbeitsstahl

3.5. Leistungsbedarf

1

Schnittleistung P_c

$$P_c = \frac{F v_c}{6 \cdot 10^4}$$

P_c	F	v_c
kW	N	$\frac{m}{min}$

F Durchzugskraft nach 3.4 Nr. 3
v_c Schnittgeschwindigkeit nach 3.2 Nr. 1

2

Motorleistung P_m

Bedarf an Motorleistung während des Räumens

$$P_m = \frac{P_c}{\eta_g}$$

η_g Getriebewirkungsgrad $\qquad \eta_g = 0{,}85 \ldots 0{,}9$

3.6. Prozeßzeit

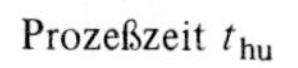

Prozeßzeit t_{hu}

$$t_{hu} = \frac{L}{v_c} = \frac{l + l_a + l_ü + a_2}{v_c}$$

$$t_{hu} = \frac{1{,}5 \cdot l + a_2}{v_c} \qquad \text{für } l_a = l_ü = \frac{1}{4} \cdot l$$

Senkrecht-Innenräumen mit Endstückführung durch Werkzeugzubringer (Räumen durch Werkzeugbewegung)

Die Darstellung gilt sinngemäß auch für das Senkrecht-Außenräumen

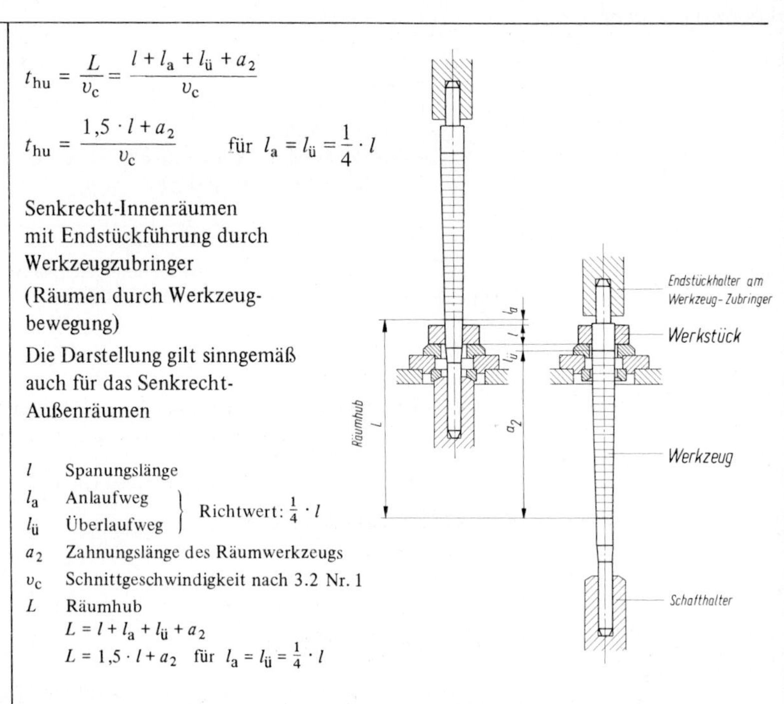

- l Spanungslänge
- l_a Anlaufweg, $l_ü$ Überlaufweg } Richtwert: $\frac{1}{4} \cdot l$
- a_2 Zahnungslänge des Räumwerkzeugs
- v_c Schnittgeschwindigkeit nach 3.2 Nr. 1
- L Räumhub
  $L = l + l_a + l_ü + a_2$
  $L = 1{,}5 \cdot l + a_2$ für $l_a = l_ü = \frac{1}{4} \cdot l$

Bei Innenräummaschinen mit Zubringerbetrieb ist die Anstellbewegung des Werkzeugzubringers (Zubringerhub) auf den maximal möglichen Hub des Werkzeug-Zubringers der Räummaschine abzustimmen.

a) Endstück während des Räumhubs nicht geführt (Werkzeug-Zubringer stellt Werkzeug an und verbleibt in Wartestellung)
Zubringerhub $s_1 = l_1 + l + A$

b) Endstück während des Räumhubs geführt (Werkzeug-Zubringer stellt Werkzeug an und fährt beim Räumhub mit)
Zubringerhub $s_2 = l_1 + 2{,}5 \cdot l + A + a_2$

- l_1 Schaftlänge nach DIN 1417
- l Spanungslänge
- A siehe Bild (ausgelegt für manuelle oder automatische Zuführung und Entnahme der Werkstücke)

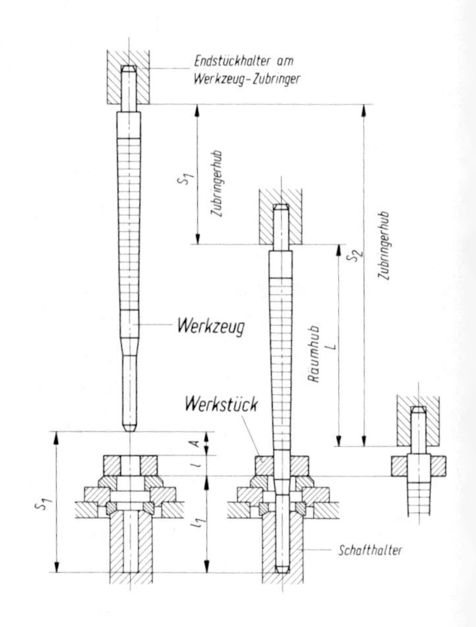

Beispiel: Räumbearbeitung eines Führungsstücks

Gegeben: Rohteil:
Blanker Rundstahl 56 DIN 668 St 42, Länge 32 mm,
Stirnflächen geplant,
kreiszylindrische Vorbohrung ⌀ 26,2 ± 0,1.

Fertigungsschritt:
Fertigräumen der kreiszylindrischen Bohrung auf ⌀ 28 H 11,
Verwendung von Kühlschmier-Emulsion

Vorgesehenes Werkzeug:
Innen-Rundräumwerkzeug (Massivwerkzeug, arbeitsscharf),
runder Werkzeugschaft J 25 DIN 1417 mit schräger Mitnahmefläche und Sicherung gegen Verdrehen im Schafthalter, Spanwinkel 16°,
Schneidstoff: Schnellarbeitsstahl.

Vorhandene Räummaschine:
Senkrecht-Innenräummaschine mit Werkzeugzubringer,
Schnittbewegung durch das Werkzeug ausgeführt (Endstück beim Räumen nicht geführt).
Abstand zwischen Schaftende des hochgefahrenen Werkzeuges und Werkstück 35 mm (für Werkstückwechsel).

Gesucht:
a) erforderlicher Hub des Schafthalters (Räumhub),
b) erforderlicher Hub des Werkzeugzubringers,
c) erforderliche Durchzugskraft,
d) Spannungsnachweis für die gefährdeten Querschnitte des Räumwerkzeugs,
e) Prozeßzeit für das einzelne Werkstück.

Lösung:
a) für $l_a = l_ü = 0{,}25\,l$ gilt:

$L = 1{,}5\,l + a_2$

$l = 32$ mm (Spanungslänge)

$$a_2 = \left(\frac{H - z_2\,h_2}{h_1} + z_2 + z_3\right) t$$

für Innen-Rundräumen gilt:

$$H = \frac{d_{f\,max} - d_{min}}{2}$$

$d_{f\,max} = 28{,}13$ mm

$d_{min} = 26{,}1$ mm

$$H = \frac{28{,}13 - 26{,}1}{2} = 1{,}015 \text{ mm}$$

Gewählte Größen nach 3.1

$z_2 = 5,\quad z_3 = 6,\quad h_1 = 0{,}05$ mm, $\quad h_2 = 0{,}008$ mm

$t = 2{,}5\sqrt{l\,h\,x}$

$h = h_1$ (Schruppspanungsdicke); $\quad x = 16$

$t = 2{,}5 \cdot \sqrt{32 \text{ mm} \cdot 0{,}05 \text{ mm} \cdot 16} = 12{,}6$ mm

gewählt $t = 12{,}5$ mm nach DIN 1416; für den ganzen Zahnungsteil des Räumwerkzeuges gleiche Zahnteilung.

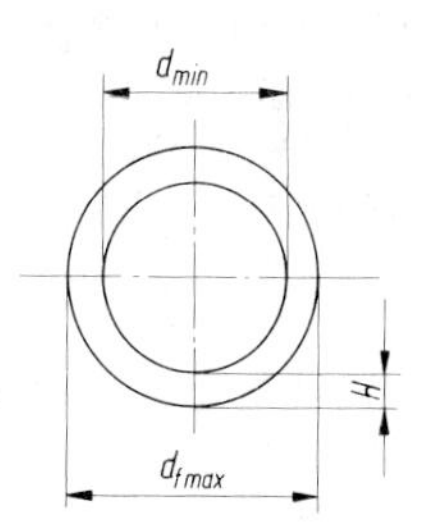

$$a_2 = \left(\frac{1{,}015 \text{ mm} - 5 \cdot 0{,}008 \text{ mm}}{0{,}05 \text{ mm}} + 5 + 6\right) \cdot 12{,}5 \text{ mm}$$

$a_2 = 381{,}25 \text{ mm} \approx 382$ mm

$L = 1{,}5 \cdot 32 \text{ mm} + 382 \text{ mm} = 430$ mm

Der erforderliche Schafthalterhub L darf den maximal möglichen Räumhub des Schafthalters der vorhandenen Räummaschine nicht überschreiten.

b) $s_1 = l_1 + l + A$

$l_1 = 180$ mm nach DIN 1417

$l = 32$ mm

$A = 35$ mm

$s_1 = 180\text{ mm} + 32\text{ mm} + 35\text{ mm}$

$s_1 = 247$ mm

Der erforderliche Zubringerhub s_1 darf den maximalen Zubringerhub der vorhandenen Räummaschine nicht überschreiten.

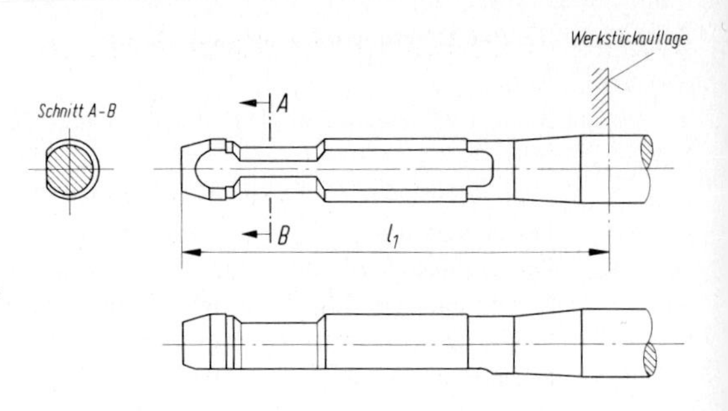

c) Schnittkraft je Schneidzahn

$F_{cz} = d \pi h k_c S$

$d = d_{f\,max} = 28{,}13$ mm; $h = h_1 = 0{,}05$ mm

$$k_c = \frac{k_{c1\cdot1}}{h^z} K_\gamma K_{ws} K_{wv} K_{ks} K_f \quad \text{nach 3.4 Nr. 2}$$

$k_{c1\cdot1} = 1780 \dfrac{\text{N}}{\text{mm}^2}$; $z = 0{,}17$ nach 1.5 Nr. 4

$K_\gamma = 1{,}09 - 0{,}015\,\gamma_0 = 1{,}09 - 0{,}015 \cdot 16° = 0{,}85$

$K_{ws} = 1{,}05$

$K_{wv} = 1$ bei scharfer Schneide; $K_{wv} = 1{,}5$ zum Ende der Standzeit

$K_{ks} = 0{,}9$; $K_f = 1{,}1$

$$k_c = \frac{1780 \frac{\text{N}}{\text{mm}^2}}{0{,}05^{0{,}17}} \cdot 0{,}85 \cdot 1{,}05 \cdot 1 \cdot 0{,}9 \cdot 1{,}1$$

$k_c = 2617 \dfrac{\text{N}}{\text{mm}^2}$ bei scharfer Schneide

$S = 1{,}1$

$F_{cz} = 28{,}13\text{ mm} \cdot \pi \cdot 0{,}05\text{ mm} \cdot 2617 \dfrac{\text{N}}{\text{mm}^2} \cdot 1{,}1$

$F_{cz} = 12\,720$ N bei scharfer Schneide

Durchzugskraft $F = F_{cz}\, z_e$

$$z_e = \frac{l}{t} = \frac{32\text{ mm}}{12{,}5\text{ mm}} = 2{,}56 \Rightarrow z_e = 3 \text{ aufgerundet}$$

$F = 12\,720\text{ N} \cdot 3$

$F = 38\,160$ N bei scharfer Schneide; $F = 57\,240$ N zum Ende der Standzeit

Die erforderliche Durchzugskraft F darf das installierte Durchzugsvermögen der vorhandenen Räummaschine nicht überschreiten.

d) gefährdeter Querschnitt A_1 vor dem 1. Schneidzahn

$d_k = d_{min} - 2c$

$c = 4{,}5$ mm nach DIN 1416

$d_k = 26{,}1\text{ mm} - 2 \cdot 4{,}5\text{ mm} = 17{,}1$ mm

$A_1 = 229{,}7\text{ mm}^2$

$$\sigma_{z\,max} = \frac{F}{A_1} = \frac{57\,240\text{ N}}{229{,}7\text{ mm}^2} = 249{,}2 \frac{\text{N}}{\text{mm}^2} < \sigma_{z\,zul} = 250 \frac{\text{N}}{\text{mm}^2}$$

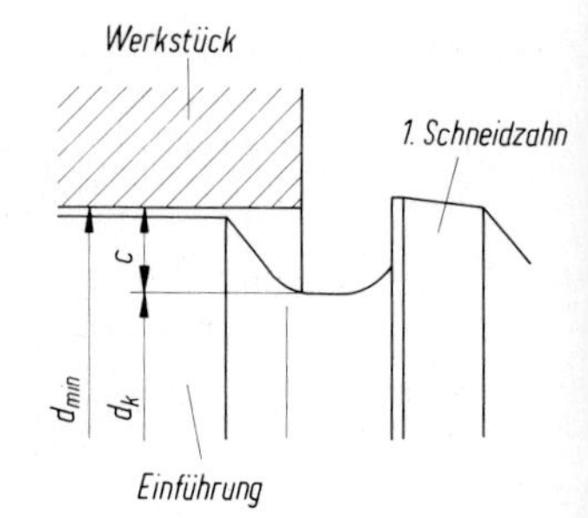

Da der gefährdete Querschnitt im Schaft des Räumwerkzeugs $A_2 = 281{,}4\text{ mm}^2 > A_1$ ist, braucht die Zugspannung an dieser Stelle nicht mehr überprüft zu werden.

e) $$t_{hu} = \frac{1{,}5 \cdot l + a_2}{v_c} = \frac{1{,}5 \cdot 32\text{ mm} + 382\text{ mm}}{5 \frac{\text{m}}{\text{min}}} = 0{,}086\text{ min} = 5{,}16\text{ s}$$

$v_c = 5 \dfrac{\text{m}}{\text{min}}$ gewählt

4. Spanende Fertigung durch Bohren

Normen (Auswahl)

DIN 803	Vorschübe für Werkzeugmaschinen, Nennwerte, Grenzwerte, Übersetzungen
DIN 804	Lastdrehzahlen für Werkzeugmaschinen, Nennwerte, Grenzwerte, Übersetzungen
DIN 1412	Spiralbohrer, Begriffe
DIN 1414	Spiralbohrer aus Schnellarbeitsstahl, Technische Lieferbedingungen
DIN 1836	Werkzeug-Anwendungsgruppen zum Zerspanen
DIN 6580	Begriffe der Zerspantechnik, Bewegungen und Geometrie des Zerspanvorganges
DIN 6581	Begriffe der Zerspantechnik, Bezugssysteme und Winkel am Schneidteil des Werkzeuges
DIN 6582	Begriffe der Zerspantechnik, Ergänzende Begriffe am Werkzeug, am Schneidkeil und an der Schneide
DIN 6584	Begriffe der Zerspantechnik, Kräfte – Energie – Arbeit – Leistungen

4.1. Schnittgrößen und Spanungsgrößen

Schnittgrößen und Spanungsgrößen beim Bohren

d	Bohrerdurchmesser (Nenndurchmesser)
d_i	Durchmesser der Vorbohrung (beim Aufbohren)
f_z	Vorschub je Schneide
z	Anzahl der Schneiden (Spiralbohrer $z = 2$)
a_p	Schnittiefe
b	Spanungsbreite
h	Spanungsdicke
A	Spanungsquerschnitt
κ_r	Einstellwinkel
σ	Spitzenwinkel

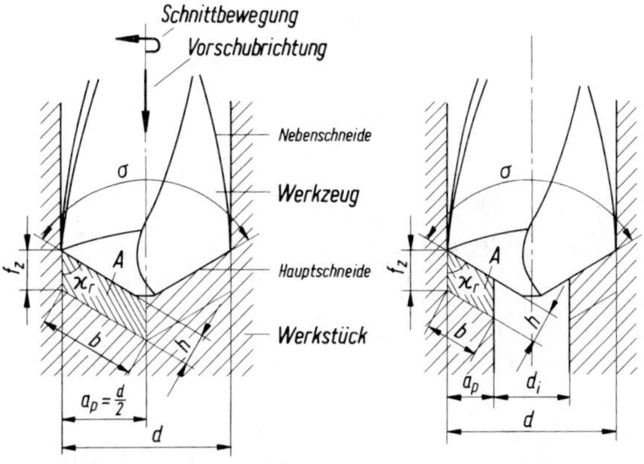

Bohren ins Volle

Aufbohren

Schnittiefe a_p (Schnittbreite)	Tiefe oder Breite des Eingriffs senkrecht zur Arbeitsebene $a_p = \frac{d}{2}$ beim Bohren ins Volle $\quad a_p = \frac{d - d_i}{2}$ beim Aufbohren	1
Vorschub f	Weg, den das Werkzeug während einer Umdrehung (U) in Vorschubrichtung zurücklegt. Richtwerte nach 4.3	2
Vorschub f_z je Schneide	$f_z = \frac{f}{z}$ $\quad f$ Vorschub, z Anzahl der Werkzeugschneiden Für zweischneidige Spiralbohrer ist $f_z = \frac{f}{2}$	3

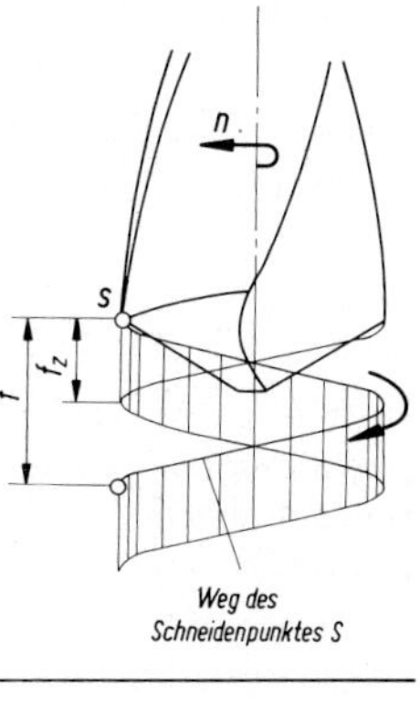

Nr.	Größe	Formel	
4	Spanungsbreite b	$b = \dfrac{d}{2 \sin \kappa_r}$	Bohren ins Volle
5	Spanungsdicke h	$h = \dfrac{f \sin \kappa_r}{2} = f_z \sin \kappa_r$	
6	Spanungsquerschnitt A	$A = \dfrac{df}{4} = \dfrac{df_z}{2}$	
7	Spanungsbreite b	$b = \dfrac{d - d_i}{2 \sin \kappa_r}$	Aufbohren
8	Spanungsdicke h	$h = \dfrac{f \sin \kappa_r}{2} = f_z \sin \kappa_r$	
9	Spanungsquerschnitt A	$A = \dfrac{d - d_i}{4} f$ $A = \dfrac{d - d_i}{2} f_z$	

4.2. Geschwindigkeiten

Geschwindigkeiten beim Bohren relativ zum Werkstück

v_c Schnittgeschwindigkeit
v_f Vorschubgeschwindigkeit
v_e Wirkgeschwindigkeit
η Wirkrichtungswinkel
φ Vorschubrichtungswinkel (beim Bohren 90°)

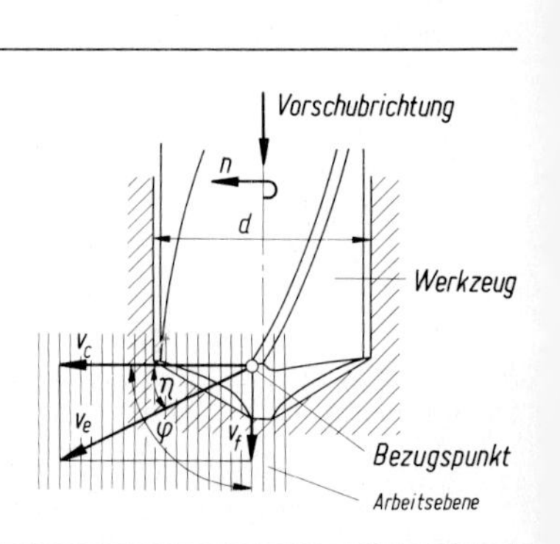

1 Schnittgeschwindigkeit v_c (Richtwerte in 4.3)

$$v_c = \frac{d \pi n}{1000}$$

d Bohrerdurchmesser
n Werkzeugdrehzahl

v_c	d	n
$\frac{\text{m}}{\text{min}}$	mm	min^{-1}

2 Umrechnung der Schnittgeschwindigkeit $v_{c\,L\,2000}$ (Bohrarbeitskennziffer)

Schnittgeschwindigkeitsempfehlungen beziehen sich beim Bohren meist auf eine Standlänge (L, gesamter Standweg des Bohrers in Vorschubrichtung), die unter den in der Richtwerttafel genannten Spanungsbedingungen erreicht wird. Dabei verwendet man als Bezugsgröße häufig eine Gesamtbohrtiefe von 2000 mm. Die auf diese Standlänge bezogene Schnittgeschwindigkeit ist die Bohrarbeitskennziffer $v_{c\,L\,2000}$.

Umrechnung der Richtwerte ($v_{cL\,2000}$) auf abweichende Standlängen bei sonst unveränderten Spanungsbedingungen:

$$v_c = v_{c\,L\,2000} \left(\frac{2000}{L}\right)^z$$

- v_{cL2000} Schnittgeschwindigkeit für $L = 2000$ mm (Bohrarbeitskennziffer)
- L vorgegebene Standlänge in mm
- z Standlängenexponent

Richtwerte für Spiralbohrer aus Schnellarbeitsstahl nach M. Kronenberg

Werkstoff	z
St 50	0,114
St 70	0,06
24 Ni Cr 14	0,082
28 Ni Cr 6	0,122
14 Ni Cr 14	0,188
14 Ni 6	0,15

3 Standzeit T

Berechnung der Standzeit T aus der Standlänge L

$$T = \frac{L d \pi}{f v_c}$$

- d Bohrerdurchmesser
- f Vorschub
- v_c Schnittgeschwindigkeit (Standgeschwindigkeit für Standlänge L)

4 erforderliche Werkzeugdrehzahl n_{erf}

$$n_{erf} = \frac{1000\, v_c}{d\, \pi}$$

n_{erf}	v_c	d
min^{-1}	$\frac{\mathrm{m}}{\mathrm{min}}$	mm

- v_c empfohlene Schnittgeschwindigkeit nach 4.3 oder umgerechnet
- d Bohrerdurchmesser

Bei der Festlegung der Werkzeugdrehzahl sind die einstellbaren Maschinendrehzahlen (Drehzahlen an der Bohrspindel) zu beachten. Bohrmaschinen mit gestuftem Hauptgetriebe erzeugen Normdrehzahlen nach DIN 804 (1.2 Nr. 3).

5 Vorschubgeschwindigkeit v_f

$$v_f = f n$$

$$v_f = z f_z n$$

v_f	f	f_z	z	n
$\frac{\mathrm{mm}}{\mathrm{min}}$	$\frac{\mathrm{mm}}{\mathrm{U}}$	mm	1	min^{-1}

- f Vorschub
- f_z Vorschub je Schneide
- z Anzahl der Werkzeugschneiden
- n Werkzeugdrehzahl

6 Wirkgeschwindigkeit v_e

Momentangeschwindigkeit des betrachteten äußeren Schneidenpunkts (Bezugspunkt) der Hauptschneide in Wirkrichtung:

$$v_e = \sqrt{v_c^2 + v_f^2} \quad \text{bei } \varphi = 90°$$

$$v_e = \frac{v_c}{\cos \eta} = \frac{v_f}{\sin \eta}$$

$$v_f \ll v_c \Rightarrow v_e \approx v_c$$

4.3. Richtwerte für die Schnittgeschwindigkeit v_c und den Vorschub f beim Bohren

Werkstoff	Zugfestigkeit R_m in N/mm²	Schneid-werk-zeug	Schnitt-geschwindig-keit v_c in m/min	Vorschub f in mm/U bei Bohrerdurchmesser			
				bis 4	> 4 ... 10	> 10 ... 25	> 25 ... 63
St 34 St 37 C 22 St 42	bis 500	S S P 30	35 ... 30 80 ... 75	0,18 0,1	0,28 0,12	0,36 0,16	0,45 0,2
St 50 C 35	500 ... 600	S S P 30	30 ... 25 75 ... 70	0,16 0,08	0,25 0,1	0,32 0,12	0,40 0,16
St 60 C 45	600 ... 700	S S P 30	25 ... 20 70 ... 65	0,12 0,06	0,2 0,08	0,25 0,1	0,32 0,12
St 70 C 60	700 ... 850	S S P 30	20 ... 15 65 ... 60	0,11 0,05	0,18 0,06	0,22 0,08	0,28 0,1
Mn-, CrNi-, CrMo- und andere legierte Stähle	700 ... 850	S S P 30	18 ... 14 40 ... 30	0,1 0,025	0,16 0,03	0,2 0,04	0,25 0,05
	850 ... 1000	S S P 30	14 ... 12 30 ... 25	0,09 0,02	0,14 0,025	0,18 0,03	0,22 0,04
	1000 ... 1400	S S P 30	12 ... 8 25 ... 20	0,06 0,016	0,1 0,02	0,16 0,025	0,2 0,03
GS-45	300 ... 500	S S P 30	30 ... 25 80 ... 60	0,16 0,03	0,22 0,05	0,32 0,08	0,45 0,12
GS-52	500 ... 700	S S P 30	25 ... 20 60 ... 40	0,12 0,025	0,18 0,04	0,25 0,06	0,36 0,1
GG-14		S S K 20	35 ... 25 90 ... 70	0,16 0,05	0,25 0,08	0,4 0,12	0,5 0,16
GG-26		S S K 10	25 ... 20 40 ... 30	0,12 0,04	0,2 0,06	0,3 0,1	0,4 0,12
Temperguß		S S K 10	25 ... 18 60 ... 40	0,1 0,03	0,16 0,05	0,25 0,08	0,4 0,12
Rotguß Gußbronze		S S K 20	75 ... 50 85 ... 60	0,12 0,06	0,18 0,08	0,25 0,1	0,36 0,12
Gußmessing		S S K 20	60 ... 40 100 ... 75	0,1 0,06	0,14 0,08	0,2 0,1	0,28 0,12
Al-Guß		S S K 20	200 ... 150 300 ... 250	0,16 0,06	0,25 0,08	0,3 0,1	0,4 0,12

SS Schnellarbeitsstahl
P 30, K 10, K 20 Hartmetalle

Die Richtwerte sind von der Firma Gebr. Boehringer in Göppingen aus „Betriebstechnisches Praktikum" von Thiele-Staelin abgeleitet worden.

4.4. Richtwerte für spezifische Schnittkraft beim Bohren

Die Richtwerte sind von der Firma Gebr. Boehringer in Göppingen aus Versuchswerten von Prof. Kienzle, AWF 158 und allgemeinen Hinweisen aus dem Schrifttum abgeleitet worden.

Werkstoff	Zugfestigkeit R_m in N/mm²	spezifische Schnittkraft k_c in N/mm² bei Vorschub f in mm/U und Einstellwinkel κ_r																											
		0,063				0,1				0,16				0,25				0,4				0,63				1			
		30°	45°	60°	90°	30°	45°	60°	90°	30°	45°	60°	90°	30°	45°	60°	90°	30°	45°	60°	90°	30°	45°	60°	90°	30°	45°	60°	90°
St 42	bis 500	3200	3010	2880	2820	2950	2760	2650	2600	2710	2550	2450	2400	2500	2360	2280	2240	2320	2200	2100	2060	2150	2030	1960	1920	2000	1890	1830	1800
St 50	520	4900	4470	4220	4100	4350	3980	3730	3610	3850	3500	3300	3190	3400	3100	2900	2830	3000	2740	2580	2500	2650	2430	2300	2240	2360	2180	2060	1990
St 60	620	3850	3620	3460	3380	3540	3300	3150	3080	3230	3010	2890	2830	2950	2780	2670	2620	2730	2580	2480	2440	2530	2400	2310	2270	2350	2220	2140	2110
St 70	720	6300	5680	5320	5150	5500	4980	4660	4500	4820	4350	4060	3920	4200	3800	3550	3410	3660	3300	3100	2990	3200	2900	2700	2600	2800	2520	2340	2260
C 45, Ck 45	670	3600	3450	3320	3260	3380	3200	3100	3040	3150	2990	2890	2840	2940	2800	2700	2660	2750	2620	2540	2500	2580	2460	2380	2340	2420	2310	2250	2220
C 60, Ck 60	770	3950	3690	3530	3450	3610	3380	3230	3150	3300	3100	2980	2920	3040	2860	2750	2700	2810	2650	2550	2490	2600	2450	2350	2300	2400	2260	2180	2130
16 MnCr 5	770	5150	4720	4450	4320	4590	4200	3950	3830	4080	3720	3500	3400	3610	3300	3120	3020	3210	2930	2750	2660	2840	2580	2440	2360	2510	2300	2160	2100
18 CrNi 6	630	6300	5680	5320	5150	5500	4980	4660	4510	4820	4350	4060	3920	4200	3800	3550	3410	3660	3300	3100	3000	3200	2900	2700	2590	2800	2520	2340	2260
34 CrMo 4	600	4650	4300	4100	4000	4200	3900	3700	3610	3800	3530	3370	3290	3450	3220	3080	3000	3150	2940	2820	2750	2880	2670	2530	2460	2600	2400	2300	2240
42 CrMo 4	730	6000	5450	5150	5000	5300	4880	4620	4500	4750	4370	4120	4000	4250	3890	3660	3550	3780	3450	3250	3150	3350	3060	2890	2800	2980	2720	2580	2500
50 CrV 4	600	5460	5000	4700	4560	4850	4440	4210	4100	4330	3980	3730	3610	3860	3500	3300	3190	3400	3100	2910	2820	3000	2730	2580	2500	2650	2430	2290	2220
15 CrMo 5	590	4120	3880	3740	3660	3810	3590	3450	3390	3520	3320	3200	3130	3260	3070	2950	2900	3010	2850	2740	2680	2790	2630	2520	2470	2580	2420	2340	2290
Mn-, CrNi-,	850 ... 1000	4900	4530	4310	4200	4420	4100	3900	3800	4000	3710	3440	3450	3620	3380	3220	3150	3300	3080	2920	2850	3000	2780	2660	2600	2720	2550	2440	2380
CrMo-u.a.leg.St.	1000 ... 1400	5150	4780	4560	4450	4670	4350	4150	4050	4250	3960	3790	3700	3880	3610	3440	3350	3520	3280	3160	3100	3220	3030	2910	2850	2970	2800	2680	2620
Nichtrost. St.	600 ... 700	4800	4500	4300	4200	4400	4120	3940	3850	4030	3770	3610	3530	3690	3460	3320	3250	3390	3180	3060	3000	3120	2940	2840	2780	2890	2730	2630	2580
Mn-Hartstahl		7150	6600	6270	6100	6440	5950	5650	5500	5800	5370	5100	4980	5240	4860	4620	4500	4740	4400	4180	4080	4290	3980	3800	3700	3890	3620	3440	3360
Hartguß		3950	3720	3570	3500	3640	3420	3270	3190	3340	3130	3010	2940	3070	2880	2750	2680	2810	2620	2500	2450	2560	2400	2300	2240	2350	2200	2110	2060
GS-45	300 ... 500	2920	2720	2610	2560	2670	2510	2410	2360	2460	2320	2220	2180	2270	2140	2040	2000	2090	1960	1900	1860	1930	1820	1750	1720	1790	1690	1630	1600
GS-52	500 ... 700	3200	3010	2880	2820	2950	2760	2650	2600	2710	2550	2450	2400	2500	2360	2280	2240	2320	2200	2100	2060	2150	2030	1960	1920	2000	1890	1830	1800
GG-14		1940	1800	1710	1670	1760	1630	1550	1510	1590	1480	1400	1370	1440	1340	1280	1250	1310	1220	1170	1140	1200	1120	1060	1040	1090	1020	970	950
GG-26		2800	2570	2430	2360	2500	2300	2180	2110	2240	2060	1930	1870	2000	1820	1710	1660	1760	1610	1520	1470	1560	1430	1340	1300	1380	1280	1200	1160
GTW, GTS		2650	2440	2300	2240	2370	2180	2060	2000	2120	1950	1850	1800	1900	1750	1650	1600	1700	1560	1500	1460	1530	1420	1350	1320	1390	1290	1230	1200
Gußbronze		3200	3010	2880	2820	2950	2760	2650	2600	2710	2550	2450	2400	2500	2360	2280	2240	2320	2200	2100	2060	2150	2030	1960	1920	2000	1890	1830	1800
Rotguß		1480	1360	1280	1250	1320	1220	1150	1120	1180	1090	1030	1000	1060	980	920	900	950	880	820	800	850	780	730	710	750	700	670	650
Messing		1500	1380	1320	1300	1350	1280	1220	1200	1250	1180	1120	1100	1150	1080	1020	1000	1050	980	940	920	960	900	870	850	880	840	800	780
Al-Guß	300 ... 420	1480	1360	1280	1250	1320	1220	1150	1120	1180	1090	1030	1000	1060	980	920	900	950	880	820	800	850	780	730	710	750	700	670	650
Mg-Legierung		520	490	475	470	480	455	435	430	440	420	405	400	410	390	370	360	380	350	335	330	340	320	305	300	310	300	285	280

4.5. Werkzeugwinkel

Werkzeugwinkel
am Bohrwerkzeug
(Spiralbohrer)

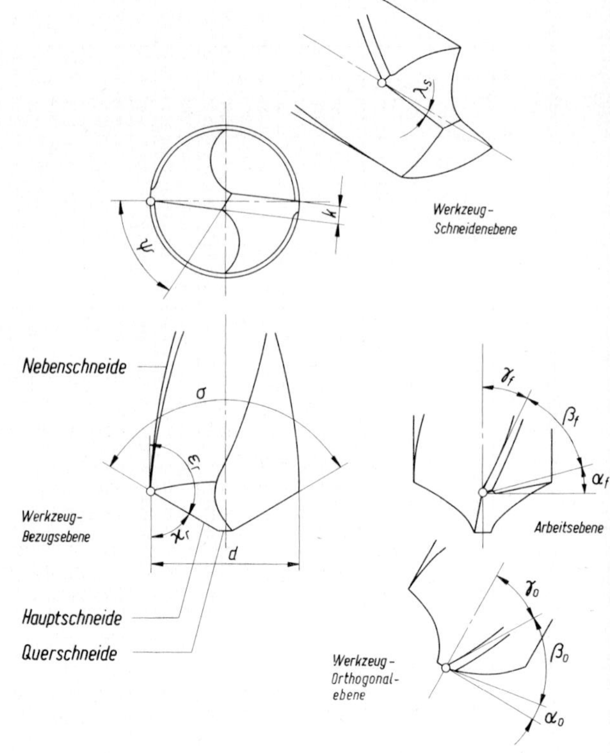

- α_0 Orthogonalfreiwinkel
- β_0 Orthogonalkeilwinkel
- γ_0 Orthogonalspanwinkel
- α_f Seitenfreiwinkel
- β_f Seitenkeilwinkel
- γ_f Seitenspanwinkel
- κ_r Einstellwinkel
- σ Spitzenwinkel
- λ_s Neigungswinkel
- ϵ_r Eckenwinkel
- ψ Querschneidenwinkel
- k Dicke des Bohrerkerns (an der Bohrerspitze)

1 Orthogonalfreiwinkel α_0 (siehe auch 1.4 Nr. 5)

Der Winkel nimmt bei Kegelmantelschliff vom Außendurchmesser zum Bohrerkern hin zu.

Bohren von Stahl: $\alpha_0 = 8°$ (außen) bis 30° (innen)

2 Orthogonalkeilwinkel β_0 (siehe auch 1.4 Nr. 6)

Der Winkel ist über die ganze Länge der Hauptschneide praktisch konstant.

3 Orthogonalspanwinkel γ_0 (siehe auch 1.4 Nr. 7)

Der Winkel nimmt durch die Form der Spannute vom Außendurchmesser zum Bohrerkern hin bis zu negativen Werten (im Bereich der Querschneide bis $-60°$) ab.

$$\tan \gamma_0 = \frac{\tan \gamma_f + \cos \kappa_r \cdot \tan \lambda_s}{\sin \kappa_r}$$

γ_f Seitenspanwinkel
κ_r Einstellwinkel
λ_s Neigungswinkel

4 Seitenfreiwinkel α_f, gemessen in der Arbeitsebene

$$\cot \alpha_f = \sin \kappa_r \cdot \cot \alpha_0 - \cos \kappa_r \cdot \tan \lambda_s$$

κ_r Einstellwinkel
α_0 Orthogonalfreiwinkel
λ_s Neigungswinkel

Richtwerte

Werkstoff	Werkzeug-Anwendungsgruppe	α_f
St, GS, GG	N	6° ... 15°
Ms, Bz	H	8° ... 18°
Al-Legierung	W	8° ... 18°

5 Seitenkeilwinkel β_f, gemessen in der Arbeitsebene

$\beta_f = 90° - \alpha_f - \gamma_f$

α_f Seitenfreiwinkel
γ_f Seitenspanwinkel

6 Seitenspanwinkel γ_f, gemessen in der Arbeitsebene

Der Seitenspanwinkel ist der Neigungswinkel der Nebenschneide (Komplementwinkel des äußeren Steigungswinkels) und damit der Drallwinkel des Spiralbohrers.

$$\tan \gamma_f = \frac{d\pi}{h_n}$$

d Bohrerdurchmesser (Schneidendurchmesser an der Bohrerspitze)
h_n Steigung der Nebenschneide

Richtwerte

Werkstoff	Werkzeug-Anwendungsgruppe	γ_f
St, GS, GG	N	16° ... 30°
Ms, Bz	H	10° ... 13°
Al-Legierung	W	35° ... 40°

Werkzeug-Anwendungsgruppe N	für normale Werkstoffe wie St, GS, GG, GGG, GTW, GTS
Werkzeug-Anwendungsgruppe H	für harte und spröde Werkstoffe wie Ms, Bz, Mg
Werkzeug-Anwendungsgruppe W	für weiche Werkstoffe wie Al, Zn, Cu

N H W

Werkzeug-Anwendungsgruppen

7 Einstellwinkel κ_r (siehe auch 1.4 Nr. 8)

$\kappa_r = \frac{\sigma}{2}$

σ Spitzenwinkel

8 Spitzenwinkel σ

Hüllkegelwinkel der beiden Hauptschneiden des Spiralbohrers:

$\sigma = 2\kappa_r$

κ_r Einstellwinkel

Richtwerte

Werkstoff	Werkzeug-Anwendungsgruppe	σ
St, GS, GG	N	118°
Ms, Bz	H	118° ... 140°
Al-Legierung	W	140°
Kunststoffe	H	80°

9 Neigungswinkel λ_s

Der Neigungswinkel ergibt sich aus der Kerndicke des Spiralbohrers an der Bohrerspitze.

$$\tan \lambda_s = \frac{k \sin \kappa_r}{d}$$

k Kerndicke des Spiralbohrers an der Bohrerspitze
Mindestwert $k_{min} = 0{,}197 \cdot d^{0{,}839}$
κ_r Einstellwinkel
d Bohrerdurchmesser (Schneidendurchmesser an der Bohrerspitze)

10 Eckenwinkel ϵ_r (siehe auch 1.4 Nr. 9)

$$\epsilon_r = 180° - \kappa_r = \frac{360° - \sigma}{2}$$

κ_r Einstellwinkel
σ Spitzenwinkel

11 Querschneidenwinkel ψ

Winkel zur Bestimmung der Lage der Querschneide zur Hauptschneide. Der Querschneidenwinkel ist von der Art des Hinterschliffs der Freifläche abhängig und beträgt im Normalfall (bei $\alpha_f = 6°$ außen) $\psi = 55°$.

4.6. Zerspankräfte

Zerspankräfte beim Bohren bezogen auf das Werkzeug

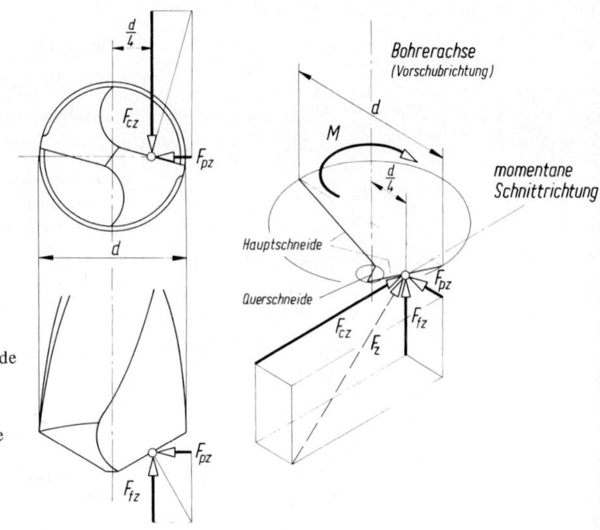

F_{cz} Schnittkraft an der Einzelschneide (leistungführend)
F_{fz} Vorschubkraft an der Einzelschneide (leistungführend)
F_{pz} Passivkraft an der Einzelschneide
F_z Zerspankraft an der Einzelschneide
M Schnittmoment

1 Schnittkraft F_{cz} je Einzelschneide

$$F_{cz} = \frac{df}{4} k_c S$$ beim Bohren ins Volle

$$F_{cz} = \frac{d - d_i}{4} f k_c S$$ beim Aufbohren

F_{cz}	d, d_i, f	k_c	S
N	mm	$\frac{\text{N}}{\text{mm}^2}$	1

d Bohrerdurchmesser
d_i Durchmesser der Vorbohrung (beim Aufbohren)
f Vorschub
k_c spezifische Schnittkraft
S Verfahrensfaktor
$S = 1$ für Bohren ins Volle
$S = 0{,}95$ für Aufbohren

2 spezifische Schnittkraft k_c

Ermittlung entweder als Richtwert nach 4.4 oder rechnerisch:

$$k_c = \frac{k_{c1\cdot1}}{h^z} K_{ws} K_{wv}$$

$k_c, k_{c1\cdot1}$	h	z	K
$\frac{\text{N}}{\text{mm}^2}$	mm	1	1

$k_{c1\cdot1}$ Hauptwert der spezifischen Schnittkraft (1.5 Nr. 4)
h Spanungsdicke
z Spanungsdickenexponent (1.5 Nr. 4)
K Korrekturfaktoren (1.5 Nr. 7 und 8)

3 Vorschubkraft F_f

Die Vorschubkraft wird besonders durch die Länge der Querschneide an der Bohrerspitze beeinflußt und beansprucht das Bohrwerkzeug auch auf Knickung (Ausspitzung der Querschneide).

Die bisher bekannten Berechnungsverfahren für F_f ergeben keine ausreichende Übereinstimmung. Daher wird hier auf die Ermittlung der Vorschubkraft verzichtet.

4

Schnittmoment M	Drehmoment des aus beiden Schnittkräften F_{cz} nach Nr. 1 gebildeten Kräftepaars.

Bohren ins Volle $M = F_{cz} \frac{d}{2}$

Aufbohren $M = F_{cz} \frac{d + d_i}{2}$

M	F_{cz}	d, d_i
Nm	N	m

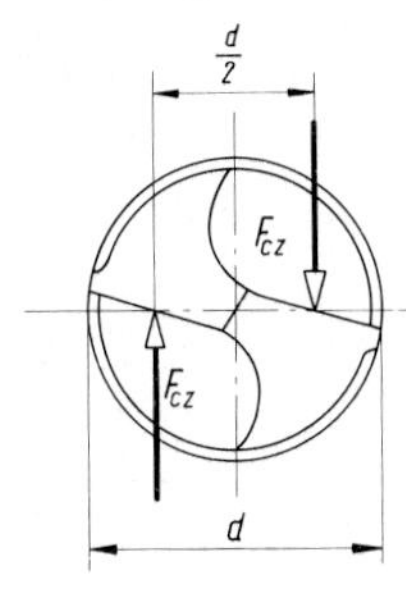

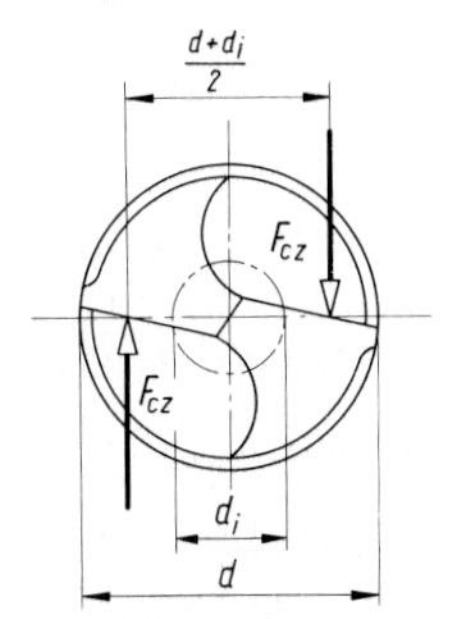

4.7. Leistungsbedarf

1

Schnittleistung P_c

$$P_c = \frac{2\,\pi M n}{6 \cdot 10^4} = \frac{M n}{9550}$$

P_c	M	n
kW	Nm	min^{-1}

M Schnittmoment
n Werkzeugdrehzahl

$$P_c = \frac{F_{cz}\, v_c}{6 \cdot 10^4}$$ Bohren ins Volle

$$P_c = \frac{F_{cz}\, v_c \left(1 + \frac{d_i}{d}\right)}{6 \cdot 10^4}$$ Aufbohren

P_c	F_{cz}	v_c	d, d_i
kW	N	$\frac{m}{min}$	mm

F_{cz} Schnittkraft an der Einzelschneide
v_c Schnittgeschwindigkeit (außen)
d Bohrerdurchmesser
d_i Durchmesser der Vorbohrung (beim Aufbohren)

2

Vorschubleistung P_f

Bei der Berechnung des Bedarfes an Wirkleistung ist die Vorschubleistung wegen der geringen Vorschubgeschwindigkeit vernachlässigbar.

3

Motorleistung P_m

$$P_m = \frac{P_c}{\eta_g}$$

η_g Getriebewirkungsgrad
$\eta_g = 0{,}75 \ldots 0{,}9$

4.8. Prozeßzeit

1

Prozeßzeit t_{hu} beim Bohren ins Volle

$$t_{hu} = \frac{L}{v_f} = \frac{l_w + l_a + l_ü + l_s}{fn}$$

Durchgangsbohrung

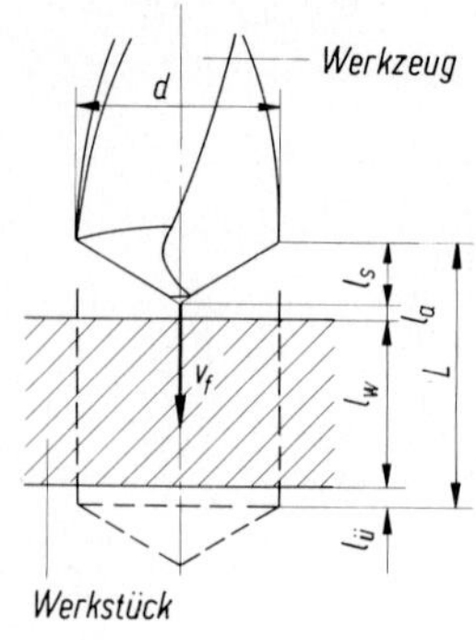

Grundbohrung

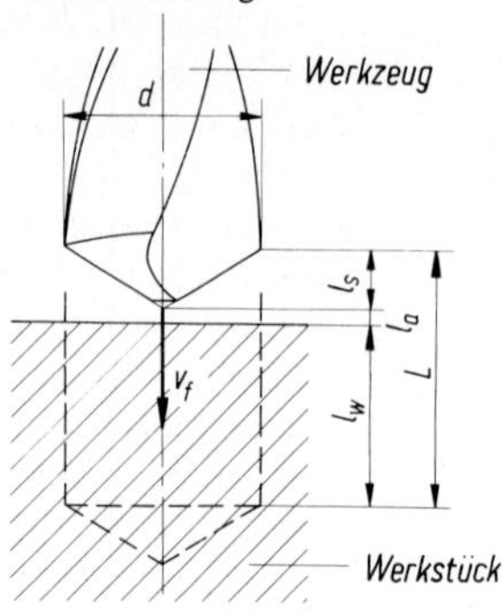

l_w Länge des zylindrischen Bohrungsteils

l_a Anlaufweg (Richtwert: 1 mm)

$l_ü$ Überlaufweg
Richtwerte: $l_ü$ = 2 mm bei Durchgangsbohrungen
$l_ü$ = 0 bei Grundbohrungen

l_s Schneidenzugabe (werkzeugabhängig)

$$l_s = \frac{d}{2 \tan \kappa_r} = \frac{d}{2 \tan \frac{\sigma}{2}}$$

κ_r Einstellwinkel; σ Spitzenwinkel

$l_s \approx 0{,}3\, d$ für Werkzeug-Anwendungsgruppe N mit $\sigma = 118° \ldots 120°$

f Vorschub; n Werkzeugdrehzahl

2

Prozeßzeit t_{hu} beim Aufbohren

$$t_{hu} = \frac{L}{v_f} = \frac{l_w + l_a + l_ü + l_s}{fn}$$

Durchgangsbohrung

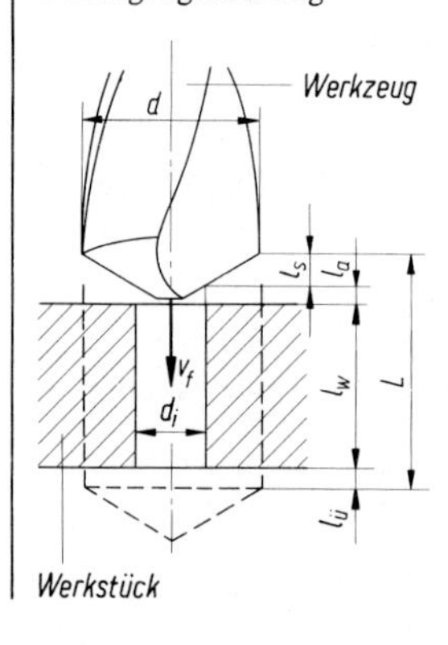

Grundbohrung

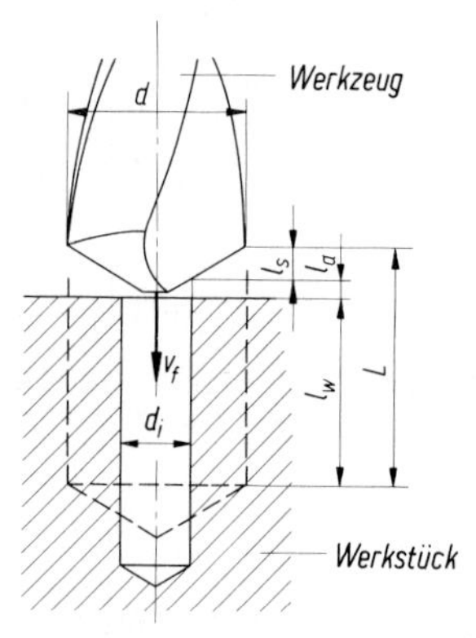

l_w Länge des zylindrischen Bohrungsteils

l_a Anlaufweg Richtwert: 1 mm

$l_ü$ Überlaufweg Richtwerte: $l_ü$ = 2 mm bei Durchgangsbohrungen
$l_ü$ = 0 bei Grundbohrungen

l_s Schneidenzugabe (werkzeugabhängig)

$$l_s = \frac{d - d_i}{2 \tan \kappa_r} = \frac{d - d_i}{2 \tan \frac{\sigma}{2}}$$

κ_r Einstellwinkel; σ Spitzenwinkel

$l_s \approx 0{,}3\,(d - d_i)$ für Werkzeug-Anwendungsgruppe N mit $\sigma = 118° \ldots 120°$

f Vorschub; n Werkzeugdrehzahl

Beispiel: Bohrbearbeitung einer Laufradachse

Gegeben: Rohteil:
Blanker Rundstahl 60 DIN 671 St 50,
an beiden Enden zylindrische Ansätze 50 mm Durchmesser gedreht.

Fertigungsschritt:
Einbohren von 2 mittigen Durchgangsbohrungen 8 mm Durchmesser als Querbohrungen in den Achsabsätzen.

Vorhandenes Werkzeug:
Spiralbohrer (Werkzeug-Anwendungsgruppe N) Ø 8 mm (Massivwerkzeug, arbeitsscharf),
Bohrerspitze nicht ausgespitzt,
Schneidstoff: Schnellarbeitsstahl,
Spitzenwinkel 118°.
Vorhandene Bohrmaschine:
Ständerbohrmaschine mit gestuftem Hauptgetriebe,
6 Abtriebsdrehzahlen an der Bohrspindel von 355 ... 2000 min^{-1}.

Gesucht: a) erforderliches Schnittmoment,
b) erforderliche Motorleistung,
c) Prozeßzeit für das Einbohren von 2 Bohrungen.

Lösung: a) $M = F_{cz} \frac{d}{2}$

$$F_{cz} = \frac{df}{4} k_c S$$

$d = 8$ mm; $f = 0{,}25 \frac{\text{mm}}{\text{U}}$ nach 4.3; $S = 1$

$k_c = 2900 \frac{\text{N}}{\text{mm}^2}$ nach 4.4 für $\kappa_r = 60°$ ($\approx \sigma/2$)

Richtwert-Tabelle berücksichtigt nur Werkstoff und Spanungsdicke, praktisch meist ausreichend

$$F_{cz} = \frac{8\,\text{mm} \cdot 0{,}25 \frac{\text{mm}}{\text{U}}}{4} \cdot 2900 \frac{\text{N}}{\text{mm}^2} \cdot 1 = 1450\,\text{N}$$

$$M = 1450\,\text{N} \cdot \frac{8 \cdot 10^{-3}\,\text{m}}{2} = 5{,}8\,\text{Nm}$$

Berechnung der spezifischen Schnittkraft unter genauerer Berücksichtigung der vorliegenden Spanungsbedingungen:

$$k_c = \frac{k_{c1\cdot 1}}{h^z} K_{ws} K_{wv}$$

$k_{c1\cdot 1} = 1990 \frac{\text{N}}{\text{mm}^2}$; $z = 0{,}26$ nach 1.5 Nr. 4

$$h = \frac{f \sin \kappa_r}{2}$$

$$\kappa_r = \frac{\sigma}{2} = \frac{118°}{2} = 59°$$

$$h = \frac{0{,}25 \frac{\text{mm}}{\text{U}} \cdot \sin 59°}{2} = 0{,}107\,\text{mm}$$

$K_{ws} = 1{,}05$

$K_{wv} = 1$ bei scharfer Schneide; $K_{wv} = 1{,}4$ zum Ende der Standzeit

$$k_c = \frac{1990 \frac{N}{mm^2}}{0{,}107^{0{,}26}} \cdot 1{,}05 \cdot 1$$

$$k_c = 3736 \frac{N}{mm^2} \quad \text{bei scharfer Schneide}$$

$$k_c = 5230 \frac{N}{mm^2} \quad \text{zum Ende der Standzeit}$$

b) $P_m = \dfrac{P_c}{\eta_g}$

$$P_c = \frac{F_{cz}\, v_c}{6 \cdot 10^4}$$

$v_c = 25 \dfrac{m}{min}$ gewählt nach 4.3

$$n_{erf} = \frac{1000\, v_c}{d\, \pi} = \frac{1000 \cdot 25 \frac{m}{min}}{8\, mm\, \pi} = 995\ min^{-1}$$

gewählt $n = 1000\ min^{-1}$ aus der Drehzahlreihe der Bohrmaschine

wirkliche Schnittgeschwindigkeit:

$$v_{cw} = d\, \pi\, n = 0{,}008\ m \cdot \pi \cdot 1000\ min^{-1} = 25{,}1 \frac{m}{min}$$

$$P_c = \frac{1450 \cdot 25{,}1}{6 \cdot 10^4}\ kW = 0{,}607\ kW$$

$\eta_g = 0{,}8$ gewählt

$$P_m = \frac{0{,}607\ kW}{0{,}8} = 0{,}759\ kW$$

c) $t_{hu} = \dfrac{l_w + l_a + l_ü + l_s}{f\, n}$

$l_w = 50$ mm (Durchmesser des Achsansatzes)

$l_a = 1$ mm; $l_ü = 2$ mm

$l_s = 0{,}3\, d = 0{,}3 \cdot 8\ mm = 2{,}4$ mm

$$t_{hu} = \frac{50\ mm + 1\ mm + 2\ mm + 2{,}4\ mm}{0{,}25 \frac{mm}{U} \cdot 1000\ min^{-1}} = 0{,}22\ min = 13{,}2\ s$$

$$t_{hu\ ges} = 2\, t_{hu} = 2 \cdot 0{,}22\ min = 0{,}44\ min = 26{,}4\ s$$

5. Spanende Fertigung durch Fräsen

Normen (Auswahl)

DIN 803 Vorschübe für Werkzeugmaschinen, Nennwerte, Grenzwerte, Übersetzungen
DIN 804 Lastdrehzahlen für Werkzeugmaschinen, Nennwerte, Grenzwerte, Übersetzungen
DIN 884 Walzenfräser
DIN 1880 Walzenstirnfräser
DIN 6580 Begriffe der Zerspantechnik, Bewegungen und Geometrie des Zerspanvorganges
DIN 6581 Begriffe der Zerspantechnik, Bezugssysteme und Winkel am Schneidteil des Werkzeuges
DIN 6582 Begriffe der Zerspantechnik, Ergänzende Begriffe am Werkzeug, am Schneidkeil und an der Schneide
DIN 6584 Begriffe der Zerspantechnik, Kräfte – Energie – Arbeit – Leistungen

5.1. Schnittgrößen und Spanungsgrößen

Schnittgrößen und Spanungsgrößen beim Fräsen (Umfangsfräsen im Gegenlaufverfahren)

a_p Schnittiefe oder Schnittbreite
a_e Arbeitseingriff
f Vorschub
f_z Vorschub pro Schneide
f_c Schnittvorschub

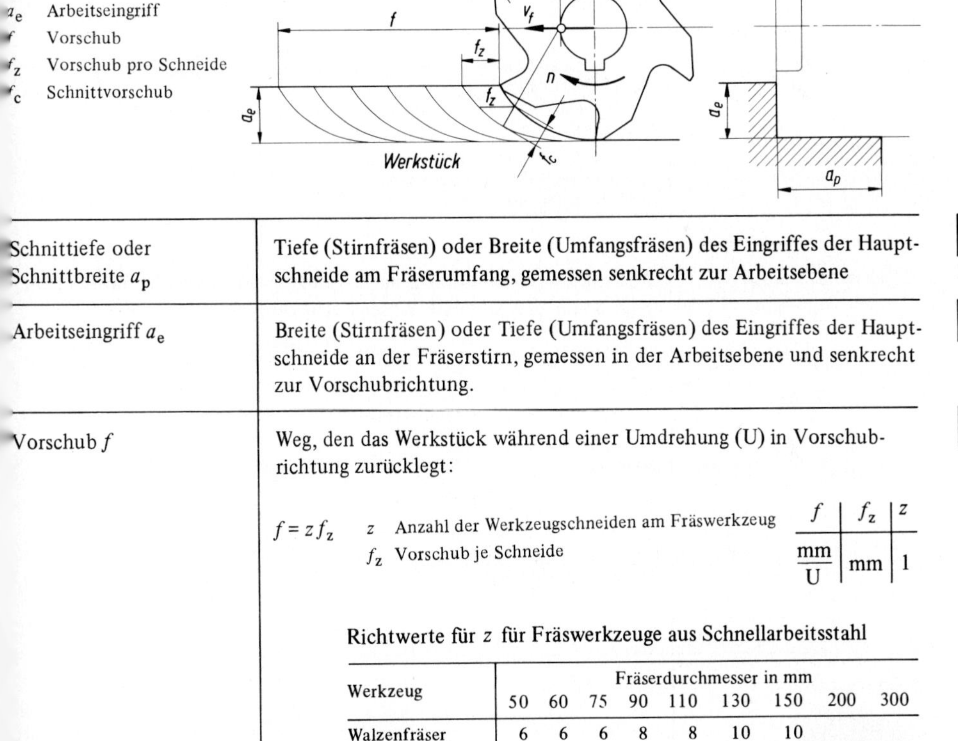

Schnittiefe oder Schnittbreite a_p	Tiefe (Stirnfräsen) oder Breite (Umfangsfräsen) des Eingriffes der Hauptschneide am Fräserumfang, gemessen senkrecht zur Arbeitsebene
Arbeitseingriff a_e	Breite (Stirnfräsen) oder Tiefe (Umfangsfräsen) des Eingriffes der Hauptschneide an der Fräserstirn, gemessen in der Arbeitsebene und senkrecht zur Vorschubrichtung.
Vorschub f	Weg, den das Werkstück während einer Umdrehung (U) in Vorschubrichtung zurücklegt:

1

$$f = z f_z$$

z Anzahl der Werkzeugschneiden am Fräswerkzeug
f_z Vorschub je Schneide

f	f_z	z
$\frac{mm}{U}$	mm	1

Richtwerte für z für Fräswerkzeuge aus Schnellarbeitsstahl

Werkzeug	Fräserdurchmesser in mm								
	50	60	75	90	110	130	150	200	300
Walzenfräser	6	6	6	8	8	10	10		
Walzenstirnfräser	8	8	10	12	12	14	16		
Scheibenfräser	8	8	10	12	12	14	16	18	
Messerkopf					8	10	10	12	16

4 Vorschub f_z je Schneide

Vorschub je Fräserzahn (Zahnvorschub)

$$f_z = \frac{f}{z}$$

f Vorschub des Werkzeugs in mm/U
z Anzahl der Werkzeugschneiden

Richtwerte für Zahnvorschub f_z

Werkzeug		Werkstoff St	Werkstoff GG	Werkstoff Al-Legierung ausgehärtet
Walzenfräser, Walzenstirnfräser (Schnellarbeitsstahl)	f_z	0,10 ... 0,25	0,10 ... 0,25	0,05 ... 0,08
	v_c	10 ... 25	10 ... 22	150 ... 350
Formfräser, hinterdreht (Schnellarbeitsstahl)	f_z	0,03 ... 0,04	0,02 ... 0,01	0,02
	v_c	15 ... 24	10 ... 20	150 ... 250
Messerkopf (Schnellarbeitsstahl)	f_z	0,3	0,10 ... 0,30	0,1
	v_c	15 ... 30	12 ... 25	200 ... 300
Messerkopf (Hartmetall)	f_z	0,2	0,30 ... 0,40	0,06
	v_c	100 ... 200	30 ... 100	300 ... 400

f_z Vorschub je Schneide (Zahnvorschub) in mm/Schneidzahn

v_c Schnittgeschwindigkeit in m/min für Gegenlaufverfahren
Für das Gleichlaufverfahren können die angegebenen Richtwerte um 75 % erhöht werden.
Größere Richtwerte für v_c gelten jeweils für Schlichtzerspanung.
Kleinere Richtwerte für v_c gelten jeweils für Schruppzerspanung.

Richtwerte gelten für Arbeitseingriffe a_e (Umfangsfräsen) oder Schnittiefen a_p (Stirnfräsen):

3 mm bei Walzenfräsern
5 mm bei Walzenstirnfräsern
bis 8 mm bei Messerköpfen

5 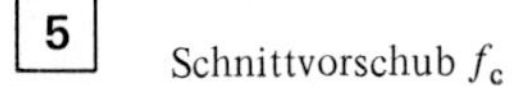
Schnittvorschub f_c

Abstand zweier unmittelbar nacheinander entstehender Schnittflächen, gemessen in der Arbeitsebene senkrecht zur Schnittrichtung:

$$f_c \approx f_z \sin\varphi$$

f_z Vorschub je Schneide
φ Vorschubrichtungswinkel (veränderlich)

genauer:

$$f_c = f_z \sin\varphi + \frac{f_z^2 \cos\varphi}{d}$$

d Fräserdurchmesser

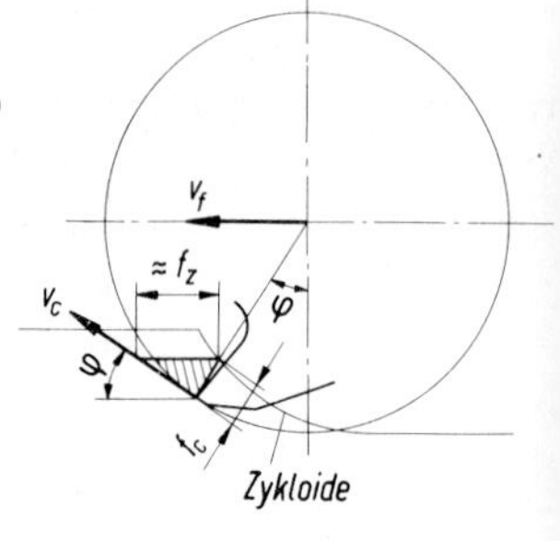

6 Spanungsbreite b

Umfangsfräsen: $b = a_p$

Stirnfräsen: $b = \frac{a_p}{\sin\kappa_r}$

7 Spanungsquerschnitt A

$A = b\,h = f_c\,a_p$

Spanungsdicke h (nicht gleichbleibend)	Umfangsfräsen: $h = f_c$ Stirnfräsen: $h = f_c \sin \kappa_r$ Mittenspanungsdicke siehe 5.4 Nr. 1 Umfangsfräsen (Seitenansicht) Stirnfräsen (Draufsicht) 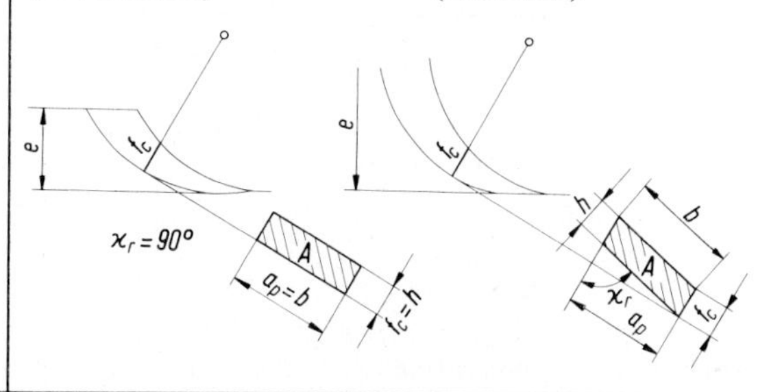	8
Spanungsverhältnis ϵ_s	$\epsilon_s = \frac{b}{h} = \frac{a_p}{f_c \sin^2 \kappa_r}$	9

5.2. Geschwindigkeiten

Umfangsfräsen (Seitenansicht)

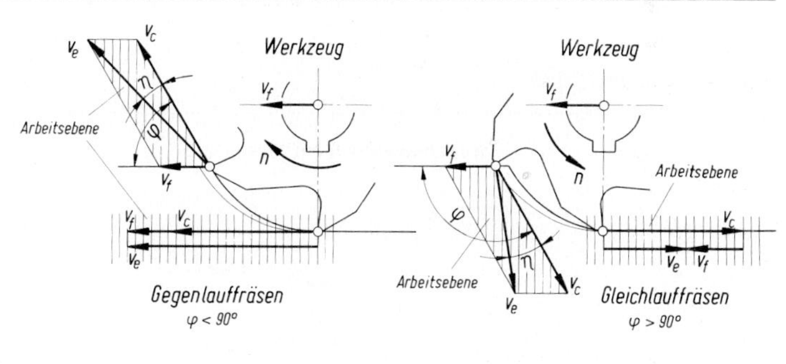

Stirnfräsen (Draufsicht)

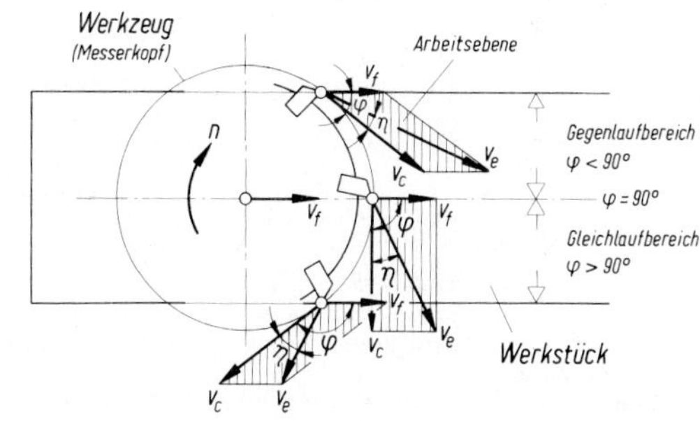

v_c Schnittgeschwindigkeit
v_f Vorschubgeschwindigkeit
v_e Wirkgeschwindigkeit
η Wirkrichtungswinkel
φ Vorschubrichtungswinkel

Schnittgeschwindigkeit v_c (Richtwerte in 5.1 Nr. 4)	$v_c = \frac{d \pi n}{1000}$	v_c: $\frac{m}{min}$; d: mm; n: min^{-1}	1

Nr.	Größe	Beschreibung
2	erforderliche Werkzeugdrehzahl n_{erf}	$n_{erf} = \frac{1000\,v_c}{d\,\pi}$ n_{erf} in min^{-1}; v_c in $\frac{m}{min}$; d in mm v_c empfohlene Schnittgeschwindigkeit d Werkzeugdurchmesser (Fräserdurchmesser)
3	Vorschub-geschwindigkeit v_f	Momentangeschwindigkeit des Werkstücks in Vorschubrichtung: $v_f = f\,n = f_z\,z\,n$ v_f in $\frac{mm}{min}$; f in $\frac{mm}{U}$; n in min^{-1}; f_z in mm; z in 1 f Vorschub in mm/U f_z Vorschub je Schneide (Zahnvorschub) z Anzahl der Werkzeugschneiden n Werkzeugdrehzahl (Fräserdrehzahl)
4	Wirkgeschwindigkeit v_e	Momentangeschwindigkeit des betrachteten Schneidenpunkts in Wirkrichtung. Die Wirkgeschwindigkeit ist die Resultierende aus Schnittgeschwindigkeit v_c und Vorschubgeschwindigkeit v_f: $v_e = \frac{v_c \sin\varphi}{\sin(\varphi - \eta)} = \frac{v_f + v_c \cos\varphi}{\cos(\varphi - \eta)}$ $v_f \ll v_c \Rightarrow v_e \approx v_c$

5.3. Werkzeugwinkel

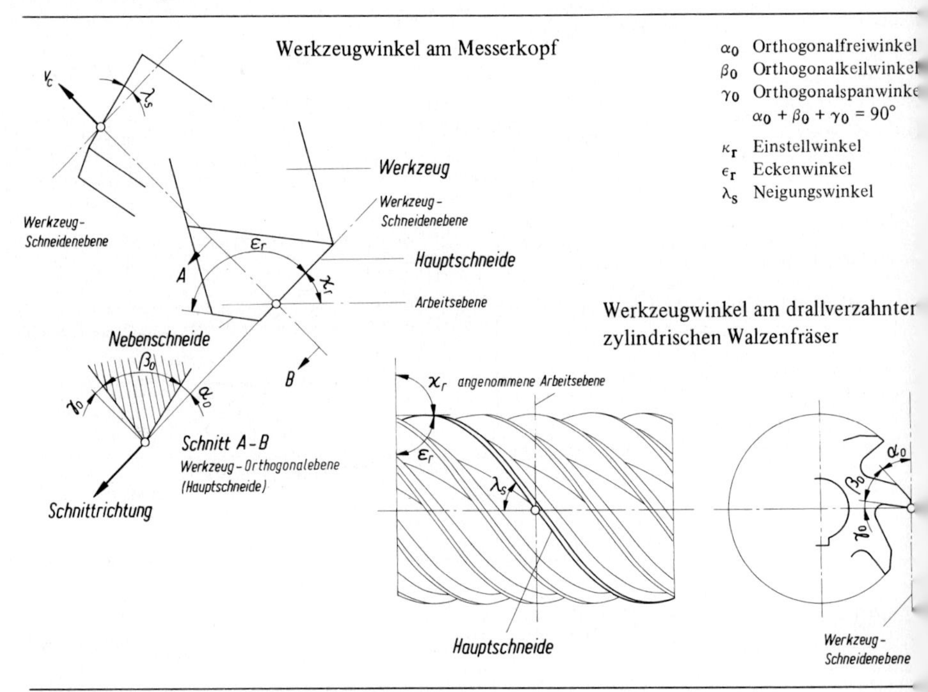

Orthogonalfreiwinkel α_0 (siehe auch 1.4 Nr. 5)	Richtwerte: Walzenfräser $\alpha_0 = 5° ... 8°$ (Schnellarbeitsstahl) Messerkopf $\alpha_0 = 3° ... 8°$ (Hartmetall) Richtwerte gelten für Gegenlaufverfahren (für Gleichlaufverfahren gelten etwa doppelt so große Richtwerte).	1
Orthogonalkeilwinkel β_0 (siehe auch 1.4 Nr. 6)		2
Orthogonalspanwinkel γ_0 (siehe auch 1.4 Nr. 7)	Richtwerte: Walzenfräser $\gamma_0 = 10° ... 15°$ (Schnellarbeitsstahl) Formfräser, hinterdreht $\gamma_0 = 0° ... 5°$ (Schnellarbeitsstahl) Messerkopf $\gamma_0 = 6° ... 15°$ (Hartmetall) Richtwerte gelten für Gegenlaufverfahren (für Gleichlaufverfahren gelten etwa doppelt so große Richtwerte).	3
Einstellwinkel κ_r (siehe auch 1.4 Nr. 8)	Bei zylindrischen Walzenfräsern ist $\kappa_r = 90°$ Richtwert für normale Messerköpfe $\kappa_r = 60°$ Weitwinkelfräsen bei günstigstem Standverhalten des Messerkopfs nach M. Kronenberg mit $\kappa_r \leqslant 20°$	4
Eckenwinkel ϵ_r (siehe auch 1.4 Nr. 9)	Bei zylindrischen Walzenfräsern ist $\epsilon_r = 90°$	5
Neigungswinkel λ_s (siehe auch 1.4 Nr. 10)	Richtwerte für Werkzeuge aus Schnellarbeitsstahl: drallverzahnte Walzenfräser $\lambda_s = 35° ... 40°$ geradverzahnte Walzenfräser $\lambda_s = 0°$ Scheibenfräser $\lambda_s = 45°$ Messerkopf $\lambda_s = 7° ... 9°$ Der Neigungswinkel ist bei drallverzahnten Fräsern der Drallwinkel. λ_s negativ: Fräser hat Linksdrall λ_s positiv: Fräser hat Rechtsdrall	6

5.4. Zerspankräfte

Zerspankräfte beim Umfangsfräsen mit drallverzahntem Walzenfräser im Gegenlaufverfahren (Kräfte bezogen auf das Werkzeug)

Zerspankräfte beim Stirnfräsen mit Messerkopf (Kräfte bezogen auf das Werkzeug)

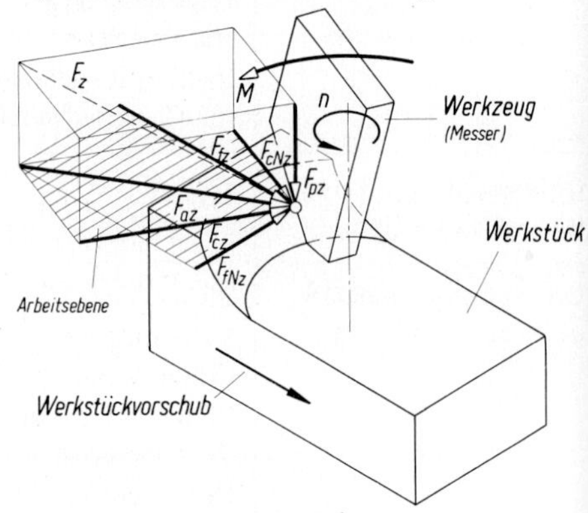

Werkzeug

Arbeitsebene

Hauptschneide

Werkstückvorschub

F_{cz}	Schnittkraft an der Einzelschneide (leistungführend)
F_{fz}	Vorschubkraft an der Einzelschneide (leistungführend)
F_{az}	Aktivkraft an der Einzelschneide
F_{cNz}	Schnitt-Normalkraft an der Einzelschneide
F_{fNz}	Vorschub-Normalkraft an der Einzelschneide
F_{pz}	Passivkraft an der Einzelschneide
F_z	Zerspankraft an der Einzelschneide
M	Drehmoment der Schnittkräfte an allen gleichzeitig im Schnitt stehenden Werkzeugschneiden

1

Schnittkraft F_{czm} beim Umfangsfräsen (Mittelwert)

$$F_{czm} = a_p\, h_m\, k_c$$

F_{czm}	a_p, h_m	k_c
N	mm	$\frac{N}{mm^2}$

a_p Schnittbreite

h_m Mittenspanungsdicke:

$$h_m = \frac{360°}{\pi\, \Delta\varphi°} \cdot \frac{a_e}{d} f_z$$

$\Delta\varphi$ Eingriffswinkel:

$$\cos \Delta\varphi = 1 - \frac{2a_e}{d}$$

a_e Arbeitseingriff; d Fräserdurchmesser

f_z Vorschub je Schneide (Zahnvorschub)

k_c spezifische Schnittkraft

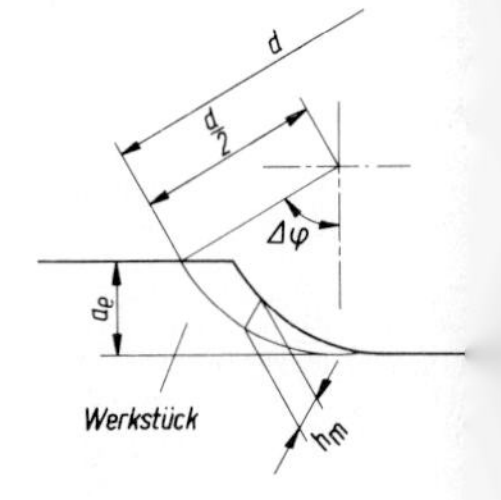

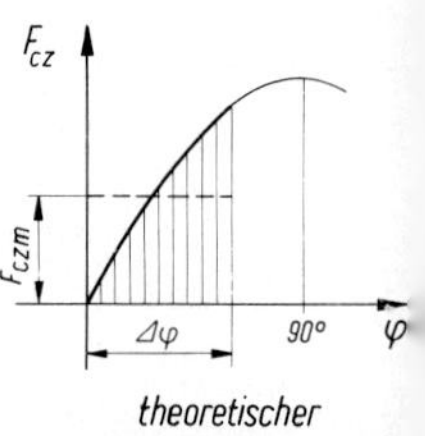

theoretischer Schnittkraftverlauf

2 spezifische Schnittkraft k_c

$$k_c = \frac{k_{c1\cdot1}}{h_m^z} K_v K_\gamma K_{ws} K_{wv} K_{ks} K_f$$

$k_{c1\cdot1}$ Hauptwert der spezifischen Schnittkraft (1.5 Nr. 4)
z Spanungsdickenexponent (1.5 Nr. 4)
K Korrekturfaktoren (1.5 Nr. 5 ...10)

$k_c, k_{c1\cdot1}$	h	z	K
$\frac{N}{mm^2}$	mm	1	1

3 Schnittkraft F_{czm} beim Stirnfräsen (Mittelwert)

$$F_{czm} = a_p\, h_m\, k_c$$

a_p Schnittiefe
h_m Mittenspanungsdicke:

$$h_m = \frac{360°}{\pi\, \Delta\varphi°} \cdot \frac{a_e}{d} f_z \sin\kappa_r$$

$\Delta\varphi$ Eingriffswinkel
für außermittiges Stirnfräsen:

$$\Delta\varphi = \varphi_2 - \varphi_1$$

$$\cos\varphi_1 = 1 - \frac{2\ddot{u}_1}{d}$$

wenn $\varphi > 90°$, $\cos\varphi$ negativ ansetzen

$$\cos\varphi_2 = 1 - \frac{2\ddot{u}_2}{d}$$

für mittiges Stirnfräsen:

$$\sin\frac{\Delta\varphi}{2} = \frac{a_e}{d}$$

$\ddot{u}$ Fräserüberstand
a_e Arbeitseingriff
d Fräserdurchmesser
f_z Vorschub je Schneide (Zahnvorschub)
κ_r Einstellwinkel
k_c spezifische Schnittkraft wie in Nr. 1

Werkstück

theoretischer Schnittkraftverlauf

4 Vorschubkraft F_{fz}

Komponente der Aktivkraft F_{az} in Vorschubrichtung

5 Aktivkraft F_{az}

Komponente der Zerspankraft F_z in der Arbeitsebene:

$$F_{az} = \sqrt{F_{fz}^2 + F_{fNz}^2}$$

6 Vorschub-Normalkraft F_{fNz}

Komponente der Aktivkraft F_{az} in der Arbeitsebene, senkrecht zur Vorschubrichtung:

$$F_{fNz} = \sqrt{F_{az}^2 - F_{fz}^2}$$

7 Passivkraft F_{pz}

Komponente der Zerspankraft F_z senkrecht zur Arbeitsebene:

$$F_{pz} = \sqrt{F_z^2 - F_{az}^2}$$

8 Zerspankraft F_z

Gesamtkraft, die während der Zerspanung auf die Einzelschneide einwirkt.

5.5. Leistungsbedarf

Nr.	Größe	Formel / Erläuterung
1	Schnittleistung P_c	$P_c = \frac{F_{czm}\, z_e\, v_c}{6 \cdot 10^4}$ Einheiten: P_c in kW, F_{czm} in N, z_e in 1, v_c in $\frac{m}{min}$ F_{czm} Schnittkraft (Mittelwert) nach 5.4 Nr. 1 und 3 z_e Anzahl der gleichzeitig im Schnitt stehenden Werkzeugschneiden: $z_e = \frac{\Delta\varphi^\circ\, z}{360^\circ}$ $\Delta\varphi$ Eingriffswinkel; z Anzahl der Werkzeugschneiden v_c Schnittgeschwindigkeit nach 5.2 Nr. 1
2	Motorleistung P_m	$P_m = \frac{P_c}{\eta_g}$ η_g Getriebewirkungsgrad $\eta_g = 0{,}6 \dots 0{,}8$

5.6. Prozeßzeit

1 Prozeßzeit t_{hu} beim Umfangsfräsen

Umfangsfräsen (Schruppen und Schlichten)
Umfangsstirnfräsen (Schruppen)

$$t_{hu} = \frac{L}{v_f} = \frac{l_w + l_a + l_ü + l_f}{v_f}$$

- l_w Werkstücklänge in Fräsrichtung
- l_a Anlaufweg (Richtwert: 1 ... 2 mm)
- $l_ü$ Überlaufweg (Richtwert: 1 ... 2 mm)
- v_f Vorschubgeschwindigkeit
- l_f Fräserzugabe: $l_f = \sqrt{a_e\,(d - a_e)}$
  - a_e Arbeitseingriff
  - d Fräserdurchmesser, Richtwert: $d > 4a_e$

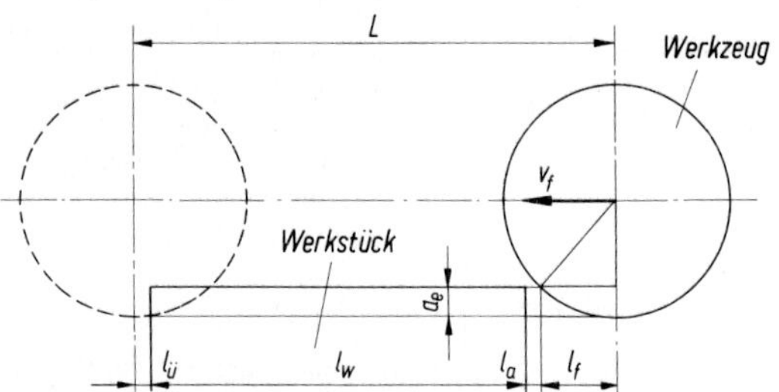

Darstellung der Werkzeugbewegung relativ zum Werkstück

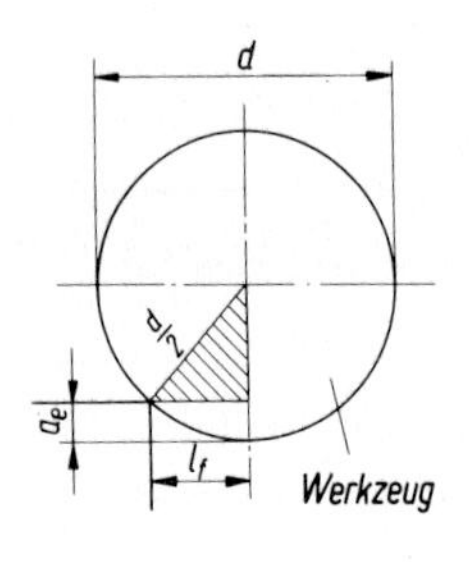

Umfangsstirnfräsen (Schlichten)

$$t_{hu} = \frac{L}{v_f} = \frac{l_w + l_a + l_ü + 2l_f}{v_f}$$

Darstellung der Werkzeugbewegung relativ zum Werkstück

Prozeßzeit t_{hu} beim außermittigen Stirnfräsen $x \neq 0$

Stirnfräsen (Schruppen)

für $0 < x \leqslant \frac{a_e}{2}$ und $\frac{d}{2} > a_e$ gilt:

$$t_{hu} = \frac{L}{v_f} = \frac{l_w + l_a + l_ü + l_{fa} - l_{fü}}{v_f}$$

l_w Werkstücklänge in Fräsrichtung
l_a Anlaufweg (Richtwert: 1 ... 2 mm)
$l_ü$ Überlaufweg (Richtwert: 1 ... 2 mm)
v_f Vorschubgeschwindigkeit

Darstellung der Werkzeugbewegung relativ zum Werkstück

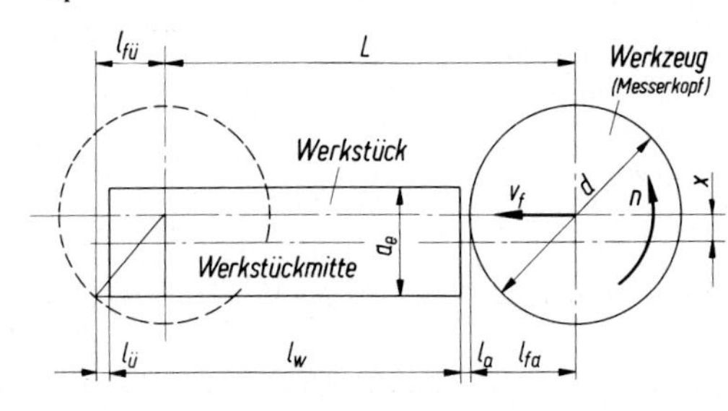

Stirnfräsen (Schlichten)

für $0 < x \leqslant \frac{a_e}{2}$ und $\frac{d}{2} > a_e$ gilt:

$$t_{hu} = \frac{L}{v_f} = \frac{l_w + l_a + l_ü + l_{fa} + l_{fü}}{v_f}$$

Darstellung der Werkzeugbewegung relativ zum Werkstück

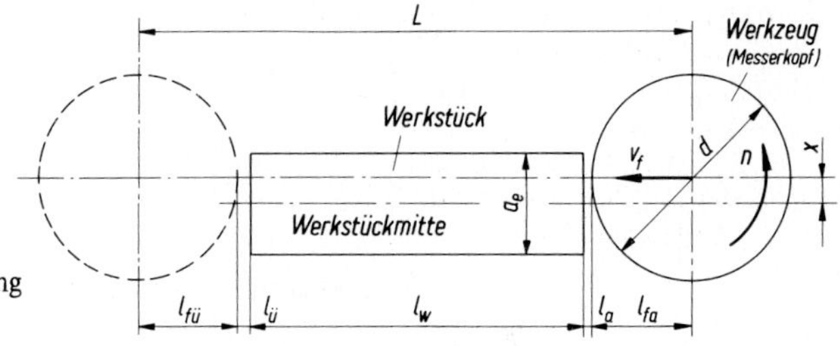

l_{fa} Fräserzugabe (Anlaufseite):

$$l_{fa} = \frac{d}{2}$$

d Fräserdurchmesser

$l_{fü}$ Fräserzugabe (Überlaufseite):

$$l_{fü} = \sqrt{\frac{d^2}{4} - \left(\frac{a_e}{2} + x\right)^2} \quad \text{für Schruppen}$$

$$l_{fü} = \frac{d}{2} \quad \text{für Schlichten}$$

d Fräserdurchmesser
a_e Arbeitseingriff
x Mittenversatz des Fräsers

3

Prozeßzeit t_{hu} beim mittigen Stirnfräsen $x = 0$

Stirnfräsen (Schruppen)

für $d > a_e$ gilt:

$$t_{hu} = \frac{L}{v_f} = \frac{l_w + l_a + l_ü + l_{fa} - l_{fü}}{v_f}$$

l_w Werkstücklänge in Fräsrichtung

l_a Anlaufweg (Richtwert: 1 ... 2 mm)

$l_ü$ Überlaufweg (Richtwert: 1 ... 2 mm)

l_{fa} Fräserzugabe (Anlaufseite):

$$l_{fa} = \frac{d}{2}$$

$l_{fü}$ Fräserzugabe (Überlaufseite):

$l_{fü} = \frac{1}{2}\sqrt{d^2 - a_e^2}$ für Schruppen

$l_{fü} = \frac{d}{2}$ für Schlichten

d Fräserdurchmesser

a_e Arbeitseingriff

v_f Vorschubgeschwindigkeit

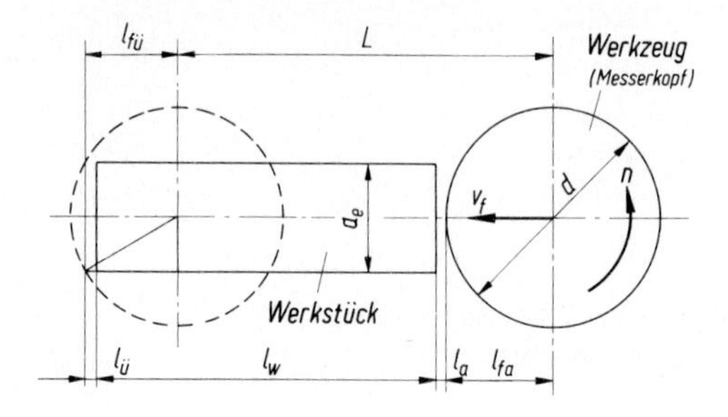

Darstellung der Werkzeugbewegung relativ zum Werkstück

Stirnfräsen (Schlichten)

für $d > a_e$ gilt:

$$t_{hu} = \frac{L}{v_f} = \frac{l_w + l_a + l_ü + l_{fa} + l_{fü}}{v_f}$$

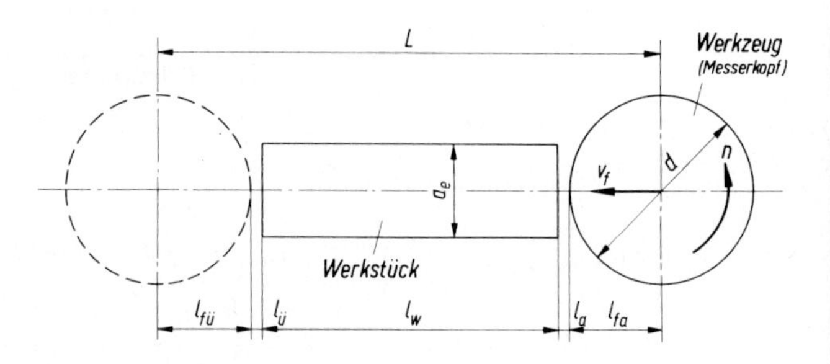

Darstellung der Werkzeugbewegung relativ zum Werkstück

Beispiel: Fräsbearbeitung eines Verschlußstücks

Gegeben: Rohteil:
Verschlußstück aus GG-20 mit rechteckiger Auflagefläche 220 mm lang und 80 mm breit.

Fertigungsschritt:
Fräsen der Auflagefläche (Umfangsfräsen im Gegenlaufverfahren),
abzuspanende Werkstoffschicht 3 mm dick,
trockene Schruppzerspanung.

Vorhandenes Werkzeug:
Walzenfräser (geradverzahnt) 60 mm Durchmesser,
6 Schneidenzähne, 100 mm lang (Massivwerkzeug, arbeitsscharf),
Schneidstoff: Schnellarbeitsstahl,
Spanwinkel 12°.

Vorhandene Fräsmaschine:
Waagerecht-Konsolfräsmaschine mit gestuftem Hauptgetriebe,
18 Abtriebsdrehzahlen an der Frässpindel von 35,5 ... 1800 min^{-1},
18 Längsvorschubgeschwindigkeiten von 12,5 ... 630 mm/min.

Gesucht: a) erforderliche Schnittleistung,
b) erforderliche Motorleistung,
c) Prozeßzeit für das einzelne Werkstück.

Lösung: a) $P_c = F_{czm}\, z_e\, v_c$ nach 5.5 Nr. 1

$F_{czm} = a_p\, h_m\, k_c$ nach 5.4 Nr. 1

$a_p = 80$ mm (Werkstückbreite)

$$h_m = \frac{360°}{\pi\, \Delta\varphi°} \cdot \frac{a_e}{d} f_z$$ nach 5.4 Nr. 1

$$\cos \Delta\varphi = 1 - \frac{2a_e}{d}$$ nach 5.4 Nr. 1

$a_e = 3$ mm, $d = 60$ mm

$$\cos \Delta\varphi = 1 - \frac{2 \cdot 3 \text{ mm}}{60 \text{ mm}} = 0{,}9 \Rightarrow \Delta\varphi = 25{,}8°$$

$$v_c = 12 \frac{\text{m}}{\text{min}}$$ nach 5.1 Nr. 4

$$n_{erf} = \frac{v_c}{d\pi} = \frac{12 \frac{\text{m}}{\text{min}}}{0{,}06 \text{ m} \cdot \pi} = 63{,}7 \text{ min}^{-1}$$

gewählt $n = 56 \text{ min}^{-1}$ aus Drehzahlreihe der Fräsmaschine (1.2 Nr. 3)

wirkliche Schnittgeschwindigkeit:

$$v_{cw} = d\pi n = 0{,}06 \text{ m} \cdot \pi \cdot 56 \text{ min}^{-1} = 10{,}6 \frac{\text{m}}{\text{min}}$$

$f_z = 0{,}2$ mm nach 5.1 Nr. 4

$$v_{f\,erf} = z \cdot f_z \cdot n = 6 \cdot 0{,}2 \text{ mm} \cdot 56 \text{ min}^{-1}$$

$$v_{f\,erf} = 67{,}2 \frac{\text{mm}}{\text{min}}$$

gewählt $v_f = 63 \frac{\text{mm}}{\text{min}}$ aus Vorschubgeschwindigkeitsreihe der Maschine

wirklicher Zahnvorschub

$$f_{zw} = \frac{v_f}{z \cdot n} = \frac{63 \frac{mm}{min}}{6 \cdot 56 \min^{-1}} = 0{,}188 \text{ mm}$$

$$h_m = \frac{360^\circ}{\pi \cdot 25{,}8^\circ} \cdot \frac{3 \text{ mm}}{60 \text{ mm}} \cdot 0{,}188 \text{ mm} = 0{,}042 \text{ mm}$$

$$k_c = \frac{k_{c1 \cdot 1}}{h_m^z} K_v K_\gamma K_{ws} K_{wv} K_{ks} K_f \quad \text{nach 5.4 Nr. 1}$$

$$k_{c1 \cdot 1} = 1020 \frac{N}{mm^2}; \quad z = 0{,}25$$

$$K_v = \frac{2{,}023}{v_c^{0,153}} = \frac{2{,}023}{10{,}6^{0,153}} = 1{,}41$$

$$K_\gamma = 1{,}03 - 0{,}015 \cdot \gamma_0, \quad \gamma_0 = 12^\circ$$

$$K_\gamma = 1{,}03 - 0{,}015 \cdot 12^\circ = 0{,}85$$

$$K_{ws} = 1{,}05$$

$K_{wv} = 1$ bei scharfen Schneiden

$$K_{ks} = 1; \quad K_f = 1{,}2$$

$$k_c = \frac{1020 \frac{N}{mm^2}}{0{,}042^{0,25}} \cdot 1{,}41 \cdot 0{,}85 \cdot 1{,}05 \cdot 1 \cdot 1 \cdot 1{,}2$$

$$k_c = 3402 \frac{N}{mm^2}$$

$$F_{czm} = 80 \text{ mm} \cdot 0{,}042 \text{ mm} \cdot 3402 \frac{N}{mm^2} = 11\,431 \text{ N}$$

$$z_e = \frac{\Delta\varphi^\circ z}{360^\circ} = \frac{25{,}8^\circ \cdot 6}{360^\circ} = 0{,}43$$

$$P_c = \frac{F_{czm} z_e v_c}{6 \cdot 10^4} = \frac{11\,431 \cdot 0{,}43 \cdot 10{,}6}{6 \cdot 10^4} \approx 0{,}87 \text{ kW}$$

b) $P_m = \frac{P_c}{\eta_g}$; $\eta_g = 0{,}7$ gewählt

$$P_m = \frac{0{,}87 \text{ kW}}{0{,}7} \approx 1{,}24 \text{ kW}$$

c) $t_{hu} = \frac{l_w + l_a + l_ü + l_f}{v_f}$

$l_w = 220$ mm; $l_a = 1{,}5$ mm; $l_ü = 1{,}5$ mm

$$l_f = \sqrt{a_e (d - a_e)}$$

$$l_f = \sqrt{3 \text{ mm} \cdot (60 \text{ mm} - 3 \text{ mm})} = 13{,}1 \text{ mm}$$

$$v_f = 63 \frac{mm}{min}$$

$$t_{hu} = \frac{220 \text{ mm} + 1{,}5 \text{ mm} + 1{,}5 \text{ mm} + 13{,}1 \text{ mm}}{63 \frac{mm}{min}} = 3{,}75 \min$$

6. Spanende Fertigung durch Schleifen

Normen (Auswahl)

DIN 6580 Begriffe der Zerspantechnik, Bewegungen und Geometrie des Zerspanvorganges
DIN 69100 Schleifkörper aus gebundenem Schleifmittel, Bezeichnung – Formen – Maßbuchstaben – Werkstoffe
DIN 69120 Gerade Schleifscheiben

6.1. Schnittgrößen

Schnittgrößen und Spanungsgrößen beim Umfangsschleifen als Längsschleifen.

Beim Umfangsschleifen als Einstechschleifen wird der Axialvorschub durch den Radialvorschub ersetzt.

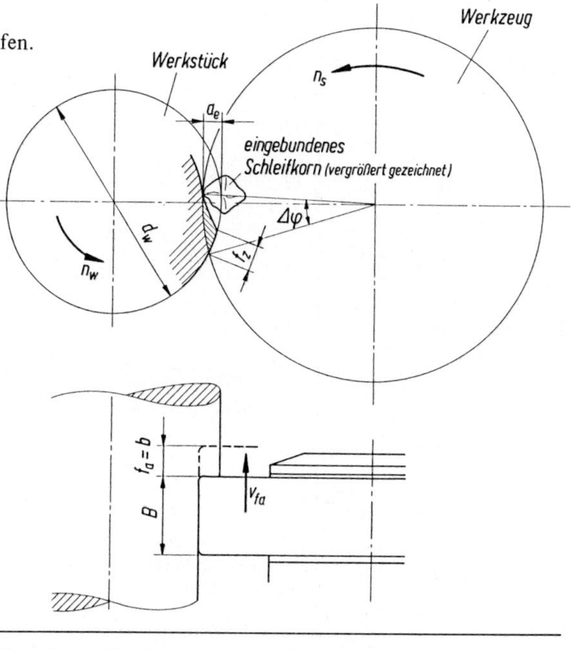

a_e Arbeitseingriff
f_a Axialvorschub
f_z Vorschub je Einzelkorn (Rundvorschub)
d_w Werkstückdurchmesser
B Schleifscheibenbreite

Arbeitseingriff a_e — **1**

Beim Umfangslängsschleifen die Tiefe des Eingriffes des Werkzeugs, gemessen in der Arbeitsebene senkrecht zum Rundvorschub.

Der Arbeitseingriff wird durch Werkzeugzustellung direkt eingestellt.

Richtwerte für a_e in mm:

	Schruppen	Schlichten
St	0,003 ... 0,04	0,002 ... 0,013
GG	0,006 ... 0,04	0,004 ... 0,020

Ausfeuern ohne Zustellung (a_e = 0) verbessert Genauigkeit und Oberflächengüte.

2 Axialvorschub f_a (Seitenvorschub)

Beim Umfangslängsschleifen der Weg, den das Werkzeug während einer Umdrehung des Werkstücks in Vorschubrichtung zurücklegt:

Richtwerte: Schruppschleifen $f_a = 0{,}60 \dots 0{,}75 \cdot B$
Schlichtschleifen $f_a = 0{,}25 \dots 0{,}50 \cdot B$

3 Vorschub f_z je Einzelkorn (Rundvorschub)

Beim Umfangsschleifen der Weg, den ein Punkt auf dem Werkstückumfang während des Eingriffs eines Einzelkornes durch den Rundvorschub zurücklegt:

$$f_z = \frac{\lambda_{ke}}{q}$$

f_z	λ_{ke}	q
mm	mm	1

λ_{ke} effektiver Kornabstand (6.1 Nr. 4)
q Geschwindigkeitsverhältnis (6.1 Nr. 5)

4 effektiver Kornabstand λ_{ke}

statistischer Mittelwert

$$\lambda_{ke} \approx c - 0{,}928\, a_e$$

λ_{ke}	a_e
mm	µm

a_e Arbeitseingriff
c Konstante, berücksichtigt Körnung des Schleifwerkzeugs:

Körnung	c
60	41,5
80	49,5
100	57,5
120	62,8
150	66,5

5 Geschwindigkeitsverhältnis q

$$q = \frac{v_c}{v_w}$$

v_c Schnittgeschwindigkeit
v_w Umfangsgeschwindigkeit des Werkstücks

Richtwerte für q

	St	GG	Al-Legierung
Außenrundschleifen	125	100	50
Innenrundschleifen	80	63	32
Flachschleifen	80	63	32

6 Radialvorschub f_r

Beim Umfangseinstechschleifen der Weg, den das Werkzeug während einer Umdrehung des Werkstücks in Vorschubrichtung zurücklegt:

Richtwerte für f_r in $\frac{\text{mm}}{\text{U}}$

	Schruppen	Schlichten
St	0,002 ... 0,024	0,0004 ... 0,0050
GG	0,006 ... 0,030	0,0012 ... 0,0060

6.2. Geschwindigkeiten

Umfangsschleifen als Längsschleifen	Umfangsschleifen als Einstechschleifen

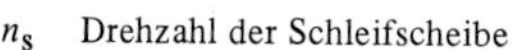

n_s Drehzahl der Schleifscheibe
v_s Umfangsgeschwindigkeit der Schleifscheibe
n_w Drehzahl des Werkstücks
v_w Umfangsgeschwindigkeit des Werkstücks
v_c Schnittgeschwindigkeit
v_{fa} Axialvorschubgeschwindigkeit (beim Längsschleifen)
v_{fr} Radialvorschubgeschwindigkeit (beim Einstechschleifen)

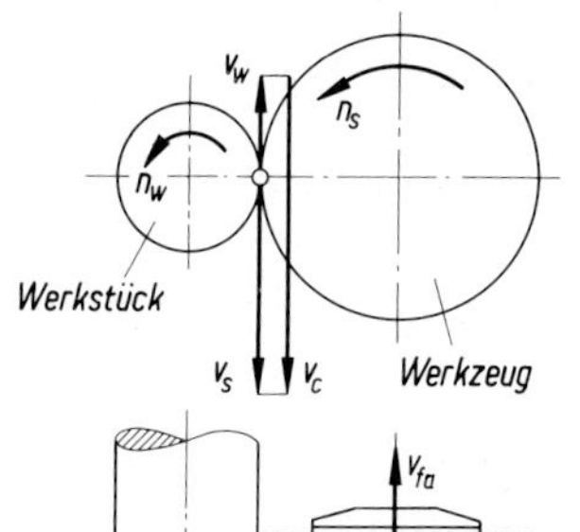

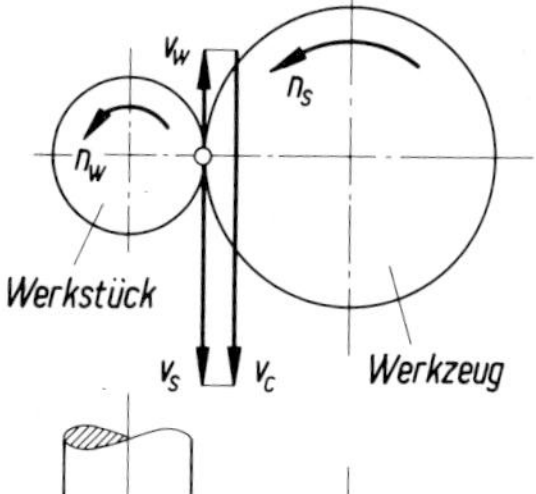

v_{fa}

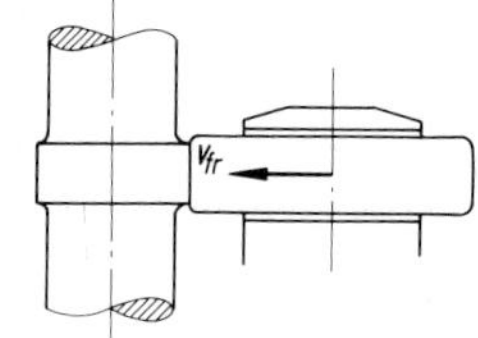

1 Umfangsgeschwindigkeit v_s der Schleifscheibe

$$v_s = \frac{d\,\pi\,n_s}{6 \cdot 10^4}$$

v_s	d	n_s
$\frac{m}{s}$	mm	min^{-1}

d Durchmesser der Schleifscheibe
n_s Drehzahl der Schleifscheibe

Da $n_s \gg n_w$, ist die Umfangsgeschwindigkeit der Schleifscheibe praktisch die Schnittgeschwindigkeit (siehe Nr. 3) beim Schleifen.

2 Umfangsgeschwindigkeit v_w des Werkstücks

$$v_w = \frac{d_w\,\pi\,n_w}{1000}$$

v_w	d_w	n_w
$\frac{m}{min}$	mm	min^{-1}

d_w Durchmesser des Werkstücks
n_w Drehzahl des Werkstücks (Rundvorschubbewegung)

Richtwerte für v_w in $\frac{m}{min}$

	St unlegiert	St legiert	GG	Al-Legierung
Außenrundschleifen (Schruppen)	12 ... 18	15 ... 18	12 ... 15	30 ... 40
Außenrundschleifen (Schlichten)	8 ... 12	10 ... 14	9 ... 12	24 ... 30
Innenrundschleifen	18 ... 24	20 ... 25	21 ... 24	30 ... 40

Nr.	Größe	Formel / Erläuterung
3	Schnitt-geschwindigkeit v_c	$v_c = v_s + v_w$ beim Gegenlaufschleifen $v_c = v_s - v_w$ beim Gleichlaufschleifen v_s Umfangsgeschwindigkeit der Schleifscheibe v_w Umfangsgeschwindigkeit des Werkstücks $v_s \gg v_w \Rightarrow v_c \approx v_s$ — d Durchmesser der Schleifscheibe $v_c \approx v_s = d\,\pi\,n_s$ — n_s Drehzahl der Schleifscheibe

Richtwerte für v_c in m/s

	St	GG	Al-Legierung
Außenrundschleifen	32	25	16
Innenrundschleifen	25	20	12
Flachschleifen (Umfangsschleifen)	32	25	16

Zulässige Höchstgeschwindigkeiten für Schleifkörper (Unfallverhütungsvorschriften) nur nach Angaben der Hersteller einstellen.

Aus den hohen Schnittgeschwindigkeiten und dem geringen Arbeitseingriff ergeben sich für das Einzelkorn sehr kurze Eingriffszeiten von 0,03 ... 0,15 ms (hohe örtliche Erwärmung an der Wirkstelle).

Nr.	Größe	Formel / Erläuterung
4	Axialvorschub-geschwindigkeit v_{fa}	$v_{fa} = f_a\,n_w$ f_a Axialvorschub (Seitenvorschub) n_w Drehzahl des Werkstücks
5	Radialvorschub-geschwindigkeit v_{fr}	$v_{fr} = f_r\,n_w$ f_r Radialvorschub n_w Drehzahl des Werkstücks

v_{fa}	f_a	n_w
$\frac{mm}{min}$	$\frac{mm}{U}$	min^{-1}

v_{fr}	f_r	n_w
$\frac{mm}{min}$	$\frac{mm}{U}$	min^{-1}

6.3. Werkzeugwinkel

Die im Schleifwerkzeug fest eingebundenen Schleifmittelkörner bilden Schneidteile mit geometrisch unbestimmten Schneidkeilen. Eine definierbare und beeinflußbare Schneidkeilgeometrie liegt daher nicht vor.

Nach statistischen Untersuchungen der Schleifscheibentopographie kann eine mittlere Kornschneide mit einem Schneidkeil verglichen werden, dessen Spanwinkel zwischen $-30°$ und $-80°$ liegt.

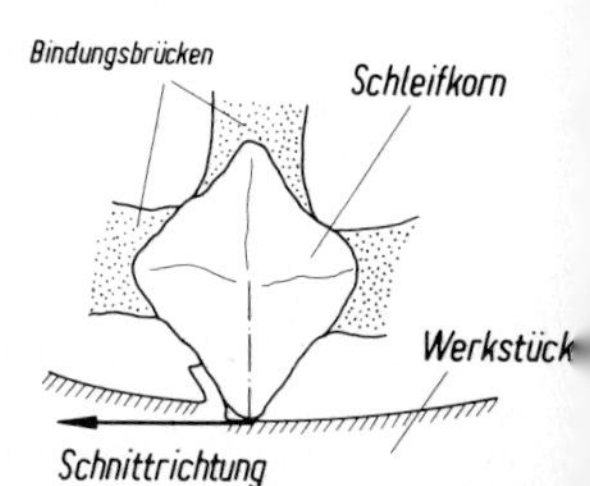

6.4. Zerspankräfte

Zerspankräfte beim Umfangsschleifen
bezogen auf das Werkzeug

F_{cz} Schnittkraft am Einzelkorn
F_{cNz} Schnitt-Normalkraft am Einzelkorn
F_{az} Aktivkraft am Einzelkorn
F_{fz} Vorschubkraft am Einzelkorn
F_{fNz} Vorschub-Normalkraft am Einzelkorn
F_z Zerspankraft am Einzelkorn

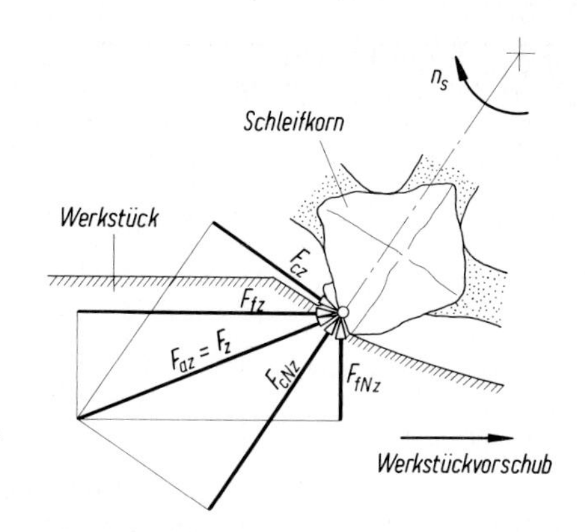

1 Schnittkraft F_{czm}

Komponente (Mittelwert) der Zerspankraft F_z in Schnittrichtung:

$$F_{czm} = b\, h_m\, k_c\, S$$

F_{czm}	b, h_m	k_c	S
N	mm	$\frac{N}{mm^2}$	1

b wirksame Schleifbreite
$b = f_a$ beim Außenrundlängsschleifen
f_a Axialvorschub (Seitenvorschub)

2 Mittenspanungsdicke h_m

$$h_m = \frac{\lambda_{ke}}{q} \sqrt{a_e \left(\frac{1}{d} + \frac{1}{d_w}\right)}$$ Außenrundlängsschleifen

$$h_m = \frac{\lambda_{ke}}{q} \sqrt{a_e \left(\frac{1}{d} - \frac{1}{d_w}\right)}$$ Innenrundlängsschleifen

$$h_m = \frac{\lambda_{ke}}{q} \sqrt{\frac{a_e}{d}}$$ Flachschleifen

λ_{ke} effektiver Kornabstand nach 6.1 Nr. 4
q Geschwindigkeitsverhältnis nach 6.1 Nr. 5
a_e Arbeitseingriff nach 6.1 Nr. 1
d Durchmesser der Schleifscheibe
d_w Durchmesser des Werkstücks

3 spezifische Schnittkraft k_c

$$k_c = \frac{k_{c1\cdot1}}{h_m^z}$$

$k_c, k_{c1\cdot1}$	h	z
$\frac{N}{mm^2}$	mm	1

$k_{c1\cdot1}$ Hauptwert der spezifischen Schnittkraft (1.5 Nr. 4)
z Spanungsdickenexponent (1.5 Nr. 4)

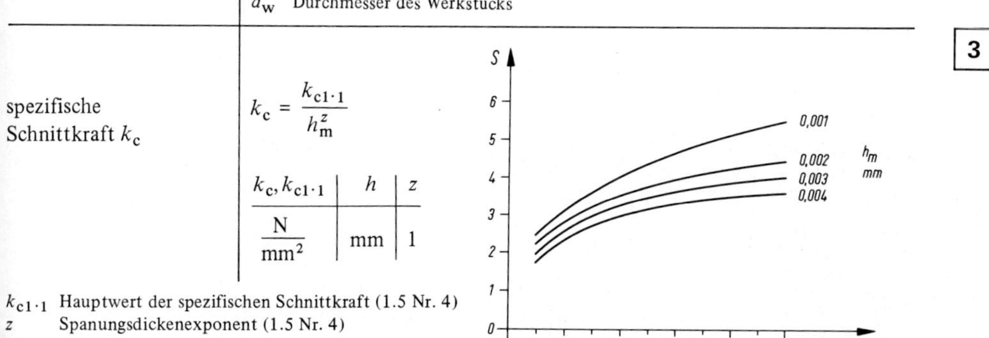

4 Verfahrensfaktor S

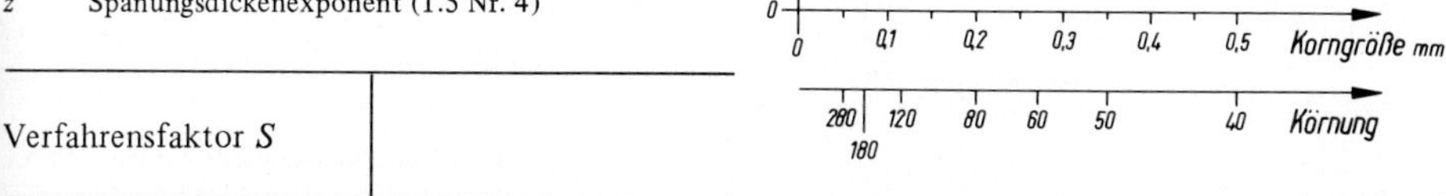

6.5. Leistungsbedarf

1 Schnittleistung P_c

$$P_c = \frac{F_{czm}\, z_e\, v_c}{10^3}$$

P_c	F_{czm}	z_e	v_c
kW	N	1	$\frac{m}{s}$

F_{czm} Schnittkraft (Mittelwert) nach 6.4 Nr. 1
v_c Schnittgeschwindigkeit nach 6.2 Nr. 3

2 Anzahl der gleichzeitig schneidenden Schleifkörner z_e

$$z_e = \frac{d\,\pi\,\Delta\varphi^\circ}{\lambda_{ke}\, 360^\circ}$$

z_e	d	$\Delta\varphi$	λ_{ke}
1	mm	°	mm

d Durchmesser der Schleifscheibe
λ_{ke} effektiver Kornabstand nach 6.1 Nr. 4

3 Eingriffswinkel $\Delta\varphi$ für Außenrundschleifen (konvexe Oberfläche)

$$\Delta\varphi^\circ \approx \frac{360^\circ}{\pi}\sqrt{\frac{a_e}{d\left(1+\frac{d}{d_w}\right)}}$$

a_e Arbeitseingriff nach 6.1 Nr. 1
d Durchmesser der Schleifscheibe
d_w Durchmesser des Werkstücks

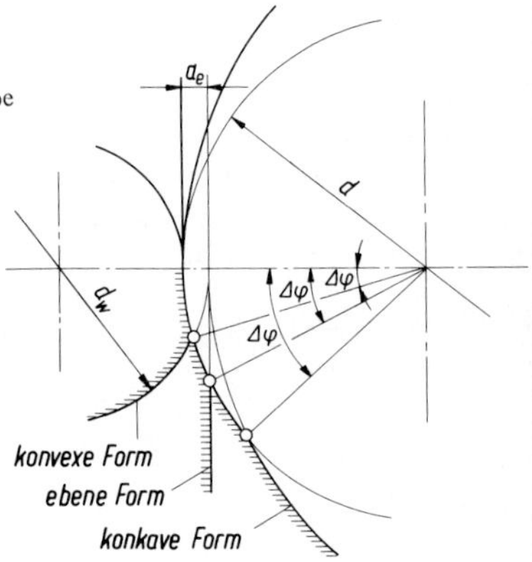

4 Eingriffswinkel $\Delta\varphi$ für Innenrundschleifen (konkave Oberfläche)

$$\Delta\varphi^\circ \approx \frac{360^\circ}{\pi}\sqrt{\frac{a_e}{d\left(1-\frac{d}{d_w}\right)}}$$

5 Eingriffswinkel $\Delta\varphi$ für Flachschleifen (ebene Oberfläche)

$$\Delta\varphi^\circ \approx \frac{360^\circ}{\pi}\sqrt{\frac{a_e}{d}}$$

6 Motorleistung P_m

$$P_m = \frac{P_c}{\eta_g}$$

P_c Schnittleistung nach 6.5 Nr. 1
η_g Getriebewirkungsgrad
$\eta_g = 0{,}4 \ldots 0{,}6$ je nach Bauart und Belastungsgrad der Maschine

6.6. Prozeßzeit

1 Prozeßzeit t_{hu} beim Rundschleifen (Längsschleifen) zwischen Spitzen

$$t_{hu} = \frac{L}{v_{fa}}\, i = \frac{l_w - \frac{B}{3}}{f_a\, n_w}\, i$$

l_w Werkstücklänge in Schleifrichtung (Längsrichtung)
B Schleifscheibenbreite
f_a Axialvorschub
n_w Drehzahl des Werkstücks

$$n_w = \frac{v_w}{d_w \pi}$$

v_w Umfangsgeschwindigkeit des Werkstücks
d_w Durchmesser des Werkstücks

i Anzahl der erforderlichen Zustellschritte (Schleifhübe):

$i = \frac{d_w - d_f}{2 a_e}$ Außenrundschleifen

$i = \frac{d_f - d_w}{2 a_e}$ Innenrundschleifen

d_w Durchmesser des Werkstücks (Ausgangsdurchmesser)

d_f Fertigdurchmesser des Werkstücks

a_e Arbeitseingriff

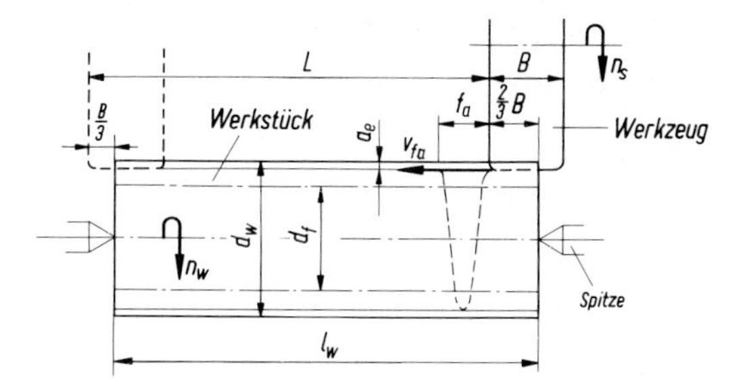

Darstellung gilt sinngemäß auch für das Innenrundschleifen

2

Prozeßzeit t_{hu} beim Rundschleifen (Einstechschleifen) zwischen Spitzen

$$t_{hu} = \frac{L}{v_{fr}} = \frac{\frac{d_w - d_f}{2} + l_a}{f_r n_w}$$

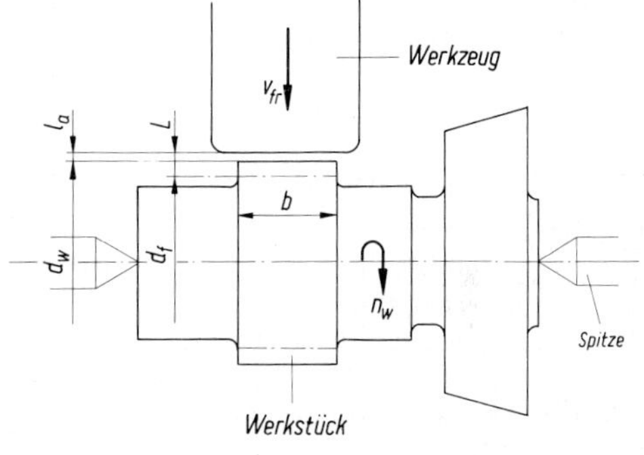

d_w Durchmesser des Werkstücks (Ausgangsdurchmesser)

d_f Fertigdurchmesser des Werkstücks

l_a Anlaufweg (Richtwert: 0,1 ... 0,3 mm)

f_r Radialvorschub

n_w Drehzahl des Werkstücks

$n_w = \frac{v_w}{d_w \pi}$

v_w Umfangsgeschwindigkeit des Werkstücks

d_w Durchmesser des Werkstücks

3

Prozeßzeit t_{hu} beim spitzenlosen Rundschleifen (Durchgangsschleifen)

$$t_{hu} = \frac{L}{v_{fa}} = \frac{i_w l_w + B}{0{,}95\, d_r \pi n_r \sin\alpha}$$

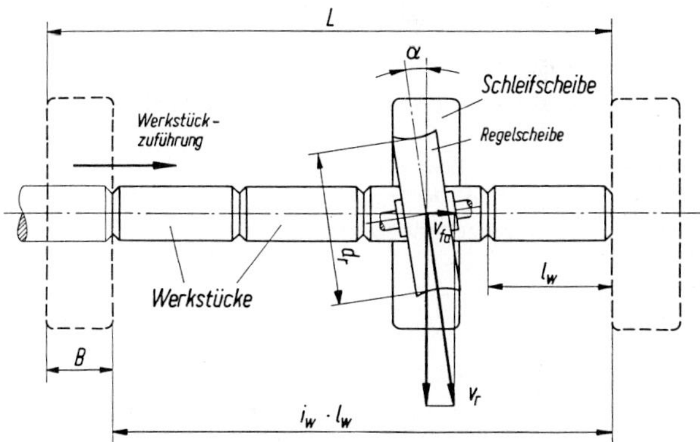

B Schleifscheibenbreite

d_r Durchmesser der Regelscheibe

n_r Drehzahl der Regelscheibe

α Verstellwinkel der Regelscheibe
Richtwert für Längsschleifen: $\alpha = 3° ... 5°$

i_w Anzahl der aufeinanderfolgenden Werkstücke beim Durchgangsschleifen

l_w Länge des einzelnen Werkstücks

4

Prozeßzeit t_{hu} beim spitzenlosen Rundschleifen (Einstechschleifen)

$$t_{hu} = \frac{L}{v_{fr}} = \frac{\frac{d_w - d_f}{2} + l_a}{f_r n_w}$$

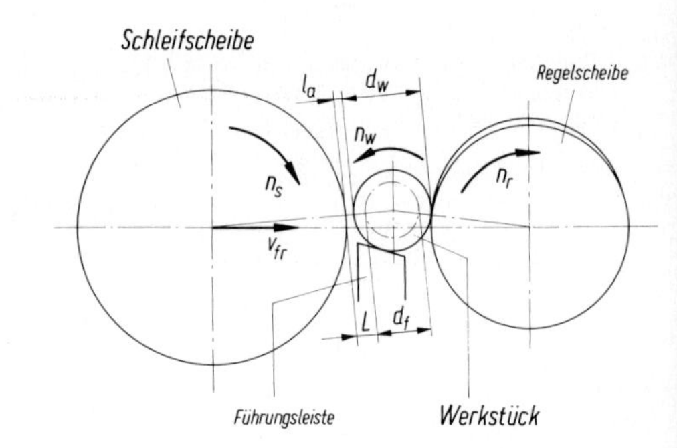

d_w Durchmesser des Werkstücks (Ausgangsdurchmesser)
d_f Fertigdurchmesser des Werkstücks
l_a Anlaufweg (Richtwert: 0,1 ... 0,3 mm)
f_r Radialvorschub
n_w Drehzahl des Werkstücks

$$n_w = 0{,}95\, n_r \frac{d_r}{d_w}$$

n_r Drehzahl der Regelscheibe
d_r Durchmesser der Regelscheibe
d_w Durchmesser des Werkstücks

Beispiel: Schleifbearbeitung eines Bolzens

Gegeben: Rohteil:
Vorbearbeiteter Bolzen aus St 50 mit kreiszylindrischer Mantelfläche von 40,8 mm Durchmesser (Ausgangszustand),
Bearbeitungslänge 185 mm.
Fertigungsschritt:
Rundschleifen der Mantelfläche auf 40_{h6} Durchmesser (Kleinstmaß) durch Außenrund-Längsschleifen zwischen toten Spitzen.
Vorhandenes Werkzeug:
Gerade Schleifscheibe 350 × 32 × 51 HK 60 H 7 ke.
Vorhandene Schleifmaschine:
Universal-Rundschleifmaschine,
Drehzahlen der Schleifspindel wahlweise 1340 und 1670 min^{-1},
Drehzahlen der Werkstückspindel von 50 ... 450 min^{-1} stufenlos verstellbar,
Geschwindigkeit des Schleiftischs (Axialvorschubgeschwindigkeit) von 0,02 ... 6 m/min stufenlos einstellbar,
Zustellschritte von 0,1 ... 20 µm möglich.

Gesucht:
a) erforderliche Schnittleistung,
b) erforderliche Motorleistung,
c) Prozeßzeit für das einzelne Werkstück.

Lösung. a) $P_c = \frac{F_{czm}\, z_e\, v_c}{1000}$

$F_{czm} = b\, h_m\, k_c\, S$

$b = f_a = 0{,}6\, B$

$b = 0{,}6 \cdot 32\ \text{mm} = 19{,}2\ \frac{\text{mm}}{\text{U}}$

$v_w = 15\ \frac{\text{m}}{\text{min}}$ gewählt

$$n_{w\,erf} = \frac{v_w}{d_w\, \pi} = \frac{15\ \frac{\text{m}}{\text{min}}}{0{,}04\ \text{m} \cdot \pi} = 119{,}4\ \text{min}^{-1}$$

Werkstückdrehzahl ist einstellbar

$$h_m = \frac{\lambda_{ke}}{q} \sqrt{a_e \left(\frac{1}{d} + \frac{1}{d_w}\right)}$$

$\lambda_{ke} = c - 0{,}928\, a_e$

$c = 41{,}5$; $a_e = 12$ µm gewählt

$\lambda_{ke} = 41{,}5 - 0{,}928 \cdot 12 = 30{,}4$ mm

$v_w = 15 \frac{m}{min}$ nach 6.2 Nr. 2

$v_c = d \pi n_s = 0{,}35\ m \cdot \pi \cdot 1670\ min^{-1}$

$v_c = 1836 \frac{m}{min} = 30{,}6 \frac{m}{s}$ entspricht 6.2 Nr. 3

$q = \frac{v_c}{v_w} = \frac{1836 \frac{m}{min}}{15 \frac{m}{min}} = 122{,}4$ entspricht 6.1 Nr. 5

$d = 350\ mm, \quad d_w = 40\ mm$

$$h_m = \frac{30{,}4\ mm}{122{,}4} \cdot \sqrt{0{,}012\ mm \cdot \left(\frac{1}{350\ mm} + \frac{1}{40\ mm}\right)} = 0{,}0045\ mm$$

$k_c = \frac{k_{c1 \cdot 1}}{h_m^z}$ nach 6.4 Nr. 3

$k_{c1 \cdot 1} = 1990 \frac{N}{mm^2}$ nach 1.5 Nr. 4

$z = 0{,}26$

$$k_c = \frac{1990 \frac{N}{mm^2}}{0{,}0045^{0{,}26}} = 8110 \frac{N}{mm^2}$$

$S = 3$ nach 6.4 Nr. 4

$$F_{czm} = 19{,}2 \frac{mm}{U} \cdot 0{,}0045\ mm \cdot 8110 \frac{N}{mm^2} \cdot 3$$

$F_{czm} = 2102\ N$

$$z_e = \frac{d \pi \Delta\varphi^\circ}{\lambda_{ke}\ 360^\circ}$$

$$\Delta\varphi^\circ = \frac{360^\circ}{\pi} \sqrt{\frac{a_e}{d\left(1 + \frac{d}{d_w}\right)}}$$

$$\Delta\varphi^\circ = \frac{360^\circ}{\pi} \sqrt{\frac{0{,}012\ mm}{350\ mm \cdot \left(1 + \frac{350\ mm}{40\ mm}\right)}} = 0{,}215^\circ$$

$$z_e = \frac{350\ mm \cdot \pi \cdot 0{,}215^\circ}{30{,}4\ mm \cdot 360^\circ} = 0{,}0216$$

$$P_c = \frac{2102 \cdot 0{,}0216 \cdot 30{,}6}{1000} = 1{,}39\ kW$$

b) $P_m = \frac{P_c}{\eta_g}$ $\eta_g = 0{,}6$ angenommen

$$P_m = \frac{1{,}39\ kW}{0{,}6} = 2{,}32\ kW$$

c) $t_{hu} = \frac{l_w - \frac{B}{3}}{f_a n_w} i$

$l_w = 185\ mm, \quad B = 32\ mm$

$f_a = b = 19{,}2 \frac{mm}{U}$

$n_w = 119{,}4\ min^{-1}$

$i = \frac{d_w - d_{f\,min}}{2 a_e}$

$d_w = 40{,}8\ mm$ (Werkstückdurchmesser im Ausgangszustand)

$d_f = 40_{h6} = 40_{-0{,}016}$

$d_{f\,min} = 39{,}984\ mm$

$$i = \frac{40{,}8\ mm - 39{,}984\ mm}{2 \cdot 0{,}012\ mm} = 34$$

$$t_{hu} = \frac{185\ mm - \frac{32\ mm}{3}}{19{,}2 \frac{mm}{U} \cdot 119{,}4\ min^{-1}} \cdot 34$$

$t_{hu} = 2{,}59\ min$

7. Verfahrenübergreifende Informationen

Normen (Auswahl)

DIN 4766	Herstellverfahren der Rauheit von Oberflächen
DIN 6583	Begriffe der Zerspantechnik, Standbegriffe
DIN 6584	Begriffe der Zerspantechnik, Kräfte – Energie – Arbeit – Leistungen
DIN 8580	Fertigungsverfahren, Begriffe – Einteilung
DIN 51385	Kühlschmierstoffe, Begriffe
DIN ISO 513	Anwendung der harten Schneidstoffe zur Zerspanung
VDI 2003	Spanende Bearbeitung von Kunststoffen
VDI 2601	Anforderungen an die Oberflächengestalt spanend hergestellter Flächen
VDI 3321	Optimierung des Spanens, Grundlagen
VDI 3396	Kühlschmierstoffe für spanende Fertigungsverfahren
VDI 3397 Blatt 3	Entsorgung von Kühlschmierstoffen für spanende Fertigungsverfahren

7.1. Spanbildung und Spanarten

Nr.	Begriff	Erläuterung
1	Spanbildung	Ursache: Äußere Krafteinwirkung und verschiedenartige Beanspruchungen des Werkstoffs im Einwirkungsbereich des Werkzeugs Wirkung: Nach Überschreiten der Fließgrenze plastische Schubverformung und Druckverformung (Stauchung), nach Überschreiten der Bruchfestigkeit Durchscherung bzw. Aufreißen des Stoffverbandes (Trennungsbruch)
2	Spanarten	Fließspan entsteht vorwiegend bei Zerspanung zäher (langspanender) Werkstoffe. Scherspan entsteht vorwiegend bei Zerspanung weniger zäher Werkstoffe. Reißspan entsteht vorwiegend bei Zerspanung spröder (kurzspanender) Werkstoffe.
3	Fließspan	Der Fließspan bildet sich nach Überschreiten der Fließgrenze des Werkstoffs im Bereich der Scherzone durch kontinuierliche plastische Schubverformung in kristallografisch bevorzugten Gleitebenen des Raumgitters. Unter Bildung eines kurz voreilenden Kerbrisses vor der Schneide des Werkzeugs fließt das angestauchte Spanmaterial zusammenhängend bandig ab. Die entstehende Werkstückoberfläche ist als Folge des gleichförmigen Spanablaufs makroskopisch glatt (geringe Längsrauhigkeit).

4

Scherspan

Die Spanbildung verläuft zunächst wie bei Fließspänen. Bei fortschreitender plastischer Schubverformung in der Scherzone wird jedoch die Abscherbruchfestigkeit (τ_{aB}) überschritten und das Werkstoffgefüge durchgeschert. Bei periodischer Durchscherung (Lamellenfrequenz) entstehen Spanlamellen, die sich unter den Einfluß der stauchenden Druckkräfte im Bereich der Spanwurzel durch Kaltverschweißung zu einem zusammenhängenden Spanband verbinden.

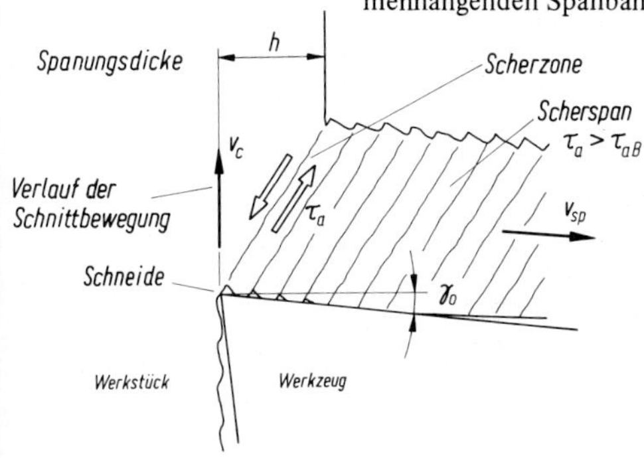

Bei voreilendem Kerbriß vor der Schneide des Werkzeugs läuft das angestauchte und auf der Innenseite sichtbar schuppige aber weitgehend zusammenhängende Spanmaterial periodisch ungleichförmig ab.

Die periodische Durchscherung ergibt Belastungsschwankungen an Werkzeug und Werkstück und erzeugt so Schwingungen des Wirkpaars. Die entstehende Werkstückoberfläche ist dadurch makroskopisch rauher als beim Fließspan.

5

Reißspan

Der Reißspan bildet sich nach Überschreiten der Zugbruchfestigkeit (R_m) im Kerbrißbereich ohne nennenswerte vorherige Schubverformung oder Stauchung.

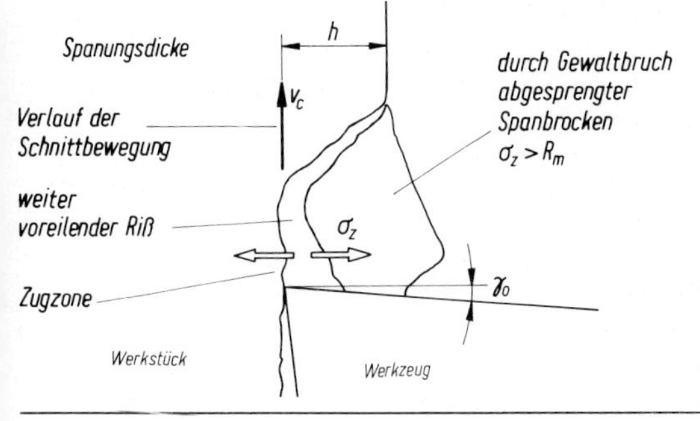

Bei weiter voreilendem Kerbriß vor der Schneide des Werkzeugs werden einzelne Spanstücke durch Trennungsbruch abgesprengt.

Die entstehende Werkstückoberfläche ist wegen des willkürlichen Verlaufs des voreilenden Kerbrisses und der durch Belastungsschwankungen am Wirkpaar ausgelösten Schwingungen makroskopisch rauh.

6

Aufbauschneide

Sie bildet sich durch Festsetzen und Kaltaufschweißen von Werkstoff vor der Schneide des Werkzeugs im Bereich des Kerbrißspaltes auf der Spanfläche.

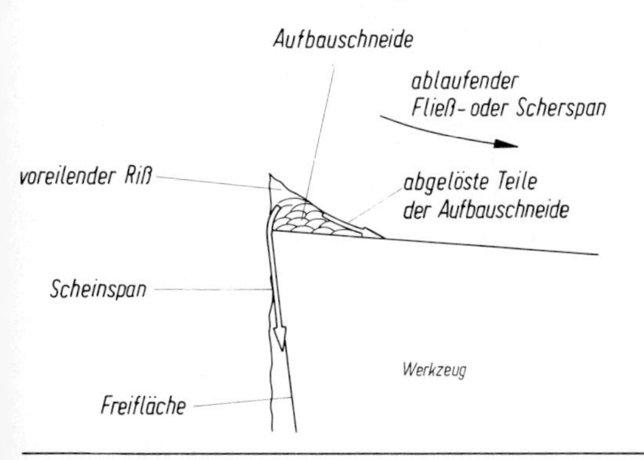

Bei Instabilität des größer werdenden Schneidenaufbaus fließen Teile der Werkstoffanlagerung unregelmäßig aber stetig über Spanfläche und Freifläche des Werkzeugs ab (mittlere Ablösungsfrequenz zwischen 50 und 100 je Sekunde).

Die abgelösten und zwischen Freifläche und Werkstück stetig abfließenden Teile einer Aufbauschneide bezeichnet man als Scheinspan.

7.2. Spanstauchung und Scherwinkel

Die Spanstauchung ist eine Druckverformung im Bereich der Spanwurzel von Fließ- und Scherspänen als Folge der Druckbeanspruchung.

Die Druckverformung bewirkt eine Aufdickung des abgespanten Werkstoffs bei nur geringer Breitenzunahme.

Größen, die sich auf den Span beziehen, sind durch den Index „sp“ gekennzeichnet.

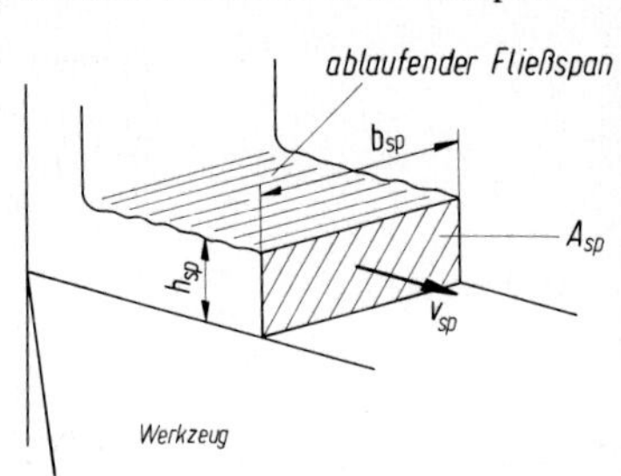

h_{sp} Spandicke
b_{sp} Spanbreite
A_{sp} Spanquerschnitt

1	Spandicke h_{sp}	Dicke des ablaufenden Fließ- oder Scherspans senkrecht zur Spanablaufrichtung gemessen. Die Spandicke ist größer als die Spanungsdicke ($h_{sp} > h$). Die Aufdickung des Spans ergibt sich aus der Werkstoffstauchung im Bereich der Spanwurzel.
2	Spandickenstauchung λ_h	$\lambda_h = \frac{h_{sp}}{h}$ $h_{sp} > h \Rightarrow \lambda_h > 1$ (bis etwa 3 ... 4)
3	Spanbreite b_{sp}	Breite des ablaufenden Fließ- oder Scherspans senkrecht zur Spanablaufrichtung gemessen. Die Spanbreite ist nur unwesentlich größer als die Spanungsbreite ($b_{sp} \approx b$). Die Materialstauchung im Bereich der Spanwurzel wirkt sich in der Breite nur wenig aus.
4	Spanbreitenstauchung λ_b	$\lambda_b = \frac{b_{sp}}{b}$ $b_{sp} \approx b \Rightarrow \lambda_b \approx 1$
5	Scherwinkel Φ	Spitzer Winkel zwischen der Projektion der Scherebene und der Schnittrichtung. Der Scherwinkel wird besonders beeinflußt von der Spanreibung μ_{sp} (ρ_{sp}) und dem Spanwinkel γ_0.

6

Scherwinkelbeziehung

$$\tan \Phi = \frac{\cos \gamma_0}{\lambda_h - \sin \gamma_0}$$

Darstellung der Graphen
$\tan \Phi = f(\Phi)$ und $\tan \Phi = f(\gamma_0, \lambda_h)$

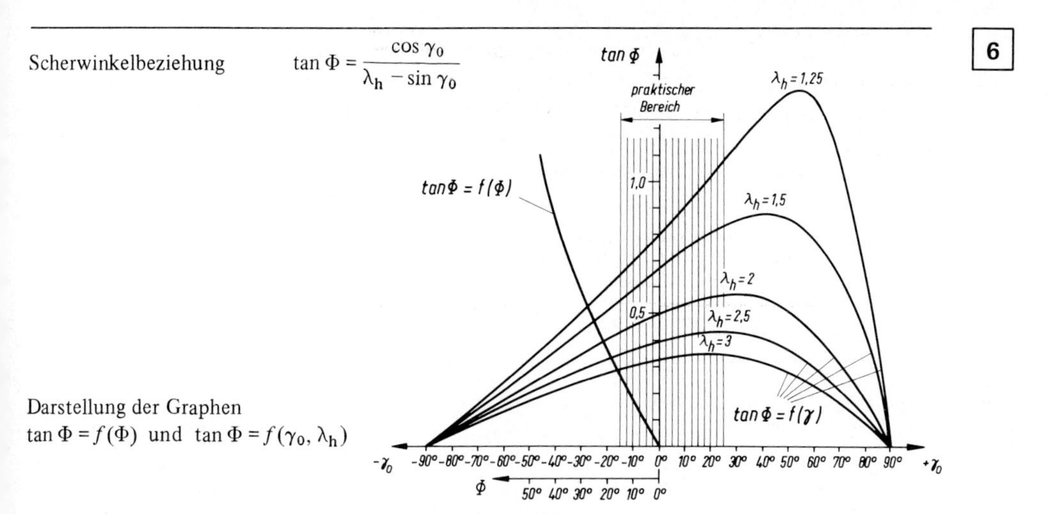

7.3. Spanformen

Spanformen kennzeichnen die geometrische Gestalt (Form) der anfallenden Späne.

1

Spanformklassen

Ordnungsschema zur Einordnung anfallender Späne nach ihrer jeweiligen geometrischen Gestalt.

Nach VDI-Richtlinie 3332 sind 7 Spanformen (hier: Spanformklassen 1 ... 7) vorgesehen. Dabei wird auch die unterschiedliche Eignung verschiedener Spanformen für die Späneentsorgung beurteilt.

Spanform-klasse	Spanform	Spanbild (Symbol)	Beurteilung für Späneentsorgung
1	Bandspäne	∼	unzweckmäßig
2	Wirrspäne	×	unzweckmäßig
3	Wendelspäne	○	bedingt zweckmäßig
4	Wendelspanstücke	ꝏ	zweckmäßig
5	Spiralspäne	◎	zweckmäßig
6	Spiralspanstücke	൭	zweckmäßig
7	Spanbruchstücke	)	unzweckmäßig

2

Spanraumzahl R

$$R = \frac{V_{sp}}{V}$$

V_{sp} Spanvolumen (Schüttvolumen)

V Spanungsvolumen

$V_{sp} > V \Rightarrow R > 1$

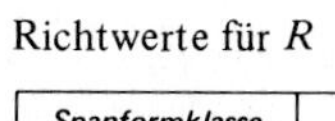

Richtwerte für R

Spanformklasse	R
1	⩾ 90
2	⩾ 90
3	⩾ 50
4	⩾ 25
5	⩾ 8
6	⩾ 8
7	⩾ 3

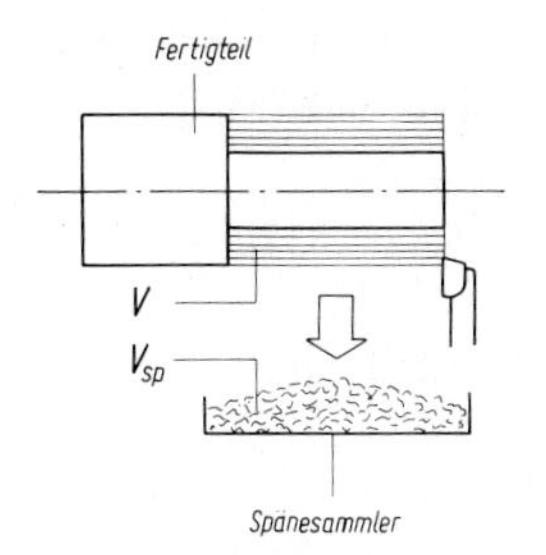

3

Spanvolumen V_{sp} (Schüttvolumen)	$V_{sp} = VR = QtR$ $V_{sp} = A v_c t R$ v_c Schnittgeschwindigkeit A Spanungsquerschnitt t Zerspanzeit Q Zeitspanungsvolumen Das Spanvolumen bestimmt die Größe des bereitzustellenden Transport- und Bunkerraums für die Späneentsorgung.	

V_{sp}, V	R	Q	t	A	v_c
cm^3	1	$\frac{cm^3}{min}$	min	mm^2	$\frac{m}{min}$

4

Spanmasse m_{sp}	$m_{sp} = V_{sp}\,\rho_{sp} = QtR\,\rho_{sp}$ $m_{sp} = V\rho = Qt\rho$ ρ Dichte des unzerspanten Werkstoffs

m	V_{sp}, V	ρ_{sp}, ρ	Q	t	R
kg	cm^3	$\frac{kg}{cm^3}$	$\frac{cm^3}{min}$	min	1

5

Spandichte ρ_{sp} (Schüttdichte)	Dichte des anfallenden Spanmaterials $\rho_{sp} = \frac{\rho}{R}$ ρ Dichte des unzerspanten Werkstoffs

7.4. Standverhalten des Zerspanwerkzeugs

Ein Zerspanwerkzeug erzeugt durch Zerspanung aus dem Rohteil die verlangte Fertigteilform. Die Fähigkeit des Werkzeugs, den überschüssigen Werkstoff unter den jeweils vorliegenden Spanungsbedingungen abzuspanen, bezeichnet man als Schneidfähigkeit.

Durch äußere Störeinflüsse nimmt die Schneidfähigkeit des Werkzeugs während der Zerspanung ständig ab. Die Gebrauchsdauer eines Zerspanwerkzeugs ist daher stets begrenzt.

1

Schneidhaltigkeit	Fähigkeit eines Zerspanwerkzeugs, seine Schneidfähigkeit trotz Einwirkung mechanischer, thermischer oder chemischer Störeinflüsse über eine angemessen lange Gebrauchszeit (Standzeit) beizubehalten. Störeinflüsse ergeben: Erwärmung des Schneidkeils Verschleiß des Schneidkeils Beanspruchung des Schneidkeils

2

Zerspanwärme Q_e	$Q_w \mathrel{\hat{=}} W_e = P_e\,t$ W_e Zerspanarbeit (Wirkarbeit) P_e Zerspanleistung (Wirkleistung) t Zerspanzeit Die Wärme wird in besonderen Wärmezonen freigesetzt und verteilt sich durch Wärmeübertragung auf Span, Werkzeug und Werkstück.

Q_e	P_e	t
J	W	s

Wärmezonen	a) Scherzone b) Reißzone c) Kontaktzone Span – Werkzeug d) Kontaktzone Werkstück – Werkzeug 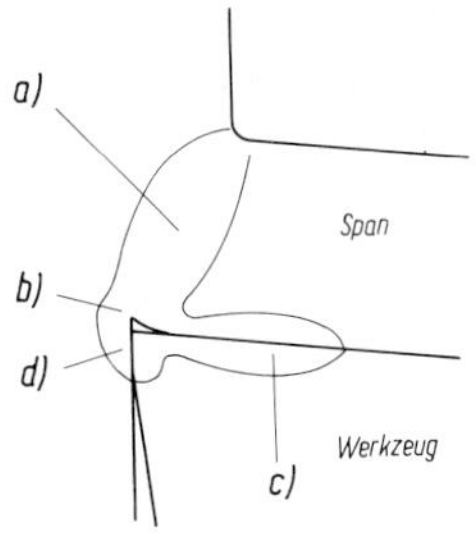 	3
Scherzone	Wärme ergibt sich als Verformungswärme bei der plastischen Umformung des Werkstoffgefüges nach Überschreiten der Fließgrenze.	4
Reißzone	Wärme ergibt sich als Trennungswärme beim Aufreißen des Werkstoffgefüges nach Überschreiten der Bruchgrenze.	5
Kontaktzone Span-Werkzeug	Wärme ergibt sich als Reibungswärme beim Spanablauf (Fließ- oder Scherspan) über die Spanfläche des Werkzeugs.	6
Kontaktzone Werkstück–Werkzeug	Wärme ergibt sich als Reibungswärme aus Berührung zwischen erzeugter Werkstückoberfläche und Freifläche des Werkzeugs.	7
Verschleißarten	Die Verschleißarten treten bei bestimmten Schnittgeschwindigkeiten bevorzugt auf. Der Verschleißumfang nimmt mit Ausnahme des Preßschweißverschleißes bei ansteigender Schnittgeschwindigkeit zu. a) mechanischer Verschleiß b) Preßschweißverschleiß c) Diffusionsverschleiß d) Oxidationsverschleiß 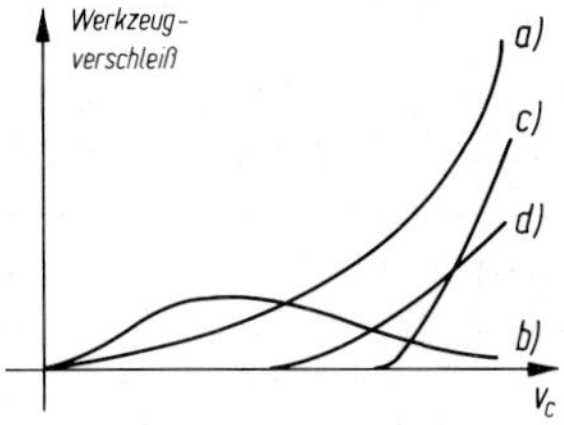 	8
mechanischer Verschleiß (Abrasionsverschleiß)	*Ursache:* Einwirkung harter bzw. verfestigter Werkstoffbestandteile auf den Schneidstoff. *Wirkung:* Schneidstoffabtrag durch Stoffabrieb in Form von geraden Riefen. Mechanischer Verschleiß tritt besonders bei der Zerspanung von Stahlwerkstoffen mit Werkzeugen aus Schnellarbeitsstahl an Freifläche und Spanfläche des Werkzeugs auf.	9
Preßschweißverschleiß (Adhäsionsverschleiß)	*Ursache:* Einwirkung durchgescherter oder herausgebrochener Schweißbrücken (aus Kaltverschweißungen an Kontaktpunkten hoher örtlicher Spanpressung und starker Punkterwärmung) oder Aufbauschneiden. *Wirkung:* Schneidstoffabtrag durch Stoffausbrüche in Form von Kratern und Riefen. Preßschweißverschleiß tritt besonders bei der Zerspanung von Stahlwerkstoffen mit Werkzeugen aus Schnellarbeitsstahl an Freifläche und Spanfläche des Werkzeugs auf.	10

Nr.	Begriff	Erläuterung
11	Diffusionsverschleiß	*Ursache:* Diffusionsvorgänge zwischen Stahlspan und z. B. Hartmetallwerkzeugen bei Zerspantemperaturen über 700 °C. (Aufsprengen der härtetragenden Metallkarbide WC und TiC und Ausdiffundieren des freigewordenen Kohlenstoffs oder Freispülen der Karbidkristallite durch Reaktion des Stahles mit der Kobaltmatrix.) *Wirkung:* Stoffabtrag durch Abrieb von Schneidstoffrückständen nach chemischem Zerfall des Schneidstoffgefüges und Ausdiffundieren der Stoffbestandteile C und Co. Diffusionsverschleiß tritt besonders bei der Zerspanung von Stahlwerkstoffen mit Hartmetallwerkzeugen vorwiegend an der Spanfläche des Werkzeugs auf.
12	Oxidationsverschleiß	*Ursache:* Oxidation (Verzunderung) durch Einwirkung des Luftsauerstoffs auf z. B. Hartmetall bei Zerspantemperaturen über 700 ... 800 °C. *Wirkung:* Stoffabtrag durch Abrieb lose aufliegender Oxidschichten (Zunderschichten). Oxidationsverschleiß tritt besonders bei der Zerspanung von Stahlwerkstoffen mit Werkzeugen aus Hartmetall an Freifläche und Spanfläche des Werkzeugs außerhalb der Kontaktzonen auf.
13	Verschleißformen	Verschleißformen sind definierbare und meßbare geometrische Grundformen der stetig verschleißenden Schneidstoffpartien im Bereich der Spanfläche und Freifläche sowie an der Schneide des Zerspanwerkzeugs. Sie geben Aufschluß über die bei der Zerspanung eintretenden Veränderungen der Form des Schneidkeils.
14	Verschleißgrößen	Verschleißgrößen sind Längenmaße, die bei den wichtigsten Verschleißformen Form oder Lage des abgetragenen Schneidstoffkörpers bestimmen. Sie kennzeichnen das Ausmaß des eingetretenen Werkzeugverschleißes und legen als vorgegebene Erfahrungswerte (Standkriterien) die Grenzen des zulässigen Werkzeugverschleißes und damit die Standgrößen (z.B. Standzeit) fest.
15	Freiflächenverschleiß	Schneidstoffabtrag auf der Freifläche des Schneidkeils in Verbindung mit einer Schneidenversetzung. Verschleißgrößen: *VB* Verschleißmarkenbreite *SV* Schneidenversatz

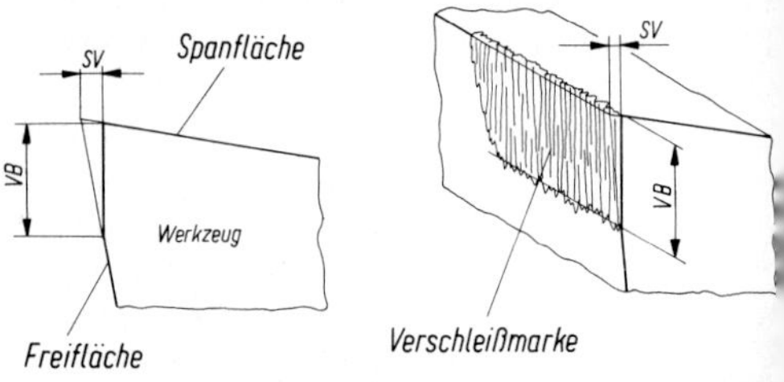

Spanflächenverschleiß	Schneidstoffabtrag auf der Spanfläche des Schneidkeils (ähnlich Freiflächenverschleiß) in Verbindung mit einer Schneidenversetzung. Der Spanflächenverschleiß geht bei höherer Schnittgeschwindigkeit in den wichtigeren Kolkverschleiß über. Spanfläche · Werkzeug · Freifläche · Verschleißmarke	16
Kolkverschleiß	Schneidstoffabtrag auf der Spanfläche des Schneidkeils durch Auskolkung Verschleißgrößen: *KT* Kolktiefe *KB* Kolkbreite *KM* Kolkmittenabstand *KL* Kolklippenbreite KM · Spanfläche · KL · KB · KT · Werkzeug · Freifläche · Auskolkung	17
Schneidenabrundung	Schneidstoffabtrag an der schleifscharfen Schneide durch plastische Umformung oder Mikroausbrüche. Spanfläche · Werkzeug · Freifläche · Schneidenabrundung	18
spezifische Schneidkeilbelastung k_b	$k_b = \frac{F_c}{b}$ $k_b = h k_c = h^{1-z} k_{c1\cdot1}$ h Spanungsdicke k_c spezifische Schnittkraft $k_{c1\cdot1}$ Hauptwert der spezifischen Schnittkraft Die spezifische Schneidkeilbelastung ergibt sich unter dem Graphen $k_c = f(h)$ als Fläche des aus h und k_c gebildeten Rechtecks.	19

k_b	F_c	b, h	k_c, $k_{c1\cdot1}$
$\frac{N}{mm}$	N	mm	$\frac{N}{mm^2}$

20 Kolkverhältnis KV

Das Kolkverhältnis kennzeichnet die zunehmende Werkzeugbeanspruchung bei Verkleinerung des Keilwinkels am Schneidkeil von β_0 auf β'_0 (um $\Delta\beta_0$) durch Kolkverschleiß.

$$KV = \frac{KT}{KM} = \tan \Delta\beta_0$$

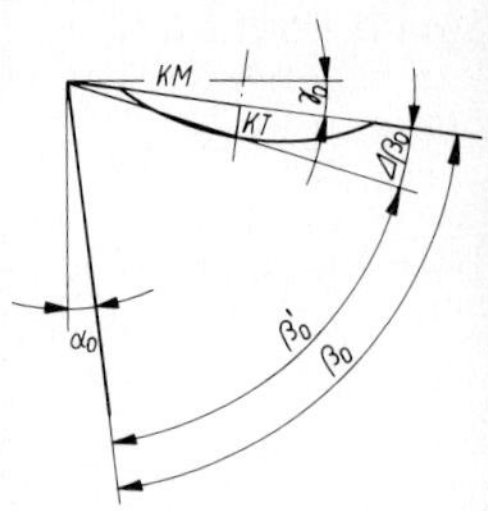

KT Kolktiefe
KM Kolkmittenabstand

21 Wärmespannung σ_ϑ

Wärmespannung im Schneidstoff als Folge ungleicher Temperaturverteilung im Schneidteil des Werkzeugs

$$\sigma_\vartheta = E\alpha\Delta\vartheta < R_m$$

R_m, σ_ϑ	E	α	$\Delta\vartheta$
$\frac{N}{mm^2}$	$\frac{N}{mm^2}$	$\frac{1}{K}$	K

E Elastizitätsmodul des Schneidstoffs
α Längenausdehnungskoeffizient des Schneidstoffs
$\Delta\vartheta$ Temperaturdifferenz zwischen unterschiedlich warmen Schneidstoffbereichen
R_m Zugfestigkeit des Schneidstoffs

Richtwerte für $E\alpha$

Schneidstoff	E in $\frac{N}{mm^2}$	α in $\frac{1}{K}$	$E\alpha$ in $\frac{N}{mm^2 \cdot K}$
Schnellarbeitsstahl	210 000	$11{,}5 \cdot 10^{-6}$	2,42
Hartmetall K 10	630 000	$5 \cdot 10^{-6}$	3,15
Hartmetall M 10	580 000	$5{,}5 \cdot 10^{-6}$	3,19
Hartmetall P 10	530 000	$6{,}5 \cdot 10^{-6}$	3,45
Mischkeramik	360 000	$7{,}1 \cdot 10^{-6}$	2,56
Oxidkeramik	410 000	$7{,}8 \cdot 10^{-6}$	3,20
Diamant	950 000	$1{,}1 \cdot 10^{-6}$	1,05

22 Thermoschock-beständigkeit TSB

Sicherheit gegen Wärmespannungsrisse (z. B. Kammrisse) im Schneidteil des Werkzeugs

$$TSB = \frac{R_m}{\sigma_\vartheta} \sim \frac{\lambda R_m}{E\alpha}$$

λ Wärmeleitfähigkeit
R_m Zugfestigkeit
E Elastizitätsmodul
α Längenausdehnungskoeffizient

Für übliche Schneidstoffe gelten folgende Relationen:

Schnellarbeitsstahl	1	Mischkeramik	0,3
Hartmetall K 10	1,17	Oxidkeramik	0,11
Hartmetall M 10	0,66	Diamant	1,3
Hartmetall P 10	0,34		

23 Standkriterien

Maximal zulässige Verschleißgrößen, die die Gebrauchsdauer eines normal verschleißenden Zerspanwerkzeugs festlegen.

Die Gebrauchsdauer ergibt sich aus den empirisch ermittelten Gesetzmäßigkeiten des Verschleißfortschritts und den jeweils festgelegten Standkriterien.

24

Standkriterien für Werkzeuge aus Schnellarbeitsstahl, v_c kleiner

Standkriterium ist die Verschleißmarkenbreite VB_{zul}

Richtwerte:

Schruppzerspanung
$VB_{zul} = 0{,}6 \ldots 1{,}2$ mm

Schlichtzerspanung
$VB_{zul} = 0{,}2 \ldots 0{,}4$ mm

Feinzerspanung
$VB_{zul} = 0{,}1 \ldots 0{,}2$ mm

25

Standkriterium für Werkzeuge aus Hartmetall, v_c größer

Standkriterium ist das Kolkverhältnis KV_{zul}
Richtwert:

$KV_{zul} = 0{,}4$ ($\widehat{=}\ \Delta\beta_0 = 21{,}8°$)

26

Standzeit T

Gebrauchsdauer (Eingriffszeit) eines im Schnitt stehenden Schneidkeils bis zum Erreichen eines vorgegebenen Standkriteriums.

27

zeitgünstigste Standzeit T_z

Standzeit, für die die Gesamtzeit (t) aus Maschinenlaufzeit (Hauptzeit) und Werkzeugwechselzeit (Nebenzeit) ein Minimum wird.

$$T_z = \left(\frac{1}{y} - 1\right) t_w$$

T_z, t_w	y
min	1

t_w Zeitbedarf je Werkzeugwechsel
y Standzeitexponent

Der zeitgünstigsten Standzeit T_z entspricht eine zeitgünstigste Schnittgeschwindigkeit v_{cz}.

28

kostengünstigste Standzeit T_k

Standzeit, für die die Gesamtkosten (K) aus Maschinenkosten und Werkzeugwechselkosten ein Minimum werden (ökonomische Standzeit).

$$T_k = \frac{W}{M}\left(\frac{1}{y} - 1\right)$$

T_k	W	M	y
min	DM	$\frac{DM}{min}$	1

W Werkzeugwechselkosten je Werkzeugwechsel
M Maschinenkosten je Zeiteinheit
y Standzeitexponent

Die kostengünstigste Standzeit ist stets größer als die zeitgünstigste Standzeit ($T_k > T_z$).

Der kostengünstigsten Standzeit T_k entspricht eine kostengünstigste Schnittgeschwindigkeit v_{ck}.

29

Darstellung des Zusammenhanges zwischen zeit- und kostengünstigsten Standzeiten und Schnittgeschwindigkeiten.

Die Standzeiten und Schnittgeschwindigkeiten werden zweckmäßig im Hi-E-Bereich (high-efficiency-Methode) festgelegt.

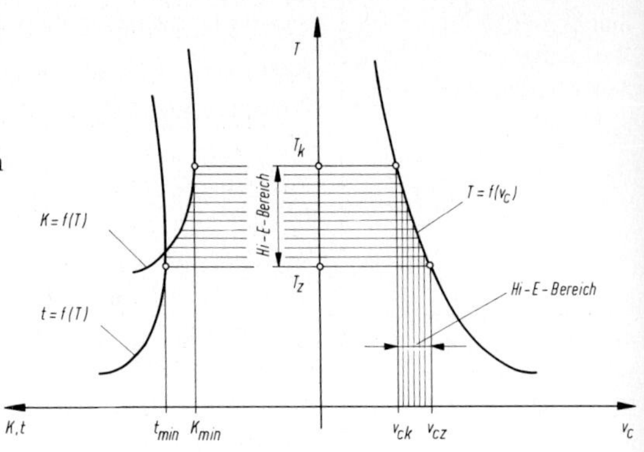

7.5. Schneidstoffe

1

Legierter Werkzeugstahl

Legierter Werkzeugstahl besteht aus einer angelassenen martensitischen Stoffmatrix mit prozentual geringen karbidischen oder gelösten Legierungszusätzen der Metalle Wolfram (W), Chrom (Cr), Molybdän (Mo) und Vanadium (V), sowie Kobalt (Co) und Mangan (Mn) zum Aufbau von Härte, Verschleißfestigkeit und Zähigkeit.

Anwendung: Werkzeuge für manuelle Zerspanung metallischer Werkstoffe (Feilen, Sägeblätter, Bohrer, Gewindeschneidwerkzeuge, Reibwerkzeuge, Schaber usw.) sowie Bearbeitung von Holz.

2

Schnellarbeitsstahl

Schnellarbeitsstahl besteht als hochlegierter Werkzeugstahl aus einer angelassenen martensitischen Stoffmatrix mit eingelagerten Karbiden der Legierungszusätze Wolfram (W), Molybdän (Mo), Vanadium (V), Chrom und im Grundmetall gelösten (nicht karbidisch gebundenen) Anteilen von W, Mo, V und Kobalt (Co) zum Aufbau von Härte (Warmhärte) und Verschleißfestigkeit bei angemessener Zähigkeit.

Anwendung: Gesamter Bereich der Leistungszerspanung metallischer Werkstoffe.

Ein- und mehrschneidige Werkzeuge (Dreh- und Hobelmeißel, Profildrehwerkzeuge, Spiralbohrer, Reib- und Senkwerkzeuge, Gewindebohrer, Fräser, Verzahnungswerkzeuge, Räumwerkzeuge) als einteilige Werkzeuge, Verbundwerkzeuge oder zusammengesetzte Werkzeuge.

Zusammensetzung häufig verwendeter Schnellarbeitsstähle:

Kurzbenennung	Zusammensetzung (Richtwerte in %)						Werkstoff-Nr. nach DIN 1700
	W	Mo	V	Co	Cr	C	
S 2-9-2	1,7	8,6	2,0	–	3,8	1,00	1.3348
S 6-5-2	6,4	5,0	1,9	–	4,0	0,90	1.3343
SC 6-5-2	6,4	5,0	1,9	–	4,0	0,97	1.3342
S 6-5-2-5	6,4	5,0	1,9	4,8	4,0	0,92	1.3243
S 10-4-3-10	10,0	3,8	3,3	10,5	4,0	1,23	1.3207
S 12-1-4	12,0	0,8	3,8	–	4,0	1,25	1.3302
S 12-1-4-5	12,0	0,8	3,8	4,8	4,0	1,35	1.3202
S 18-1-2-5	18,0	0,7	1,6	4,8	4,0	0,80	1.3255

Die Kurzbezeichnung für Schnellarbeitsstähle (S) nennt die gerundeten prozentualen Stoffanteile in der Reihenfolge:

Wolfram – Molybdän – Vanadium – Kobalt

Der Chromanteil beträgt stets 4 %. Er wird in der Kurzbezeichnung nicht genannt.

Beispiel: S 18 – 1 – 2 – 5

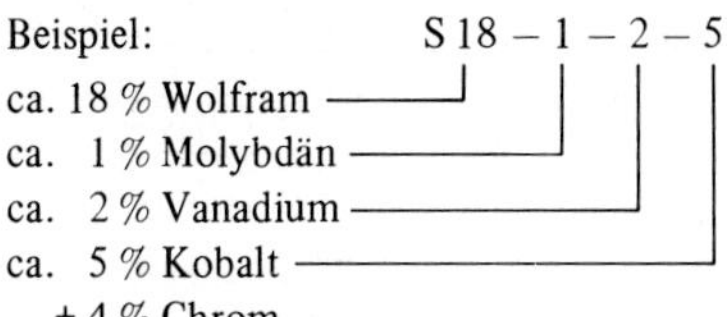

Zusatz C (z.B. SC 6-5-2) bezeichnet Schnellarbeitsstähle mit erhöhtem C-Gehalt.

Sinter-Hartmetall

Sinterhartmetalle sind eisenfreie, harte und verschleißfeste Schneidstoffe aus Karbiden hauptsächlich der Metalle Wolfram (W) und Titan (Ti) und aus Kobalt (Co) als Bindemetall.

Anwendung: Gesamter Bereich der Leistungszerspanung metallischer und nichtmetallischer Werkstoffe.

Ein- und mehrschneidige Hartmetallwerkzeuge werden vorwiegend als Verbundwerkzeuge oder als zusammengesetzte Werkzeuge ausgeführt. Massivwerkzeuge sind nur bei kleineren Werkzeugabmessungen üblich.

Nach DIN ISO 513 werden Hartmetall mit unterschiedlicher Zusammensetzung in drei Zerspanungs-Hauptgruppen (P, K, M) unterteilt:

- Zerspanungs-Hauptgruppe P (Kennfarbe: blau)
  WC-TiC-Co-Hartmetalle mit großer Härte und Verschleißfestigkeit bei geringerer Beanspruchbarkeit (für langspanende Werkstoffe)
- Zerspanungs-Hauptgruppe K (Kennfarbe: rot)
  WC-Co-Hartmetalle mit weniger großer Härte und Verschleißfestigkeit bei höherer Beanspruchbarkeit (für kurzspanende Werkstoffe)
- Zerspanungs-Hauptgruppe M (Kennfarbe: gelb)
  WC-TiC-Co-Hartmetalle mit mittlerer Härte, Verschleißfestigkeit und Beanspruchbarkeit (Mehrzwecksorten)

Zur Anpassung an die jeweilige Fertigungsaufgabe werden die Zerspanungs-Hauptgruppen P, K und M in Anwendungsgruppen unterteilt. Die Unterscheidung erfolgt durch zweiziffrige Kennzahlen (Beispiele: P 10, P 20, P 30, P 40). Steigende Kennzahlen innerhalb einer Zerspanungs-Hauptgruppe weisen auf zunehmende Zähigkeit hin.

Zusammensetzung und Eigenschaften von Hartmetallen

Zerspanungs-Hauptgruppe	Anwendungsgruppe	Zusammensetzung (Richtwerte)			Vickershärte	Druckfestigkeit	Biegefestigkeit	Elastizitätsmodul	Längenausdehnungskoeffizient	Wärmeleitfähigkeit
		WC	TiC TaC	Co	HV 30	$\frac{N}{mm^2}$	$\frac{N}{mm^2}$	$\frac{10^4 N}{mm^2}$	$\frac{10^{-6}}{K}$	$\frac{W}{mK}$
P (blau)	P 01.2[1]	30	64	6	1800	3500	750	44	7,5	12,6
	P 01.3[1]	51	43	6	1750	4200	900	46	7,5	16,7
	P 01.4[1]	62	33	5	1750	4350	1000	50	7,0	20,9
	P 10	63	28	9	1600	4600	1300	53	6,5	29,3
	P 15[2]	69	22	9	1600	4600	1400	53	6,5	29,3
	P 20	76	14	10	1500	4800	1500	54	6,0	33,5
	P 25[2]	71	20	9	1450	4800	1750	55	6,0	46,1
	P 30	82	8	10	1450	5000	1750	56	5,5	58,6
	P 40	75	12	13	1400	4900	1950	56	5,5	58,6
M (gelb)	M 10	84	10	6	1700	5000	1350	58	5,5	50,2
	M 15[2]	79	14	7	1650	5000	1400	57	5,5	54,4
	M 20	82	10	8	1550	5000	1600	56	5,5	62,8
	M 40	79	6	15	1300	4400	2100	54	5,5	67,0
K (rot)	K 01	92	4[3]	4	1800	6100	1200	63	5,0	79,5
	K 05[2]	91	3[3]	6	1750	5900	1350	63	5,0	79,5
	K 10	92	2[3]	6	1650	5700	1500	63	5,0	79,5
	K 20	92	2	6	1550	5000	1700	62	5,0	79,5
	K 30	89	2	9	1400	4700	1900	59	5,5	71,2
	K 40	88	–	12	1300	4500	2100	57	5,5	67,0

[1]) Anwendungsgruppen für unterschiedliche Anforderungen der Feinbearbeitung.

[2]) Zwischengruppen (Kennzahlen mit der Endziffer 5), wenn die Einordnung einer Hartmetallsorte in die Sortenvorgabe nach DIN ISO 513 wegen nennenswerter Eigenschaftsabweichungen nicht möglich ist.

[3]) einschließlich Vanadiumkarbid in geringen Zusätzen zur Verfeinerung der WC-Karbide.

Schneidkeramik — 4

Schneidkeramik ist ein vorwiegend nichtmetallischer, besonders harter (auch warmharter) und sehr verschleißfester Schneidstoff mit unterschiedlicher Zusammensetzung.

Anwendung: Bereich der Leistungszerspanung metallischer und nichtmetallischer Werkstoffe mit einzelnen Ausnahmen.

Ein- und mehrschneidige Werkzeuge als zusammengesetzte Werkzeuge mit gesintertem Schneidteil und vereinzelt als gesinterte Massivwerkzeuge.

Schneidkeramiksorten:

- Reinkeramik
  aus Aluminiumoxid Al_2O_3 (bis 99,7 %)
- Oxidkeramik (Dispersionskeramik)
  aus Aluminiumoxid Al_2O_3 mit Zusatz aus Zirkonoxid ZrO_2 (bis 20 %)
- Whiskerverstärkte Keramik
  aus Aluminiumoxid Al_2O_3 mit eingelagerten haarförmigen Feinkristallen (Whisker) z. B. aus Siliziumkarbid SiC
- Mischkeramik (Carboxidkeramik)
  aus Aluminiumoxid Al_2O_3 mit Zusatz aus Titankarbid TiC (bis 40 %)
- Nitridkeramik (Oxinitridkeramik)
  aus Siliziumnitrid Si_3N_4 mit verschiedenartigen (z. B. oxidischen) Zusätzen
- Metallkeramik (Cermet)
  aus Titankarbid TiC und Titannitrid TiN (hartmetallähnlich)

Bornitrid — 5

Bornitrid (BN) ist ein halbmetallischer synthetischer Schneidstoff.

- Kubisch kristallisiertes Bornitrid (Kurzzeichen: CBN)
- Hexagonal kristallisiertes Bornitrid (Kurzzeichen: HBN)

Anwendung: Gesamter Bereich der Feinzerspanung metallischer Werkstoffe.

Einschneidige Werkzeuge als Verbundwerkzeuge mit gesintertem Schneidteil.

Verwendung von Bornitridpulver als Schleifmittel (Borazon)

Schneiddiamant — 6

Schneiddiamant ist ein nichtmetallischer synthetischer oder natürlicher Schneidstoff aus kubisch kristallisiertem Kohlenstoff.

- Monokristalliner Diamant (Kurzzeichen: MKD)
  als natürlicher geschliffener Einkristall (Industriediamant)
- Polykristalliner Diamant (Kurzzeichen: PKD)
  als gesintertes, vorwiegend synthetisches Diamantpulver

Anwendung: Bereich der Feinzerspanung metallischer Werkstoffe (außer Stahl).

Einschneidige Werkzeuge vorwiegend als Verbundwerkzeuge mit gesintertem Schneidteil.

Verwendung von Diamantpulver als Schleifmittel

Beschichtete Schneidstoffe

Beschichtete Schneidstoffe sind Verbundschneidstoffe aus zähem (beanspruchbarem) Basismaterial mit harter und verschleißfester (meist mehrlagiger) Beschichtung.

Basismaterial: Schnellarbeitsstahl
Sinter-Hartmetall
Beschichtung: Titankarbid
Titannitrid
Titankarbonitrid
Aluminiumoxid
Diamant

Beschichtung z. B. von Sinter-Hartmetallen überwiegend nach dem CVD-Verfahren (chemische Gasphasenabscheidung), sonst aber auch nach dem PVD-Verfahren (physikalische Dampfphasenabscheidung).

Anwendung: Gesamter Bereich der Leistungszerspanung metallischer Werkstoffe.

Ein- und mehrschneidige Werkzeuge als einteilige und zusammengesetzte Werkzeuge mit jeweils beschichtetem Schneidteil.

Schleifmittel

Schleifmittel sind sehr harte, vorwiegend synthetische Bearbeitungsstoffe in Pulverform.

Anwendung: Gesamter Bereich der Feinzerspanung metallischer Werkstoffe durch Schleifen, Honen und Läppen (Schleifbearbeitung z.T. auch als Leistungszerspanung).

Vielschneidige Werkzeuge als Verbundwerkzeuge mit fest oder lose gebundenem Schleifmittelkorn.

Schleifmittelsorten:

Elektrokorund
Aluminiumoxid Al_2O_3

- Normalkorund mit 95 % Al_2O_3 (Farbe: braun)
- Halbedelkorund mit 97 % Al_2O_3 (Farbe: hellbraun bis grau)
- Edelkorund mit 99 % Al_2O_3 (Farbe: weiß, rosa)

Siliziumkarbid
kristalline Kohlenstoffverbindung des Siliziums SiC

- Schwarzes Siliziumkarbid mit 98 % SiC (Farbe: schwarz bis dunkelgrün)
- Grünes Siliziumkarbid mit 99 % SiC (Farbe: grün bis hellgrün)

Borkarbid
kristalline Kohlenstoffverbindung des Bors B_4C

Bornitrid BN siehe 7.5 Nr. 5
Diamant C siehe 7.5 Nr. 6

Schleifmittel	Härtevergleich
Elektrokorund	
Siliziumkarbid	
Borkarbid	
Bornitrid	
Diamant	

7.6. Kühlschmierstoffe

Die Kühlschmierstoffe führen im flüssigen Anwendungszustand die unvermeidbar aufkommende Zerspanwärme durch Kühlung von der Wirkstelle weg und vermindern durch Schmierung die freigesetzte Reibungswärme.

Flüssige Kühlschmierstoffe besitzen auch eine angemessene Spülfähigkeit und schützen die bei der Bearbeitung neu entstehenden Werkstückoberflächen vorübergehend gegen Korrosion.

Kühlschmierstoffarten:

- Nicht wassermischbare Kühlschmierstoffe (Kühlschmieröle)
- Kühlschmieremulsionen
- Kühlschmierlösungen

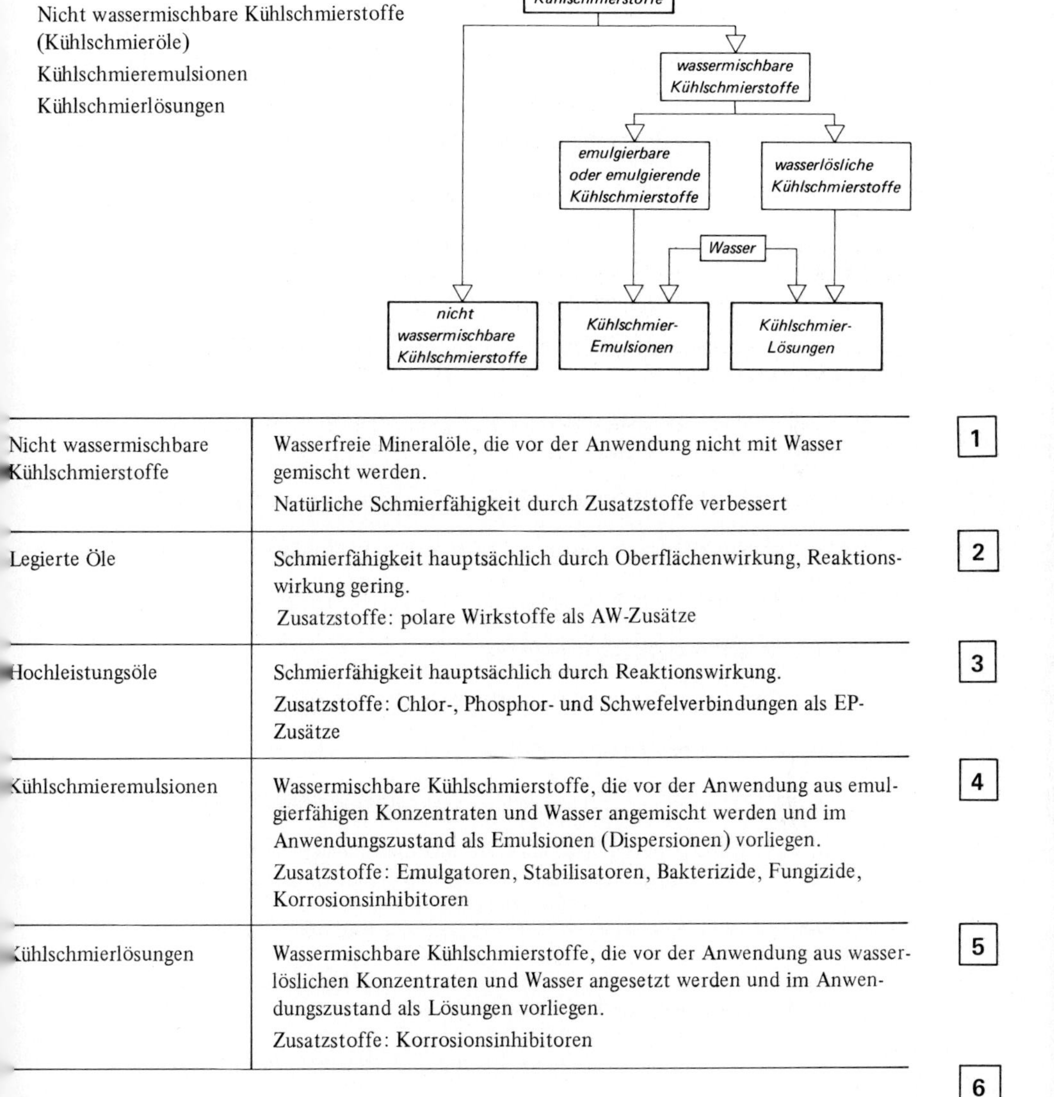

Nicht wassermischbare Kühlschmierstoffe	Wasserfreie Mineralöle, die vor der Anwendung nicht mit Wasser gemischt werden. Natürliche Schmierfähigkeit durch Zusatzstoffe verbessert
Legierte Öle	Schmierfähigkeit hauptsächlich durch Oberflächenwirkung, Reaktionswirkung gering. Zusatzstoffe: polare Wirkstoffe als AW-Zusätze
Hochleistungsöle	Schmierfähigkeit hauptsächlich durch Reaktionswirkung. Zusatzstoffe: Chlor-, Phosphor- und Schwefelverbindungen als EP-Zusätze
Kühlschmieremulsionen	Wassermischbare Kühlschmierstoffe, die vor der Anwendung aus emulgierfähigen Konzentraten und Wasser angemischt werden und im Anwendungszustand als Emulsionen (Dispersionen) vorliegen. Zusatzstoffe: Emulgatoren, Stabilisatoren, Bakterizide, Fungizide, Korrosionsinhibitoren
Kühlschmierlösungen	Wassermischbare Kühlschmierstoffe, die vor der Anwendung aus wasserlöslichen Konzentraten und Wasser angesetzt werden und im Anwendungszustand als Lösungen vorliegen. Zusatzstoffe: Korrosionsinhibitoren

8. Allgemeine Konstruktionshinweise

Für fertigungsgerechte Bauteilgestaltung enge Zusammenarbeit mit der Fertigungsplanung anstreben

Spanungsvolumen so gering wie möglich halten

Fertigungsmöglichkeiten der fertigenden Fabrik beachten

Für spanende Bearbeitung möglichst *Außen*formen vorsehen (komplizierte Innenformen, auch lange Bohrungen, vermeiden)

Kreiszylindrische und ebene Bearbeitungsflächen bevorzugen

Abgefaste Kanten abgerundeten Kanten vorziehen

Genauigkeitsforderungen (Vorgabe von Maßtoleranzen, mikroskopischen und makroskopischen Formtoleranzen, Lagetoleranzen) unter Berücksichtigung der Funktionsfähigkeit des Fertigteils so weit wie möglich herabsetzen (Schruppzerspanung ermöglichen)

Funktionszusammenhang zwischen Rauheit spanend gefertigter Oberflächen und zugehöriger Maßtoleranz beachten (VDI 3219)

Bei der Bauteilgestaltung vorhandene Werkzeuge und Vorrichtungen berücksichtigen
(firmeneigene Werkzeugdateien einsehen)

Einsatz marktgängiger Universalwerkzeuge ermöglichen (Sonderwerkzeuge vermeiden)

Bei der Bauteilgestaltung Raum für Anstellung, Zustellung und Auslauf des Zerspanwerkzeugs vorsehen

Hohe statische Werkstücksteifigkeit anstreben

Hohe dynamische Werkstücksteifigkeit anstreben

Bei der Bauteilgestaltung Abfluß von Kühlschmierflüssigkeiten ermöglichen

Bei der Auswahl metallischer Werkstoffe unterschiedlichen Energiebedarf für das Zerspanen beachten

Spanende Bearbeitung gegossener, geschmiedeter oder gewalzter Werkstückflächen möglichst vermeiden

Bei der Gestaltung spanend zu bearbeitender Guß- und Schmiedeteile sowie bei der Auswahl gewalzter Halbzeuge ausreichende Bearbeitungszugaben beachten (dabei auch Herstelltoleranzen berücksichtigen)

Bei der Bauteilgestaltung Nutzung der gepaßten Mantelflächen gezogener Halbzeuge anstreben

Bei der Bauteilgestaltung Ansatzmöglichkeiten für Spanner und Mitnehmer vorsehen
(dabei bevorzugt marktgängige Spanner berücksichtigen)

Werkstückaufnahme in Sonderspannern (Vorrichtungen) nur bei größeren Fertigungsstückzahlen vorsehen

Spanende Bearbeitung möglichst bei unveränderter Einspannung des Werkstücks ermöglichen

Überprüfung der Genauigkeitsforderung durch prüfgerechte Bauteilgestaltung ermöglichen

Spanlose Fertigung

Einordnung spanloser Fertigungsverfahren

Urformen	Fertigen eines festen Körpers aus formlosem Stoff. Formlose Stoffe: Gase, Flüssigkeiten, Pulver, Fasern, Granulate, Späne. Einzelne Urformverfahren: Gießen: Stoff in flüssigem oder breiigem Zustand wird in geometrische Formen gebracht. Pulvermetallurgie: (Sintern) Formloser Stoff in festem Zustand (Granulate, Körner) wird durch Pressen und nachfolgende Wärmebehandlung in geometrische Formen gebracht. Galvanoplastik: Überführen eines ionisierten Stoffes in eine geometrische Form.	1
Umformen	Fertigen eines festen Körpers durch bildsames (plastisches) Formen in festem Zustand. Masse und Volumen bleiben dabei konstant. Einzelne Umformverfahren: Druckumformen: Strangpressen, Fließpressen Zugdruckumformen: Drahtziehen, Tiefziehen, Reckziehen Biegeumformen: Abkanten Schubumformen: Verwinden	2
Trennen	Fertigen eines festen Körpers, wobei der Zusammenhang partiell aufgehoben wird. Die Endform ist stets in der Ausgangsform enthalten. Einzelne Trennverfahren: Zerteilen: Abschneiden, Einschneiden, Brechen Abtragen: Ätzen Zerlegen: Lösen von Preßpassungen Spanen: Drehen, Bohren usw. (siehe spanende Fertigungsverfahren)	3
Fügen	Verbinden von zwei oder mehreren Werkstücken oder Verbinden von Werkstücken mit formlosem Stoff. Zusammenhang wird örtlich geschaffen. Einzelne Fügverfahren: Fügen durch Anlegen, Anpressen, Umformen, z.B. Falzen oder Vernieten, Stoffverbindung, z.B. Schweißen, Füllen, z.B. Tränken, Verformen, z.B. Umgießen, Umpressen, Haftverfahren, z.B. Binden oder Flechten	4

5	Beschichten	Auftragen einer aus formlosem Stoff bestehenden, festhaftenden Schicht auf einen festen Körper. Einzelne Beschichtungsverfahren: Aufdampfen Auftragsschweißen, Anstreichen Galvanisieren Pulveraufspritzen
6	Stoffeigenschaft ändern (Veredeln)	Fertigen eines festen Körpers durch Umlagern, Aussondern oder Einbringen von Stoffteilen. Eine Umformung ist dabei nicht erwünscht. Fertigungsverfahren: Wärmebehandlung

1. Gießen

1.1. Roheisenerschmelzung

1	Roheisen	Gewinnung des Roheisens aus Eisenerz, wie z.B. Magneteisenstein Fe_3O_4 oder Brauneisenstein FeO (OH). Der Erschmelzung im Hochofen vorgelagerte Arbeitsverfahren sind: Magnetausscheidung: erfordert maximale Erzkorngröße von 2 mm. Naßaufbereitung: Metallverbindungen (größere Dichte) trennen sich von taubem Gestein (kleinere Dichte). Rösten: Gemahlene Erze werden erhitzt, um Wasser, Schwefeldioxid SO_2 und Kohlendioxid CO_2 entfernen zu können. Gewichtsverminderung um bis zu 30 %. Sintern: Gemahlenes Eisenerz wird auf 900 ... 1300 °C erhitzt. Taubes Gestein backt zusammen; es entstehen poröse Erzstücke. Besser Reduktion möglich. Pelletisieren: Mischung aus feingemahlenem Erz, Bindemitteln und Wasser. Anschließende Formung in Kügelche (Pellets) von ca. 10 mm Durchmesser.
2	Chemische Prozesse im Hochofen	Vorwärmphase: $CaCO_3 \rightarrow CaO + CO_2$ $FeCO_3 \rightarrow FeO + CO_2$ Indirekte Reduktionsphase (400 ... 800) °C: $3\,Fe_2O_3 + CO \rightarrow 2\,Fe_3O_4 + CO$ $Fe_3O_4 + CO \rightarrow 3\,FeO + CO$ $FeO + CO \rightarrow Fe + CO$ Direkte Reduktionsphase > 780 °C: $Fe_3O_4 + 4\,C \rightarrow 3\,Fe + 4\,CO$ $FeO + C \rightarrow Fe + CO$ Aufkohlung > 900 °C: Bildung von Eisencarbid Fe_3C: $3\,Fe + 2\,CO \rightarrow Fe_3C + CO_2$

Zusammensetzung verschiedener Roheisensorten 3

Bezeichnung	Bruch	C %	Si %	Mn %	P %	S %
Thomaseisen	weiß	3,2 ... 3,6	0,3 ... 0,4	0,5 ... 1,5	1,8 ... 2,2	0,05 ... 0,12
Hämatitroheisen	grau	3,5 ... 4,0	2 ... 3	bis 1,2	bis 0,1	0,04
Gießerei-Roheisen	grau	3,5 ... 4,0	2,25 ... 3	bis 0,8	0,9	0,06
Gießerei-Roheisen	weiß	3,5 ... 4,0	0,3 ... 1,0	1,0 ... 3,0	bis 0,3	bis 0,04
Spiegeleisen	weiß	4,5 ... 5,5	bis 1	6 ... 25	0,1	0,04
Stahleisen	weiß	4 ... 5	bis 1	2 ... 6	bis 0,1	0,04

.2. Einflüsse der Eisenbegleiter

Kohlenstoff C	tritt als Graphit (reine Kohle) und als Carbid Fe_3C auf und beeinflußt die Schmelz- und Vergießbarkeit.	1
Silicium Si	Bei starkwandigem Guß zeigt sich eine graue Bruchfläche und Grobkornbildung; bei dünnwandigem Guß weißes Aussehen und Feinkornbildung. Ursache: Unterschiedliche Abkühlungsgeschwindigkeiten. Schmied- und Schweißbarkeit wird durch Silicium im Werkstoff vermindert.	2
Mangan Mn	Guß-Bruchfläche wird je nach Mangan- oder Siliciumanteil weiß oder grau. Mangan überwiegt: weiße Bruchfläche. Verbindung von Mangan mit Schwefel ($Mn + S \rightarrow MnS$) fördert die Lunkerbildung im Guß.	3
Phosphor P	Ein großer Phosphorgehalt im Gefüge ist unerwünscht, da die Kaltbrüchigkeit steigt. Deshalb soll Phosphorgehalt so gering wie möglich gehalten werden.	4
Schwefel S	verbessert zwar die Gießfähigkeit, fördert jedoch die Blasenbildung beim Gießen, erhöht die Sprödigkeit und vermindert die Härte. Schwefelgehalt deshalb bis auf wenige Ausnahmen, z.B. Automatenstähle, möglichst gering halten.	5

.3. Kornbildung

Keime	Regelmäßige Anordnung von wachstumsfähigen Fremdkörpern (Atomen) in der Schmelze. Die Größe der aus Keimen entstehenden Kristalle hängt ab von der Keimzahl, der Wachstumsgeschwindigkeit und der Unterkühlung der Schmelze (Unterkühlung: Temperatur der Schmelze liegt geringfügig unter dem Erstarrungspunkt).	1
Grobkornbildung	Anzahl der Keime in der Schmelze gering, Kristallisationsgeschwindigkeit groß.	2
Feinkornbildung	Anzahl der Keime groß, Kristallisationsgeschwindigkeit klein. *Beispiel:* Gefüge von Spritzgußwerkstücken ist immer feinkörnig, weil aus der Dünnwandigkeit der Werkstücke starke Unterkühlung und große Keimzahl folgt.	3

1.4. Gußwerkstoffe

1	Gußeisen mit Lamellengraphit (GGL)	Erschmelzung aus Roheisen, Kreislaufmaterial und Schrott hauptsächlich im Kupolofen. Kohlenstoffanteil ist im Gefüge überwiegend lamellenförmig eingelagert.  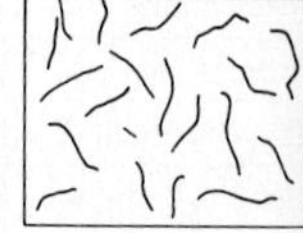 *Positiv beeinflußt werden:* Vergießbarkeit, Schwingungsdämpfung, Gleitlaufeigenschaften (Graphitlamellen wirken als Schmierstoff), Zerspanbarkeit, Korrosionsbeständigkeit. *Negativ beeinträchtigt werden:* Dehnung, Zugfestigkeit (Lamellen vermindern den belasteten Querschnit erheblich und wirken als Kerben). *Anwendungsbeispiele:* Werkzeugmaschinenbau (Maschinenbetten, Pressenständer), Fahrzeugbau (Motorengehäuse), Elektroindustrie, Schiffbau. Festigkeitseigenschaften für Gußeisen mit Lamellengraphit siehe Arbeitshilfen Bd. 1, 4.9.
2	Temperguß (GTS und GTW)	Erschmelzung aus Roheisen, Kreislaufmaterial und Stahlschrott hauptsächlich im Kupolofen. Anschließende Glühbehandlung. 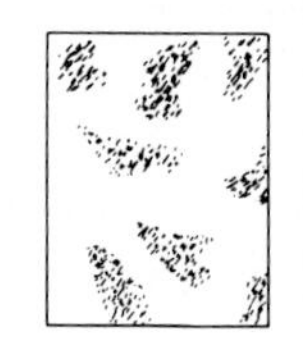 Schwarzer Temperguß GTS wird unter Schutzgas nicht entkohlend geglüht. Der Kohlenstoffanteil ist im Gefüge in Flockenform eingelagert. Die Bruchfläche ist grauschwarz. Weißer Temperguß GTW wird in oxydierenden Mitteln bei ca. 1000 °C entkohlend geglüht. Der Kohlenstoffanteil nimmt zur Oberfläche der Werkstücke hin ab. Die Bruchfläche ist weiß. *Eigenschaften:* Temperguß besitzt eine hohe Zähigkeit und Schlagfestigkeit. Er läßt sich gut gießen. Aus Temperguß werden vorzugsweise komplizierte Gußteile mit dünnen Wandungen hergestellt, z.B. schlagfeste Getriebegehäuse für den Kraftfahrzeugbau. Festigkeitseigenschaften und Anwendungsbeispiele für Temperguß siehe Arbeitshilfen Bd. 1, 4.11.
3	Gußeisen mit Kugelgraphit (GGG)	Gußeisen mit Kugelgraphit besitzt wie GGL und Temperguß elementaren Kohlenstoff, jedoch in kugeliger Form. Erschmelzung aus Roheisen, sortiertem Stahlschrott und Kreislaufmaterial. Legierungsstoffe dürfen nicht enthalten sein. Anschließendes Impfen der Schmelze mit Magnesium Mg. Dadurch wird eine kugelige Ausbildung des Graphits erreicht. 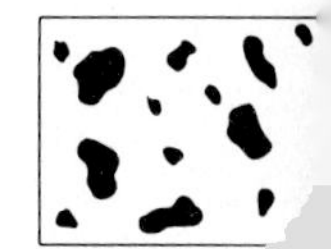

	Eigenschaften: Die im Gefüge des GGL auftretenden Spannungsspitzen infolge Kerbwirkung der Lamellen fallen durch die kugelige Ausscheidung des Graphits beim GGG größtenteils weg. Von allen Gußeisensorten kommt GGG den Eigenschaften von Stahl am nächsten. Festigkeitseigenschaften von Gußeisen mit Kugelgraphit siehe Arbeitshilfen Bd. 1, 4.10.
Druckgußwerkstoffe	**4** Im Druckgußverfahren verarbeitete Werkstoffe sind Zink-, Kupfer-, Magnesium- und Aluminiumlegierungen. Die NE-Metalle Zinn und Blei haben keine technische Bedeutung, außer wenn hohe Korrosionsbeständigkeit (Zinn) oder große Dichte (Blei) verlangt werden. Zinklegierungen werden am häufigsten im Druckgußverfahren verarbeitet. Aluminiumlegierungen nach DIN 1725 zeichnen sich durch bessere mechanische Bearbeitbarkeit, geringeres Gewicht, gute elektrische Leitfähigkeit und gute Wärmeleitung aus. Allerdings erfordern Al-Legierungen eine höhere Verarbeitungstemperatur und damit einen größeren Formenverschleiß als Zn-Legierungen. Magnesiumlegierungen nach DIN 1729 haben eine sehr geringe Dichte und damit hervorragende Gießeigenschaften. Allerdings ist grundsätzlich eine Oberflächenbehandlung erforderlich, da diese Legierungen unter Einfluß von Feuchtigkeit, Schwitzwasser und klimatischen Veränderungen stark korrodieren können. Festigkeitseigenschaften, Gieß- und Bearbeitbarkeit und Anwendungsbeispiele siehe Arbeitshilfen Bd. 1, 4.15.

4.5. Sinterwerkstoffe

Forderungen an Sinterwerkstoffe	**1** Die Wärmebehandlung des pulvrigen Werkstoffs ist nur möglich, wenn reine, oxidfreie Pulver verwendet werden. Oxydierte Kornoberflächen behindern die Festigkeitssteigerung durch Wärmebehandlung des Sinterwerkstoffes.
Gesinterte Eisenwerkstoffe (FE-Metalle)	**2** Die Dichte der FE-Sinterwerkstoffe ist kleiner als die Dichte normalen Stahls (ρ_{Si-Fe} = 7,1 kg/dm^3 < ρ_{St} = 7,86 kg/dm^3). Grund: Größere Poren und aufgeweitete Korngrenzen. Festigkeits- und Dehnungssteigerung der FE-Metallpulver ist auch möglich durch Beimengen von Kupfer- und Nickelpulver. *Anwendungsbeispiele:* Ölpumpenzahnräder, Führungsteile (Kolben usw.) für Stoßdämpferbau, Zahnriemenscheiben, Steuerscheiben für Büromaschinenbau, Schalträder.
Gesinterte Nichteisenwerkstoffe (NE-Metalle)	**3** Hauptsächlich werden Cu-Sn-Legierungen (Bronze) und Cu-Zn-Legierungen (Messing) als NE-Sinterwerkstoffe verwendet (Ms 58 oder Ms 63 als Preßwerkstoffe ungeeignet). *Anwendungsbeispiele:* Filtertechnik, Fließbett-Technik (Verteilung von Flüssigkeiten oder Gasen in andere Medien), Gleitlagerbau.

4	Kenndaten	Sinterwerkstoffe werden nach Buchstaben (A ... F) und nach Zahlen (0 ... 9) klassifiziert. Die Buchstaben geben – von A beginnend – die steigende Dichte an, die Zahlen geben Auskunft über die chemische Zusammensetzung. Einen Überblick über die Zugfestigkeit in Abhängigkeit von der Dichte verschiedener Sinterwerkstoffe zeigt das Diagramm. 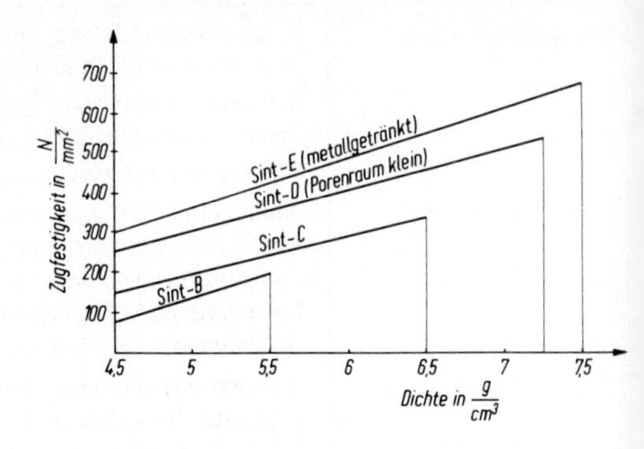
5	Sinter-Verbundwerkstoffe	Ein Trägerwerkstoff mit hoher Festigkeit wird mit einem metallischen Gleit- oder Reibbelag versehen. Gleitbeläge zur Verringerung des Reibwertes bestehen meist aus Zinnbronze oder Zinnbleibronze mit relativ großem Porenraum zur Füllung von Schmiermitteln (gute Notlaufeigenschaften und Wärmeleitfähigkeit). Reibbeläge zur Erhöhung des Reibwertes bestehen aus Kupfer- oder Eisenpulver. Solche Beläge sind hoch belastbar, halten Temperaturen bis 350 °C aus und besitzen eine gute Wärmeleitfähigkeit. *Anwendungsbeispiele:* Pleuellagerungen im KFZ-Bau, Anlaufscheiben; Kupplungs- und Bremsenbau, Friktionsscheiben.

1.6. Sandguß

1	Formsand	Anforderungen: Bildsamkeit Gasdurchlässigkeit Feuerbeständigkeit Standfestigkeit 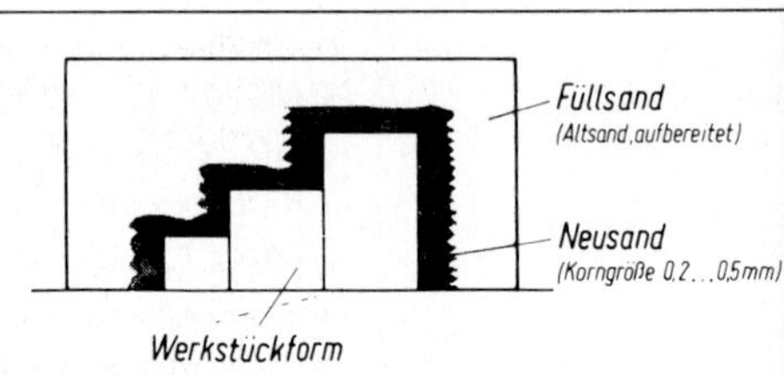 Zusammensetzung: ca. 35 % Quarzsand 8 ... 30 % Ton 5 ... 15 % Steinkohlenstaub Hilfsstoffe (Graphit und Formpuder). Kleinvolumige Gußstücke werden in feuchter Form, großvolumige Gußstücke in trockener Form gegossen (trocknen der Formen durch Warmluft).

Modellbau	Modellwerkstoffe: Polystyrol, Wachs — sind nur für *einen* Abguß geeignet. Polystyrolmodelle verbrennen beim Abguß ohne Rückstände. Holz — für 80 ... 100 Einformungen ohne Reperatur geeignet. Holz ist der gebräuchlichste Modellwerkstoff für Kleinserien von Gußwerkstücken. Metall — für theoretisch unbegrenzt viele Einformungen geeignet. Anwendung in der Serienfertigung von Sandgußwerkstücken. Modelle aus Metall haben wesentlich höhere Herstellungskosten als Holzmodelle.	2
Modellkonstruktion	Modelle entsprechen in Gestalt und Größe den zu fertigenden Sandgußwerkstücken. Geringfügige Abweichungen der Modelle ergeben sich aus der Schwindung (Verringerung des Volumens von Metallen bei Abkühlung) gegossener Metalle und Bearbeitungszugaben für eine nachfolgende Bearbeitung von Gußwerkstücken. *Anhaltswerte für Schwindung von Metallen* (Prozentangaben sind bezogen auf das Volumen): Grauguß GGL und GGG — 1 ... 1,2 % Stahlguß GS — 2 % Temperguß GT — 1,5 ... 3 % Alu-Legierungen, Mg-Legierungen — 1,25 % Cu-Legierungen — 1,5 % Anhaltswerte von Bearbeitungszugaben für Gußwerkstücke sind abhängig von der Größe des Gußwerkstückes, von der Qualität des Formsandes, des Einformens und von der Eingießtechnik. Konkretere Angaben sind nicht möglich. *Weitere konstruktive Hinweise:* Scharfkantige Übergänge vermeiden; sie können beim Gießvorgang leicht abbrechen und unerwünschte Sandeinschlüsse bilden. Radien $r \leqslant 8$ mm werden aus Kitt angeformt; Radien $r \leqslant 12$ mm werden durch Kunststoffeinlagen gefertigt; Radien $r > 12$ mm müssen durch spezielle Holzleisten gefertigt werden. Vermeidung stark unterschiedlicher Wanddicken, da sonst durch unterschiedliche Abkühlungsgeschwindigkeiten sehr große Spannungen im Gußwerkstück auftreten können: Spannungsrisse an den Übergängen verschieden dicker Wandungen.	3
Kerne	Alle in einem Gußwerkstück vorkommenden Hohlräume (Bohrungen usw.) werden durch Kerne hergestellt. Zylindrische Kerne werden auf einer Kerndrehmaschine gefertigt. Alle anderen Kerne können im Kernkasten geformt werden. Kernkästen sind so ähnlich wie Formkästen aufgebaut. Durch den Auftrieb der Schmelze stark beanspruchte Kerne werden aus Quarzsand, Kunstharz oder Kautschukverbindungen gefertigt. Weniger stark beanspruchte Kerne werden aus Formsand und Melasse hergestellt. Nach Fertigstellung eines Kerns im Kernkasten wird er im Trockenofen getrocknet.	4

5	Arbeitsgänge zur Fertigung einer Sandgußform	1. Eine Hälfte des geteilten Modells auf das Modellbrett legen und Formkastenhäfte darübersetzen. 2. Modell mit Graphit einpudern und mit einer 3 ... 5 cm dicken Neusandschicht einhüllen. Kastenhälfte vollständig mit aufbereitetem Formsand füllen. Luftlöcher zur Sandentgasung stechen. Kastenhälfte wenden. 3. Zweite Formkastenhälfte auf die erste setzen, verstiften und Arbeitsgänge 1 und 2 durchführen. 4. Gießtrichter, Anschnitt, Schlackenlauf und mehrere Steigtrichter zur Entlüftung der eingeschlossenen Hohlräume einarbeiten. 5. Formkästen voneinander trennen und Modell herausnehmen. 6. Wenn erforderlich, Kerne einlegen. 7. Formkastenhälften wieder zusammensetzen, verstiften und mit Gewichten beschweren (Auftrieb). 8. Nach dem Gießvorgang Gußstück ausschlagen (Zerstörung der Sandform), Gieß- und Steigtrichter mit Schneidbrenner abbrennen. 9. Hängenbleibenden Formsand durch Schleifen, Strahlen oder Beizen vom Werkstück entfernen.

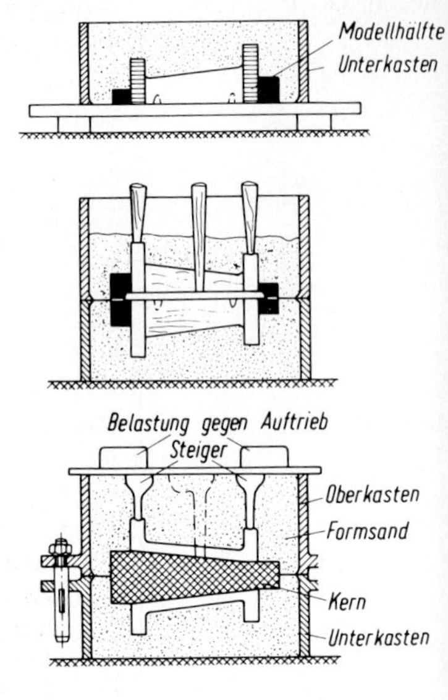

1.7. Druckguß

1	Definition	Beim Druckgußverfahren wird flüssiges Metall unter hohem Druck in geteilte Metallformen gedrückt, wobei während des Erstarrungsvorgange des Metalls der Druck aufrechterhalten bleibt.
2	Warmkammerverfahren	Preßkolben und Zylinder befinden sich in dem mit flüssigem oder teigigem Metall gefüllten Werkstoffbehälter. Arbeitsdruck $p = (100 \ldots 3500)$ bar Einströmquerschnitt $d_f = (0{,}5 \ldots 8)$ mm Strömungsgeschwindigkeit $v = (10 \ldots 70)\ \frac{m}{s}$ Formfüllzeit $t = (0{,}1 \ldots 0{,}3)$ s Verarbeitete Werkstoffe siehe 1.4 Nr. 4
3	Kaltkammerverfahren	Preßkolben und Zylinder befinden sich außerhalb des mit flüssigem oder teigigem Metall gefüllten Werkstoffbehälters. Verarbeitete Werkstoffe siehe 1.4 Nr. 4 Arbeitsdruck $p = (20 \ldots 100)$ bar Einströmquerschnitt $d_f = (0{,}1 \ldots 1)$ mm Strömungsgeschwindigkeit $v = (12 \ldots 70)\ \frac{m}{s}$ Formfüllzeit $t = (0{,}05 \ldots 0{,}2)$ s

4

Theorie der Formfüllung

Druck-Zeit-Diagramm

t_1 Eingießen des Gießmetalls in die Form

t_2 Auffüllen der Form durch Strömungsdruck

t_3 Formausfüllung durch hydrodynamischen Druck und Halten des Druckes, bis Werkstoff erkaltet

t_4 Nach der Formfüllung – während der Erstarrung – sinkt der hydrostatistische Druck ab

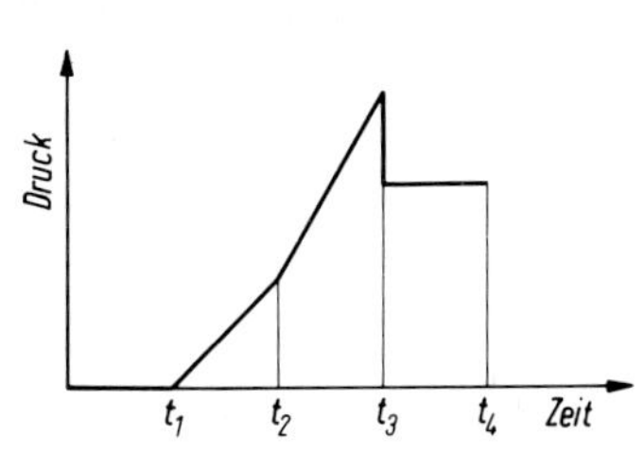

5

Formfüllungsablauf

1. Beginn der Auffüllung; fast das gesamte Material fließt dem Stau voraus.
2. Wirbelwalzbildung hält einen Teil des flüssigen Materials zurück.
3. Alles Material ist vom Stau überholt worden.

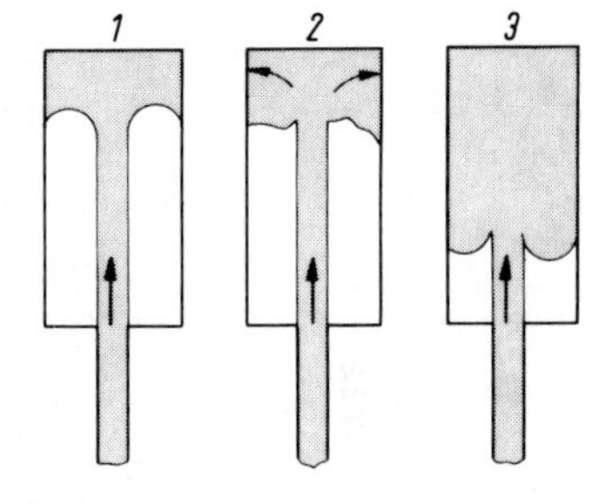

6

Berechnung des hydrodynamischen Druckes p_h

$$p_h = \frac{a}{A}\,\frac{\rho}{2}\,v^2$$

p_h	a	A	v	ρ
$\frac{N}{m^2} = Pa$	mm^2	mm^2	$\frac{m}{s}$	$\frac{kg}{m^3}$

a Einströmquerschnitt, A Formquerschnitt,
v Strömungsgeschwindigkeit, ρ Dichte der Schmelze

Vorteile großer Einströmgeschwindigkeit v: Bei zunehmendem Druck bessere Wärmehaltung und Formfüllung.

Nachteile großer Einströmgeschwindigkeit: Wirbelung, Lufteinschlüsse im Druckgußwerkstück, starke Beanspruchung der Form.

Beispiel: Eine Druckgußmaschine verarbeitet eine Druckgußlegierung der Dichte $\rho = 2{,}85 \cdot 10^3\ kg/m^3$, einer Einströmgeschwindigkeit $v = 30\ m/s$ und einem Verhältnis $a : A = 1 : 3$.

Wie groß ist der hydrodynamische Druck in der Stauzone?

$$p_h = \frac{1}{3} \cdot 2850\ \frac{kg}{m^3} \cdot 30^2\ \frac{m^2}{s^2} = 8{,}55 \cdot 10^5\ Pa = 8{,}55\ bar$$

Nr.	Begriff	Formel / Erläuterung
7	Füllzeit t der Druckgußform	$$t = \frac{V}{a v} + \frac{l_0 \frac{a}{A_K} + l_1 \sqrt{\frac{a}{A_K}} + l_2}{v_K} \cdot 2{,}944$$ Näherungsformel nach *Fromm*

t	V	v, v_K	a, A_K	l_0, l_1, l_2
s	m^3	$\frac{m}{s}$	m^2	m

t Füllzeit, V Volumen des Druckgußwerkstückes, v Einströmgeschwindigkeit, v_K Kolbengeschwindigkeit, A_K Kolbenquerschnitt, a Einströmquerschnitt, l_0, l_1, l_2 Wege vom Kolben bis zur Form

Erfahrungswert für das Verhältnis zwischen Werkstückvolumen und Einströmquerschnitt:

$$\frac{V}{a} = 250 \ldots 350$$

8 Konstruktionshinweise für Druckgußwerkstücke

Wanddicken sollten zwischen 1 mm und 4 mm ausgelegt werden.

Wie beim Sandguß sollten Übergänge zur Vermeidung von Kerbrissen abgerundet werden. Radien $r \approx 1 \ldots 1{,}5$ mm.

Hinterschneidungen aus gießtechnischen Gründen ganz vermeiden.

Rippen sollten zur Verbesserung der Stabilität von Druckgußwerkstücken vorgesehen werden. Kerne, die für den Mitguß von Bohrungen eingearbeitet werden, müssen einen Mindestdurchmesser d = 1 mm (Zink), d = 2 mm (Magnesium), d = 2,5 mm (Aluminium), d = 4 mm (Messing) haben. Die maximale Werkstückmasse hängt vom Druckgußwerkstoff ab:

Werkstücke aus Zinklegierungen: $m_{max} \approx 25$ kg
Werkstücke aus Magnesiumlegierungen: $m_{max} \approx 15$ kg
Werkstücke aus Aluminium: $m_{max} \approx 18$ kg

9 Vergleich zwischen Sandguß und Druckguß

Vorteile der Druckgußfertigung:

Größere mengenmäßige Leistung
Wirtschaftlichere Ausnutzung des Werkstoffes
Größere Maßhaltigkeit
Geringere Bearbeitungszugaben
Bessere Oberfläche
Geringere Herstellungskosten

Nachteile der Druckgußfertigung:

Kleine Lufteinschlüsse im Abguß sind unvermeidlich.
Die Lebensdauer der Druckgußformen ist durch starke Erosion begrenzt.
Schwingungsbeanspruchung während des Abgusses kann zu einer größeren Sprödigkeit der Druckgußwerkstücke führen.

1.8. Feinguß (Schalenformverfahren)

Modelle	Die verlorenen Modelle für den Feinguß bestehen aus Wachs oder Thermoplasten und werden auf Spritzgießmaschinen hergestellt. Sehr kleine Modelle werden zu Modelltrauben (Tannenbäumen) zusammengesetzt.
Fertigungsablauf	Mehrmaliges Tauchen und Besanden in einer zähflüssigen keramischen Masse mit Äthylsilikat. Es bildet sich eine selbsttragende Keramikform. Ausschmelzen der Wachs- oder Kunststoffmasse mit Heißdampf von 150 °C und einem Druck von 6 bar. Brennen der Keramikform bei ca 1000 °C in (10...12) h. Hinterfüllen der Keramikformen mit Sand oder Zement. Ausgießen der Form meistens durch statisches Gießen (Gießen unter Schwerkraft). Zur Steigerung des Formfüllungsvermögens und zur Vermeidung von gasförmigen Einschlüssen kann auch im Unterdruck- oder Vakuum gegossen werden. Zerstörung der keramischen Formen nach Abkühlung des Metalls. Trennung der Gußwerkstücke vom Speisungssystem durch Schleifen.

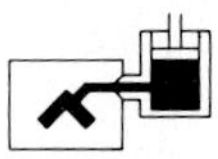

Modellerstellung

keramische Masse mit Äthylsilikat

Modellmontage und Tauchen

Schalenbildung durch Tauchen und Besanden

Wachs ausschmelzen

Metall gießen Form abklopfen

Grenzen und Genauigkeiten des Verfahrens	Abmessungen:	bis zu 500 mm Kantenlängen, bei Leichtmetallwerkstücken bis zu 800 mm Kantenlänge möglich
	Massen:	von 0,5 g bis 50 kg
	Toleranzen:	± 0,15 mm bis ± 0,75 mm oder ± 0,5 % bis ± 0,7 % vom Nennmaß
	Rauhigkeit:	(10...30) μm
	Wanddicken:	⩾ 1 mm, beim Gießen von NE-Metallen bis 0,5 mm

Gußwerkstoffe	Alle Werkstoffe mit einer genügend hohen Fließfähigkeit in flüssigem Zustand können für den Feinguß verwendet werden, zum Beispiel: unlegierte und legierte Vergütungs- und Werkzeugstähle Leichtmetall-Legierungen auf Magnesium-, Aluminium- oder Titanbasis Kupferlegierungen
Anwendung	Dampfturbinenschaufeln, Turboladerrotoren, medizinische Geräte, Werkzeugbau, Waffenbau, Luft- und Raumfahrt

2. Sintern

1 Pulverfertigung

Reduktion:
Pulverförmige Metalloxyde (Wolfram, Molybdän, Eisen) werden in Wasserstoff reduziert.

Elektrolyse:
Kupferpulver wird in einem elektrolytischen Bad entweder direkt oder an einer porösen Kathode niedergeschlagen.

Mechanisches Verfahren:
Zerkleinerung von Spänen, Granalien und Drähten in Schlagkreuzmühlen. Anschließendes Spannungsfreiglühen erforderlich.

Verdüsung:
FE- oder NE-Schmelze wird unter Zuführung von Druckluft verdüst. Die so entstehenden Metallpartikel werden im Wasserbecken abgeschreckt. Die beim Verdüsungsvorgang aufgenommene Sauerstoffmenge wird durch Zuführung einer z.B. „gekohlten" Eisenschmelze reduziert.

2 Preßverfahren

Ziel: Einzelne Werkstoffpartikel durch Druck so zusammenpressen, daß sie in einem festen Verband bleiben. Der jeweils gewünschte Porenraum und die Dichte sind abhängig vom Preßdruck.

Bedingung: Die Dichte des Werkstoffs muß über das gesamte zu fertigend Werkstück konstant sein.

Einseitiges Pressen:
Matrize und unterer Stempel sind unbeweglich. Gleichmäßige Dichte ist nicht erreichbar.

Gegenläufiges Pressen:
Beide Stempel sind beweglich, dadurch ist eine wesentlich homogenere Dichte erreichbar.

Etwas bessere Ergebnisse lassen sich durch das gegenläufige Pressen mit federnder Matrize erreichen.

Einseitiges Pressen — Gegenläufiges Pressen — Pressen mit federndem Mantel

3 Sinterverfahren

Ziel: Durch Wärmebehandlung der zuvor gepreßten Werkstücke erreicht man die gewünschte Festigkeit.

Die dazu erforderlichen Temperaturen liegen grundsätzlich unter dem Schmelzpunkt des Metalls. Durch die Wärmebehandlung unterhalb des Schmelzpunktes wird erreicht, daß die einzelnen Kristalle „anschmelzen" oder diffundieren, wodurch sich eine zunehmende Verfestigung ergibt. Die Oxydation der Sinterwerkstücke wird durch eine Schutzgasatmosphäre (Wasserstoffgas oder NH_3-Spaltgas) vermieden.

Sintertemperaturen für Sinterstahl 1080 ... 1250 °C bei einer Einwirkzei von 30 ... 120 min.

Konstruktionshinweise	Ungünstige Konstruktionsmerkmale sind: Unterschneidungen Bohrungen senkrecht zur Preßrichtung im Verhältnis zur Breite sehr hohe Werkstücke (Verdichtung schwierig) Gewinde und Schneckenverzahnung Wandstärken unter 2 mm Fasen > 45° Zahn- und Kegelräder mit Zahnhöhen < 1 mm	4
Konstruktionsbeispiele für Werkstücke aus Sintermetall	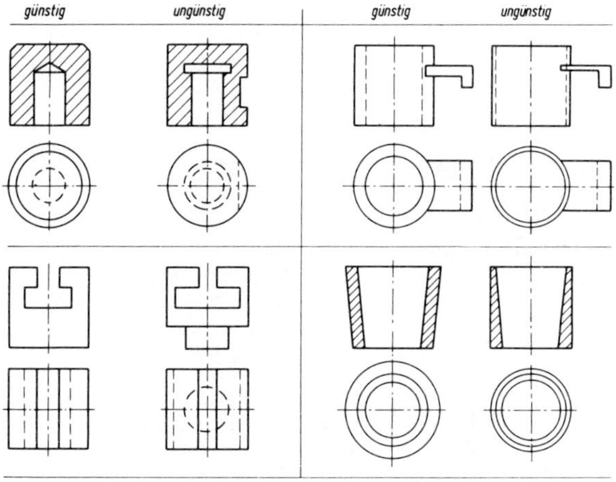 günstig ungünstig günstig ungünstig	5

3. Schneiden

3.1. Begriffe

Abschneiden	Trennen in nicht geschlossener Linie.	1
Ausschneiden	Trennen in geschlossener Linie.	2
Einschneiden	Teilweises Trennen des Werkstücks längs einer geschlossenen Linie.	3
Durchschneiden	Teilen eines Werkstücks in zwei oder mehrere Teile.	4
Lochen	Ausschneiden beliebiger Innenformen.	5

3.2. Blechschneiden von Hand

1	1. Schneidphase	Es tritt nur elastische Verformung auf: Vorhandene Spannung $\sigma_{vorh} \leqslant$ Streckgrenze R_e
2	2. Schneidphase	Es tritt plastische Verformung auf: Zugfestigkeit $R_m \geqslant$ vorhandene Spannung $\sigma_{vorh} \geqslant$ Streckgrenze R_e oder 0,2-Dehngrenze $R_{p\,0,2}$
3	3. Schneidphase	Nach Mikro- und nachfolgend Makrorissen wird der Werkstoff getrennt.
4	Theoretischer Messerweg	Messerweg $l_x = (0{,}2 \ldots 0{,}5)s$
5	Kräfte beim Schnitt (Schnittkraft F nach 3.3)	F_N Normalkraft F Schnittkraft F_x Horizontalkomponente F_q Niederhalterkraft u Schneidspalt s Blechdicke β Keilwinkel c Abstand Niederhalterkraft–Schnittkraft l Wirkabstand $l = (1{,}5 \ldots 2)a$ $F = F_N \sin\beta$ $F_x = F_N \cos\beta = \dfrac{F}{\tan\beta}$
6	Momentenermittlung	$M = Fl$ $M_q = Fc$ (Niederhaltermoment) $M = M_q$
7	Arbeitsermittlung (Arbeit W siehe Arbeitshilfen Bd. 1, 6.9)	$W = F_m\, s = \dfrac{2}{3}\, l s^2\, \tau_{aB}$ $F_m \approx \dfrac{2}{3} F_{max}$ $F_{max} = \tau_{aB}\, A = \tau_{aB}\, l s$ s Blechdicke (zurückgelegter Weg des Obermessers) l Blechbreite

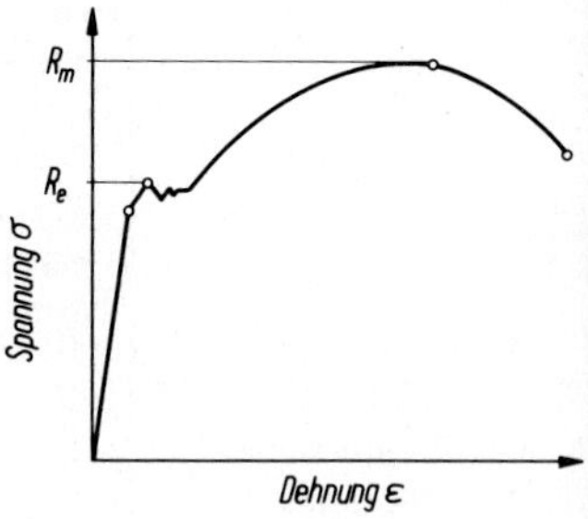

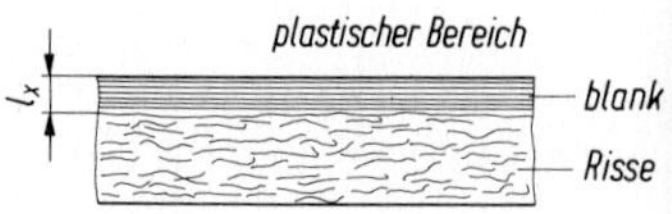

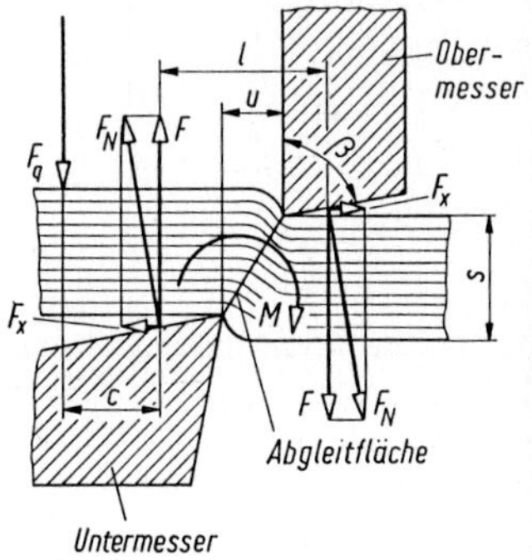

M, M_q	F_N, F, F_x	l, c
Nmm	N	mm

W	F_{max}, F_m	l, s	τ_{aB}
Nmm	N	mm	$\dfrac{N}{mm^2}$

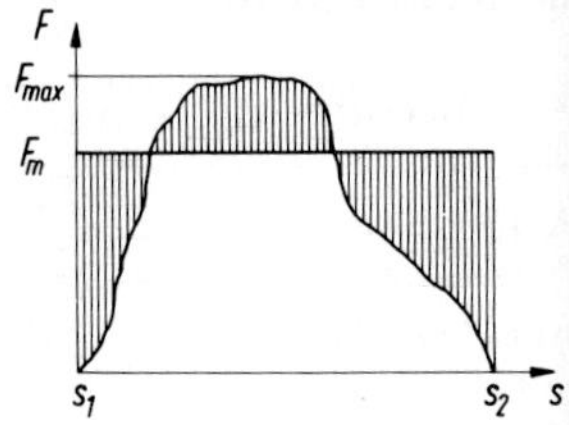

Kraft-Weg-Diagramm des Obermessers

F_{max} maximale Schnittkraft
F_m mittlere (gedachte) Schnittkraft

8

Leistungsermittlung

$$P = \frac{W}{t} = \frac{W_{Hub}\, n}{60}$$

P Schnittleistung
W_{Hub} Arbeit je Hub
n Hübe des Obermessers pro Minute

P	W_{Hub}	t	n
$\frac{Nm}{s} = W$	Nm	s	min^{-1}

3.3. Schnittkraft bei verschiedenen Schnittarten

1

Parallelschnitt bei $\varphi = 0°$

$$F = l\, s\, \tau_{aB}$$

F	l, s	τ_{aB}
N	mm	$\frac{N}{mm^2}$

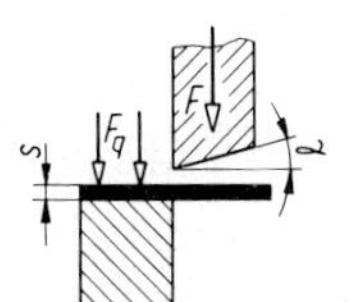

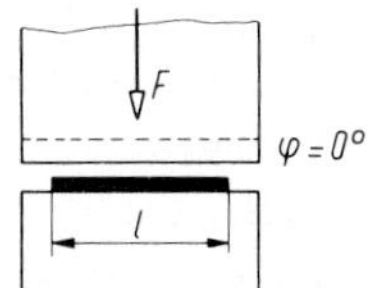

2

Schrägschnitt bei $\varphi = (2 \ldots 6)°$

$$F = 0{,}5\, \frac{s^2}{\tan\varphi}\, \tau_{aB}$$

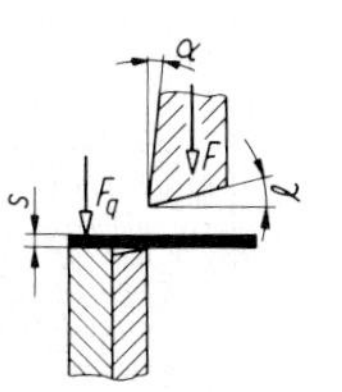

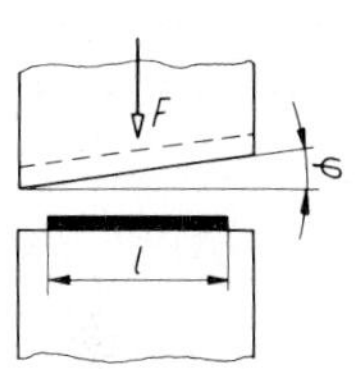

Kräftesystem am Werkstückteilchen bei Schrägschnitt mit Keilwinkel $\beta = 0°$

Die trigonometrische Auswertung der Kraftecksskizze führt zu einer Gleichung für die Haltekraft F_H:

$$F_H = F_{No}\,[\sin\varphi - \mu_0(2\cos\varphi + \mu_0 \sin\varphi)]$$

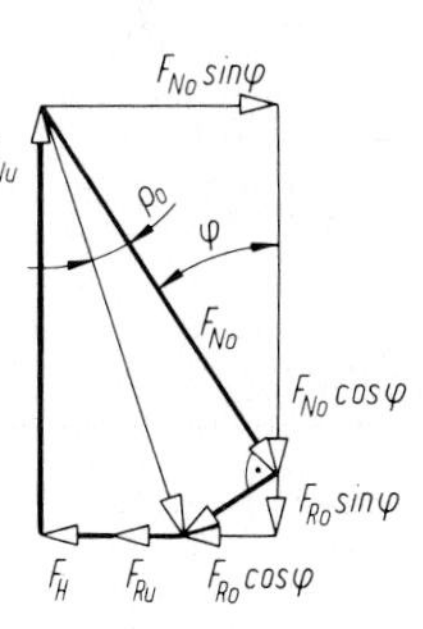

Grenzbetrachtungen:

Für $\varphi = 0$ wird die Haltekraft $F_H = -2F_{No}\,\mu_0$, das heißt, mit dieser Kraft könnte am Werkstück nach rechts gezogen werden.

Für $F_H = 0$ wird

$$\tan\varphi = \frac{2\,\mu_0}{1 - \mu_0^2}$$

das heißt, für eine gegebene Haftreibzahl μ_0 läßt sich der zugehörige Grenzwinkel φ_{max} ermitteln.

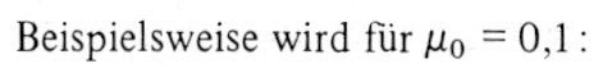

Beispielsweise wird für $\mu_0 = 0{,}1$:

$$\varphi_{max} = \arctan \frac{2 \cdot 0{,}1}{1 - 0{,}1^2} = 11{,}4°$$

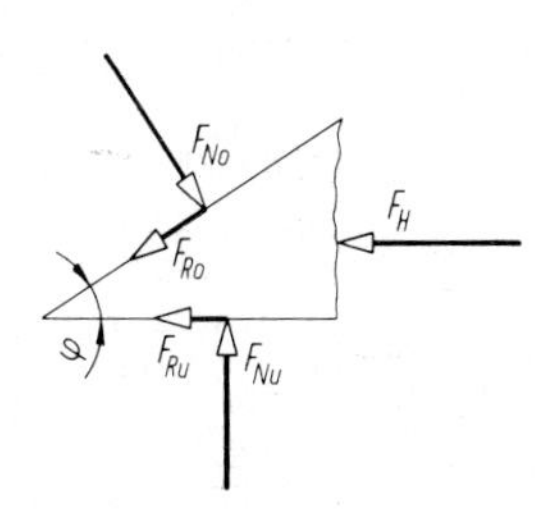

Die Niederhalterkraft F_q wird aus der Haltekraft F_H bestimmt ($F_q = F_H/\mu_0$). Mit der Gleichung für die Haltekraft F_H und $F_{No} = F$ (Schnittkraft) ergibt sich dann:

$$F_q = \frac{1}{\mu_0}\,\{F\,[\sin\varphi - \mu_0\,(2\cos\varphi + \mu_0 \sin\varphi)]\}$$

F_{No} obere Normalkraft
F_{Nu} untere Normalkraft
F_{Ro} obere Reibkraft
F_{Ru} untere Reibkraft
F_H Haltekraft
φ Schrägschnittwinkel

3 Rollenschnitt

$$F = 0{,}5\,\frac{h_{st}\,s}{\tan\alpha}\,\tau_{aB}$$

h_{st} Eindringtiefe des Messers im Augenblick des Trennens ($h_{st} \approx 0{,}2\,s$). Die tatsächlich wirkende Schnittkraft F_{vorh} erhöht sich durch stumpfwerdende Schneiden und unregelmäßige Materialdicke auf $F_{vorh} \approx 1{,}3\,F$

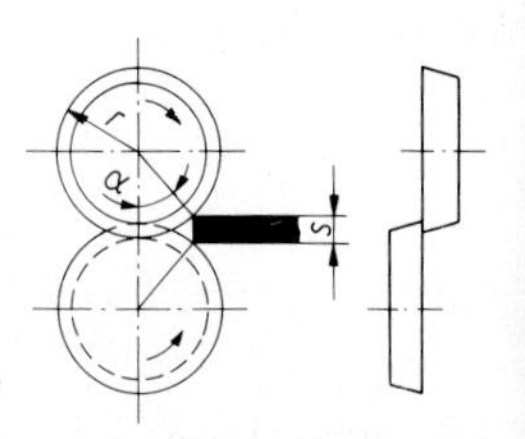

4 Abscherfestigkeit verschiedener Werkstoffe (Richtwerte)

Werkstoff		$\tau_{aB\,max}$ N/mm²	Werkstoff	$\tau_{aB\,max}$ N/mm²
Stahl	St 34, St 37	300	Cu, weich	250
	St 42	350	Pb, weich	25
	St 52 (0,2 % C)	400	Al-Cu-Legierungen	250
	St 50 (0,3 % C)	450	Al-Mg-Legierungen	200
	St 60	550	Al 99,5, weich	80
	16 MnCr 5	600	Al 99,5, hart gewalzt	150
	St 70	650	Pappe, weich	20
	hart gewalzt		Pappe, hart, holzfrei	40
	mit 0,8 % C	900	Papier in 20 Lagen	20
	nicht rostend		in 10 Lagen	25
	weich	550	in 5 Lagen	50
	weich	280	in 1 Lage	150
Cu-Zn-Legierung		400		

5 Beispiel

Zur Durchführung eines Schnittkraftvergleichs zwischen Parallel-, Schräg- und Rollenschnitt wird ein Blech mit einer Abscherfestigkeit $\tau_{aB} = 400$ N/mm² und einer Blechdicke $s = 3$ mm verwendet. Die Schnittlänge l soll 1000 mm betragen.

Schnittkraft F beim Parallelschnitt:

$$F = l\,s\,\tau_{aB} = 1000\ \text{mm} \cdot 3\ \text{mm} \cdot 400\,\frac{\text{N}}{\text{mm}^2} = 1{,}2 \cdot 10^6\ \text{N}$$

Schnittkraft F beim Schrägschnitt ($\varphi = 6°$):

$$F = 0{,}5\,\frac{s^2}{\tan\varphi}\,\tau_{aB} = 0{,}5 \cdot \frac{3^2\ \text{mm}^2}{\tan 6°} \cdot 400\,\frac{\text{N}}{\text{mm}^2} = 1{,}714 \cdot 10^4\ \text{N}$$

Schnittkraft F beim Rollenschnitt ($h_{st} = 0{,}2\,s$, $\alpha = 14°$):

$$F = 0{,}5\,\frac{h_{st}\,s}{\tan\alpha}\,\tau_{aB} = 0{,}5 \cdot \frac{0{,}2 \cdot 3\ \text{mm} \cdot 3\ \text{mm}}{\tan 14°} \cdot 400\,\frac{\text{N}}{\text{mm}^2}$$

$$F = 1{,}44 \cdot 10^3\ \text{N}$$

6 Beispiel

Aus Blechtafeln 1 m × 2 m sollen Streifen 100 mm × 1000 mm geschnitten werden. Das Blech besteht aus nichtrostendem Stahl X12CrNi 18 8. Dieser Stahl hat eine Abscherfestigkeit $\tau_{aB} = 600$ N/mm². Die Blechdicke beträgt $s = 3$ mm.
Zur Verfügung steht eine Schlagschere mit einem Schrägschnitt $\varphi = 6°$ und einem Keilwinkel $\beta = 80°$.

Beispiel

Zu bestimmen sind:

1. Schnittkraft F
2. Horizontalkomponente F_x
3. Kippmoment M bei einem Wirkabstand $l = 2a$ und einem Schneidspalt $u = 0{,}1\ s$
4. Niederhalterkraft F_q infolge des Kippmoments bei $c = 50$ mm
5. Niederhalterkraft F_q, wenn das Gleiten des Bleches aus den Schermessern vermieden werden soll. Angenommene Haftreibzahl $\mu_0 = 0{,}1$
6. Arbeitsvermögen W der Maschine
7. Arbeitsvermögen W der Maschine bei einem Parallelschnitt
8. Leistung P für einen Schnitt bei einer durchschnittlichen Schnittzeit $t = 2\ s$

Lösung:

1. $$F = 0{,}5\ \frac{s^2}{\tan\varphi}\ \tau_{aB} = 0{,}5 \cdot \frac{3^2\ \text{mm}^2}{\tan 6^\circ} \cdot 600\ \frac{\text{N}}{\text{mm}^2} = 25\,689\ \text{N}$$

2. $$F_x = \frac{F}{\tan\beta} = \frac{25\,689\ \text{N}}{\tan 80^\circ} = 4530\ \text{N}$$

3. $u = 0{,}1\ s = 0{,}3$ mm

   $l = 2\,a = 0{,}6$ mm

   $M = Fl = 25\,689\ \text{N} \cdot 0{,}6\ \text{mm} = 15\,413\ \text{Nmm} = 15{,}4\ \text{Nm}$

4. $M_q = M = F_q\,c$

   $$F_q = \frac{M_q}{c} = \frac{M}{c} = \frac{15\,413\ \text{Nmm}}{50\ \text{mm}} = 308\ \text{N}$$

5. $$F_q = \frac{1}{\mu_0}\{F\,[\sin\varphi - \mu_0\,(2\cos\varphi + \mu_0 \sin\varphi)]\}$$

   $$F_q = \frac{1}{0{,}1}\{25\,689\ \text{N}\,[\sin 6^\circ - 0{,}1\,(2\cos 6^\circ + 0{,}1\sin 6^\circ)]\} \approx 24{,}5\ \text{kN}$$

6. $$W = F_m\,s \approx \frac{2}{3}F_{max}\,s = \frac{2}{3}\cdot\frac{0{,}5\,s^2\,\tau_{aB}}{\tan\varphi}\,s \approx 51{,}4\ \text{Nm für einen Schnitt}$$

Aus einer Blechtafel 1 m × 2 m können 20 Streifen mit 19 Schnitten gefertigt werden. Dann beträgt das gesamte Arbeitsvermögen W_{ges}: $W_{ges} = 19 \cdot W = 977$ Nm

7. $$W = F_m\,s = \frac{2}{3}F_{max}\,s = \frac{2}{3}\,l\,s\,\tau_{aB}\,s$$

   $$W = \frac{2}{3}\,l s^2\,\tau_{aB} = 3{,}6 \cdot 10^6\ \text{Nmm} = 3600\ \text{Nm}$$

   $W_{ges} = 19 \cdot W = 68\,400$ Nm

8. $$P = \frac{W}{t} = \frac{51{,}378\ \text{Nm}}{2\,s} = 25{,}69\ \frac{\text{Nm}}{\text{s}} = 25{,}69\ \text{W}$$

Die zum Schneiden erforderliche Leistung hängt ab

1. vom elastischen und plastischen Arbeitsvermögen des zu trennenden Werkstoffs,
2. von der Reibungsarbeit beim Schneiden,
3. vom elastischen Arbeitsvermögen von Werkzeug und Maschine.

3.4. Blechschneidverfahren

	Schnittarten	Schematische Darstellung	Werkzeugdaten	Anwendung
1	Parallelschnitt, Schrägschnitt	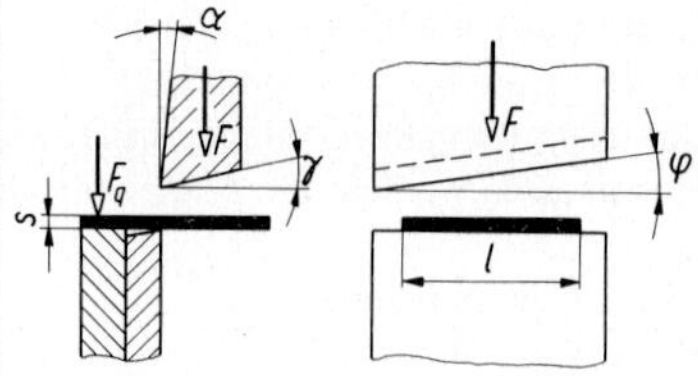	Parallelschnitt $\varphi = 2° \dots 6°$ Schrägschnitt $\varphi = 7° \dots 12°$ Freiwinkel $\alpha = 2° \dots 3°$ Keilwinkel $\beta = 75° \dots 85°$ Schneidspalt $u = (0{,}02 \dots 0{,}05)$ mm	Schneiden von Blechstreifen oder einzelner Stücke bis Blechdicke $s = 40$ mm
2	Rollenschnitt mit parallelen Rollenachsen	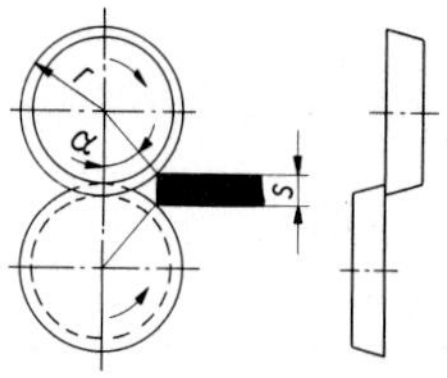	Anschnittwinkel $\alpha \leqslant 14°$ Schneidrollenüberdeckung $b = (0{,}2 \dots 0{,}3)\ s$ Schneidrollenabmessungen bei $s < 3$ mm: $D = (35 \dots 50)\ s$ $h = (20 \dots 25)$ mm	Schneiden von Blechstreifen oder Ronden bis Blechdicke $s = 30$ mm
3	Rollenschnitt mit parallelen, geneigten Achsen	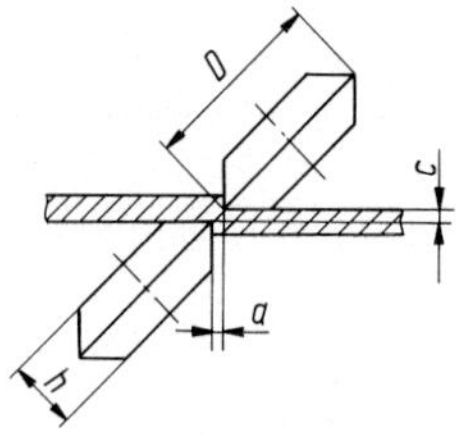	Schneidspalt $u \geqslant 0{,}2\ s$ Schneidkantenabstand $c = 0{,}3\ s$ Schneidrollenabmessungen bei $s < 5$ mm: $D = 20\ s$ $h = 10 \dots 15$ mm	Schneiden von Ronden und Kreisringen bis Blechdicke $s = 20$ mm. Durch die Neigung der Schneidrollen keine Schnittbehinderung
4	Rollenschnitt mit nicht parallelen Achsen	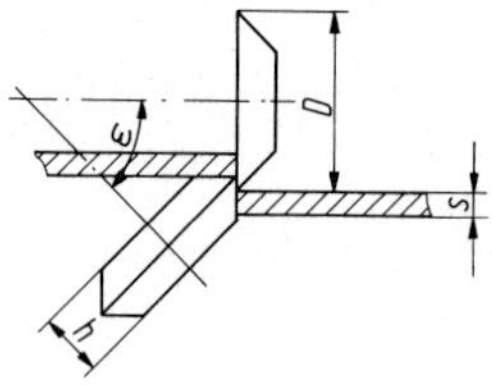	Achsenneigungswinkel $\epsilon = 30°$ Schneidrollenabmessungen bei $s < 3$ mm: $D = (26 \dots 28)\ s$ $h = (15 \dots 20)$ mm	Schneiden von Blechstreifen, Ronden und Kreisringen bis Blechdicke $s = 30$ mm
5	Mehrrollenschnitt mit parallelen Achsen	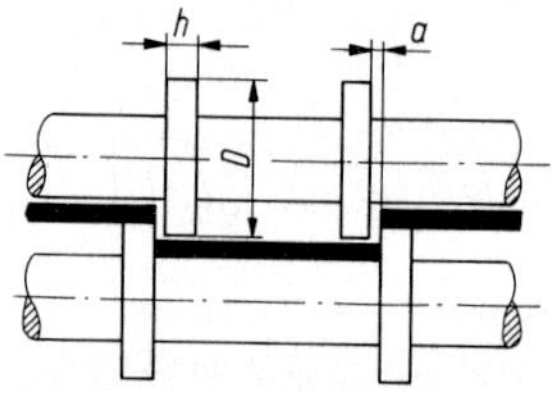	Schnittwinkel $\delta = 90°$ Schneidspalt $u = (0{,}1 \dots 0{,}2)\ s$ Schneidrollenabmessungen $D = (40 \dots 130)\ s$ $h = (15 \dots 30)$ mm	Schneiden von mehreren Blechstreifen gleichzeitig bis Blechdicke $s = 10$ mm

3.5. Feinschneiden

Begriffsbestimmung	Vor dem Schneiden wird in einem bestimmten Abstand von der Schnittlinie eine Ringzackenplatte in das Blech gedrückt. Dadurch lassen sich bei bestimmten Werkstoffen fast glatte Schnittflächen herstellen. 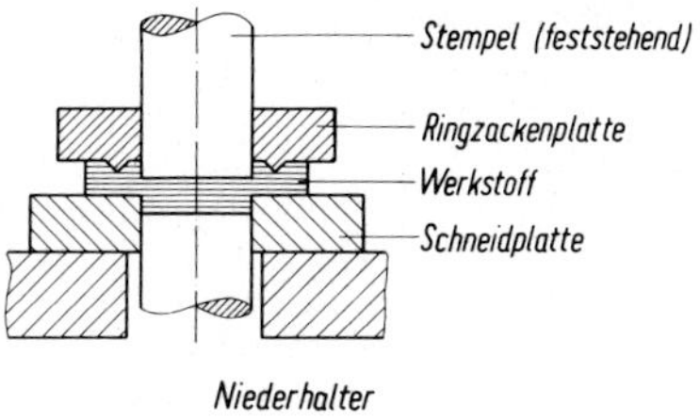 Stempel (feststehend) Ringzackenplatte Werkstoff Schneidplatte Niederhalter	1
feinschneidbare Werkstoffe	Aluminium und alle Al-Legierungen Kupfer Messing bis 60 % Cu-Gehalt Einsatzstahl unlegierter Stahl bis 1 % C-Gehalt Vergütungsstahl (niedriglegiert)	2
Ringzacken	Ringzackenhöhe (0,15 ... 0,3) s Ringzackenabstand (1,5 ... 2) s Bei einer Blechdicke bis $s = 5$ mm reicht eine Ringzacke auf der Stempelseite aus. Bei $s > (5 \ldots 15)$ mm ist eine zweite Ringzackenplatte auf der Matrizenseite erforderlich.	3
Pressentyp	Beim Feinschneiden müssen neben der Schneidkraft noch die Kräfte für den Gegenhalter und zum Einpressen der Ringzacken aufgebracht werden. Dazu ist eine dreistufig wirkende Presse erforderlich.	4

3.6. Konterschneiden

Begriffsbestimmung	Das Blech wird in zwei oder drei gegenläufigen Schneidstufen ausgeschnitten.	1
Verfahren	1. Stufe: Anschnitt bis kurz vor die Rißbildung 2. Stufe: Anschnitt von der anderen Seite des Bleches bis kurz vor der Rißbildung 3. Stufe: Durchschnitt Vorteil: Die voneinander getrennten Teile sind auf jeder Seite gratfrei. Nachteil: Es muß ein Gesamt- oder Folgeschneidwerkzeug eingesetzt werden. 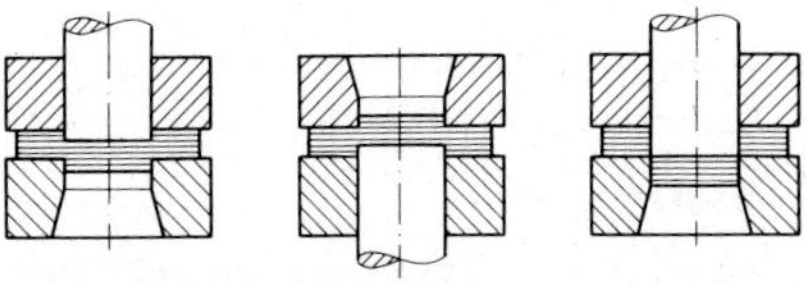 Anschneiden / Gegenschneiden / Durchschneiden	2

3.7. Lochen und Ausschneiden mit Schnittwerkzeugen

1 Begriffsbestimmung

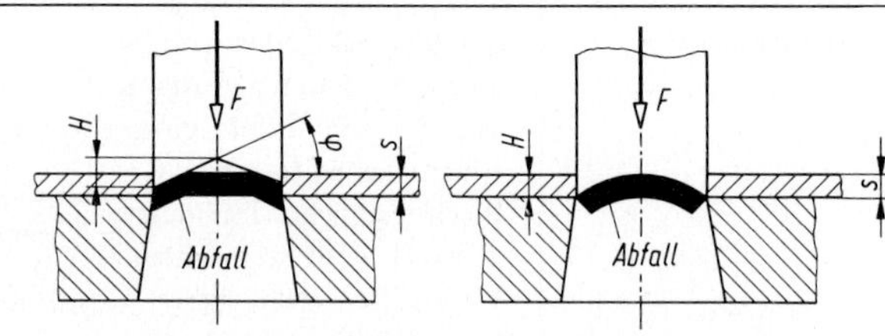

Lochen: Schneidkantenschräge befindet sich im Stempel. Der ausgestanzte Werkstoff verformt sich (Abfall).

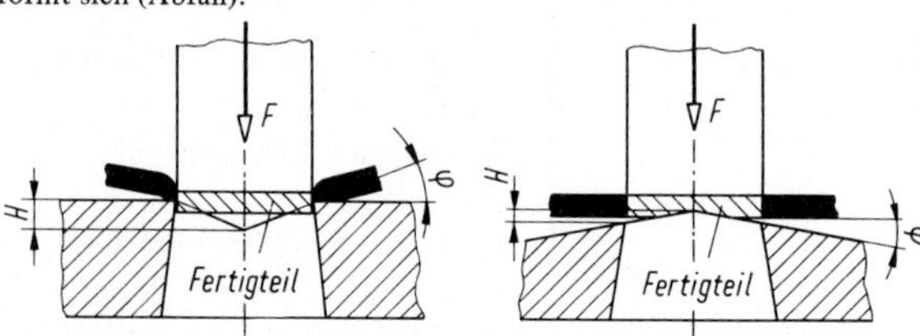

Ausschneiden: Schneidkantenschräge befindet sich in der Matrize. Der ausgestanzte Werkstoff verformt sich nicht (Fertigteil).

2 Abschrägungen

Werkstoffdicke s in mm	Abschrägung H in mm	Schrägungswinkel $\varphi°$
$\leqslant 3$	$2\,s$	$\leqslant 5°$
$\leqslant 10$	s	$\leqslant 8°$

3 Kraftverlauf in Abhängigkeit von der Abschrägung

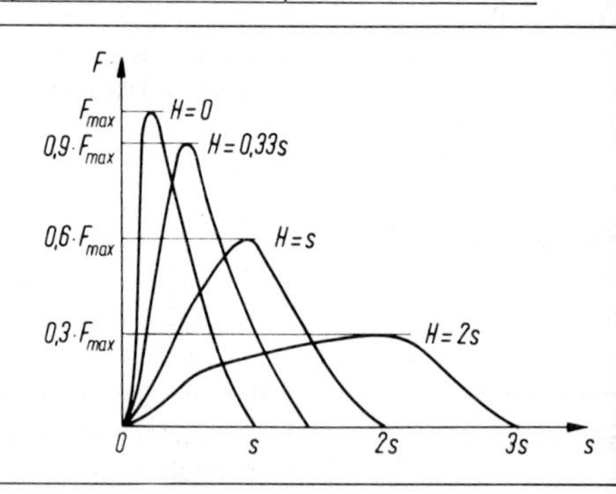

4 Schnittkraftbestimmung an Schnittwerkzeugen (vereinfacht)

Zuschnitt rechteckig, zweiseitige Schneidkantenabschrägung:

Schnittkraft F bei $H > s$

$$F = s\,\tau_{aB}\left(2a + \frac{b\,s}{H}\right)$$

F	a, b, s, H	τ_{aB}
N	mm	$\frac{N}{mm^2}$

τ_{aB} nach 3.3 Nr. 4

Schnittkraft F bei $H = s$

$$s\,\tau_{aB}\,(2a + b)$$

Zuschnitt quadratisch, vierseitige Schneidkantenabschrägung:

Schnittkraft F

$$F = 4\,s^2\,\tau_{aB}\cot\varphi$$

Zuschnitt rund, zweiseitige Schneidkantenabschrägung:

$$F = 2{,}1\,d\,s\,\tau_{aB}$$

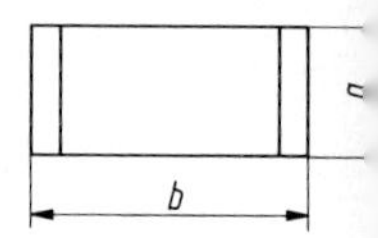

Zuschnitt beliebig, schräge Schneidkanten:

Schnittkraft F bei $H = s$

$F = (0{,}4 \dots 0{,}6)\, l\, s\, \tau_{aB}$

Schnittkraft F bei $H = 2\,s$

$F = (0{,}2 \dots 0{,}4)\, l\, s\, \tau_{aB}$

H Abschrägung, φ Schrägungswinkel, s Blechdicke, l Umfang des Zuschnitts

5

Schneidspalt am Schnittwerkzeug

Schneidspalt (%) in Abhängigkeit von der Blechdicke

Werkstückdicke	bis 1 mm	(1 ... 2) mm	(2 ... 3) mm	(3 ... 5) mm	(5 ... 7) mm	(7 ... 10) mm
Weicher Stahl	5	6	7	8	9	10
Mittelharter Stahl	6	7	8	9	10	11
Harter Stahl	7	8	9	10	11	12

6

Gratbildung

Zu großer oder zu kleiner Schneidspalt gewählt. Stumpfes Werkzeug:

1. Nur Stempel stumpf; Grat am ausgeschnittenen Teil.
2. Nur Matrize stumpf; Grat am entstandenen Loch.
3. Stempel und Matrize stumpf; Grat sowohl am ausgeschnittenen Teil als auch am Rande des entstandenen Loches.

7

Knickkraft am Stempel (siehe Beispiel in Nr. 9)

$$F_k = \frac{E I \pi^2}{l_k^2}$$

Knickkraft am ungeführten Stempel

$$F_k = \frac{2 E I \pi^2}{l_k^2}$$

Knickkraft am geführten Stempel

F_k	E	I	l_k
N	$\frac{N}{mm^2}$	mm^4	mm

Knickung im Maschinenbau und Flächenmomente I siehe Arbeitshilfen Bd. 1, Abschnitt 9.8.

Schnittkraftbedingung:

Die Knickkraft F_k ist diejenige Druckkraft, bei der das Knicken gerade beginnt. Die Schnittkraft F muß daher stets kleiner sein als die Knickkraft F_k: $F < F_k$

8

Konstruktionshinweise

Innenkonturen sollen keine scharfen Ecken haben.
Empfohlener Abrundungsradius $r \geqslant 0{,}6\, s$.

Beim Schneiden von Außenkonturen sind scharfe Ecken nur beim abfallosen Schnitt zulässig.

Ausschnitte mit einer Breite $b \leqslant 2\,s$ sind zu vermeiden.

Minimale Lochdurchmesser hängen vom Werkstoff, der Stempelform und der Stempelführung ab. Richtwerte können der folgenden Tabelle entnommen werden:

Werkstoff	ungeführter Stempel Ausschnitt rund	ungeführter Stempel Ausschnitt rechteckig	geführter Stempel Ausschnitt rund	geführter Stempel Ausschnitt rechteckig
Weiches Stahlblech, Cu-Zn-Legierungen	1 s	0,7 s	0,3 s	0,25 s
Hartes Stahlblech	1,3 s	1 s	0,5 s	0,35 s
Aluminium	0,8 s	0,5 s	0,3 s	0,25 s

Der Abstand vom Lochrand bis zur Außenkante des Bleches soll mindestens 1 s betragen.

Bei Reihenlochungen werden Lochabstände von mindestens 2 ... 3 s empfohlen.

Konstruktionsänderungen von Werkstücken im Hinblick auf möglichst geringen Abfall beim Ausschneiden.

Beispiele:

Hoher Abfallanteil

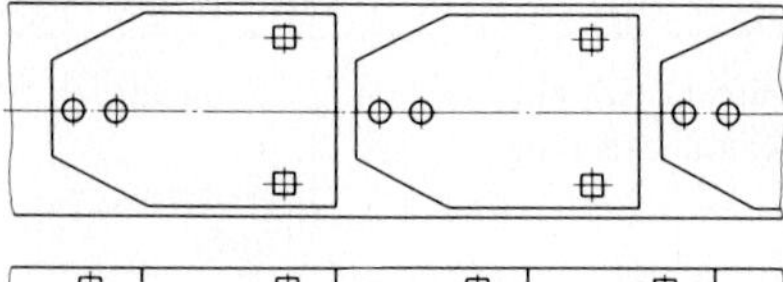

Geringer Abfallanteil

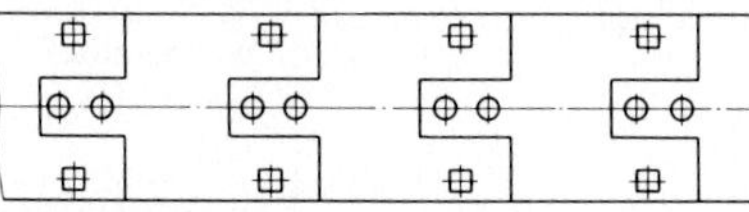

9 Beispiel

Ein Stempel mit einem Durchmesser $d = 3$ mm soll eine zum Ausschneiden wirksame Länge $l = 30$ mm und eine freie Knicklänge $l_k = 50$ mm haben. Der auszuschneidende Werkstoff hat eine Abscherfestigkeit $\tau_{aB} = 400$ N/mm². Die Blechdicke beträgt $s = 3$ mm.

Zur festigkeitstechnischen Untersuchung des Stempels und zur leistungsgerechten Auslegung der Presse wird berechnet:

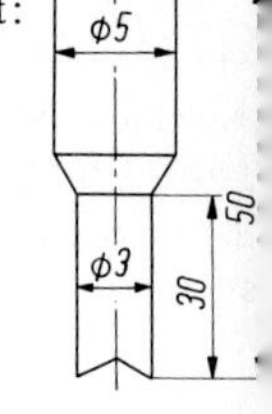

1. Schneidkraft F bei Parallelschliff
2. Schneidkraft F bei Schrägschliff
3. Knickkraft F_k bei $l_k = 50$ mm
4. Knickkraft F_k bei $l = 30$ mm
5. Schneidspalt u
6. Arbeitsvermögen W der Presse

Lösung:

1. $F = \pi d s \tau_{aB} = 11\,310$ N   2. $F = 2{,}1\, d s \tau_{aB} = 7560$ N

3. $F_k = \dfrac{E I \pi^2}{l_k^2}$ mit $I = \dfrac{\pi d^4}{64} = 3{,}976$ mm⁴ und $E = 2{,}1 \cdot 10^5 \dfrac{\text{N}}{\text{mm}^2}$

$$F_k = \frac{2{,}1 \cdot 10^5\ \text{N/mm}^2 \cdot 3{,}976\ \text{mm}^4\ \pi^2}{50^2\ \text{mm}^2} = 3296\ \text{N}$$

4. $$F_k = \frac{2{,}1 \cdot 10^5\ \text{N/mm}^2 \cdot 3{,}976\ \text{mm}^4\ \pi^2}{30^2\ \text{mm}^2} = 9156\ \text{N}$$

Auswertung: Die erforderliche Schneidkraft beim Parallelschliff ist größer als die Knickkraft des Stempels mit einer Stempellänge $l = 30$ mm ($F = 11\,310\ \text{N} > F_k = 9156$ N).

Es kann also nur im Schrägschliff mit abgesetztem Stempel gearbeitet werden ($F = 7560\ \text{N} < F_k = 9156$ N).

5. Schneidspalt u gewählt aus Nr. 5: $u = 0{,}07\, s = 0{,}21$ mm

6. $W = \dfrac{2}{3} F (s + H)$; $H = s$
$W = 30\,240\ \text{Nmm} \approx 30$ Nm

3.8. Werkstoffe für Schneidplatten und -stempel

Werkstoff-Gruppe	Werkstoff-Bezeichnung	Arbeits-härte (HRC)	einsetzbar für
ölhärtende Stähle	100 Cr6 90MnCrV8 105WCr6	54 ... 62	Stempel, Schneidplatten, schlanke Lochstempel, Suchstifte, Schneiden von Al- und Cu-Legierungen bei kleinen Fertigungsmengen
	60WCrV7	50 ... 58	wie oben, aber größere Zähigkeit, für das Schneiden großer Wanddicken
	X45NiCrMo4	48 ... 55	für sehr große Wanddicken
Chromstähle	X210CrW12	58 ... 63	zusammengesetzte Stempel und Schneidplatten, Kaltfließpreßwerkzeuge, hohe Verschleißfestigkeit, geringer Maßverzug beim Härten
	X155CrVMo121	56 ... 62	wie X210CrW12, aber mit größerer Zähigkeit
Schnellarbeits-stähle	S 6-5-2 S 18-1-2-5 S 18-1-2-15	60 ... 66	Kaltfließpreßstempel, dünne Lochstempel, hohe Verschleißfestigkeit und Zähigkeit, für Feinschneiden geeignet
Hartmetalle	GT20 GT30 GT40	1100 ... 1400 HV	Hochleistungs-Stanztechnik, für große Serien mit hartmetalltauglichen Pressen, Stahl bis 3 mm Blechdicke ohne Schnittschlag-dämpfung schneidbar, sehr hohe Verschleißfestigkeit, geringe Zähigkeit

4. Biegen

4.1. Begriffe

1	Biegeumformen	Biegeumformen ist die Umformung eines festen Körpers, wobei der plastische Zustand hauptsächlich durch eine Biegebeanspruchung herbeigeführt wird (nach DIN 8586)
2	Rollbiegen	Rollbiegen ist das Umwandeln eines abgekippten Randes durch fortschreitendes Biegen zu einer Rolle in einem Werkzeug mit gekrümmter Wirkfläche.
3	Verwinden	Verwinden ist das Verdrehen eines Streifens um eine Längsachse.

4.2. Biegevorgang

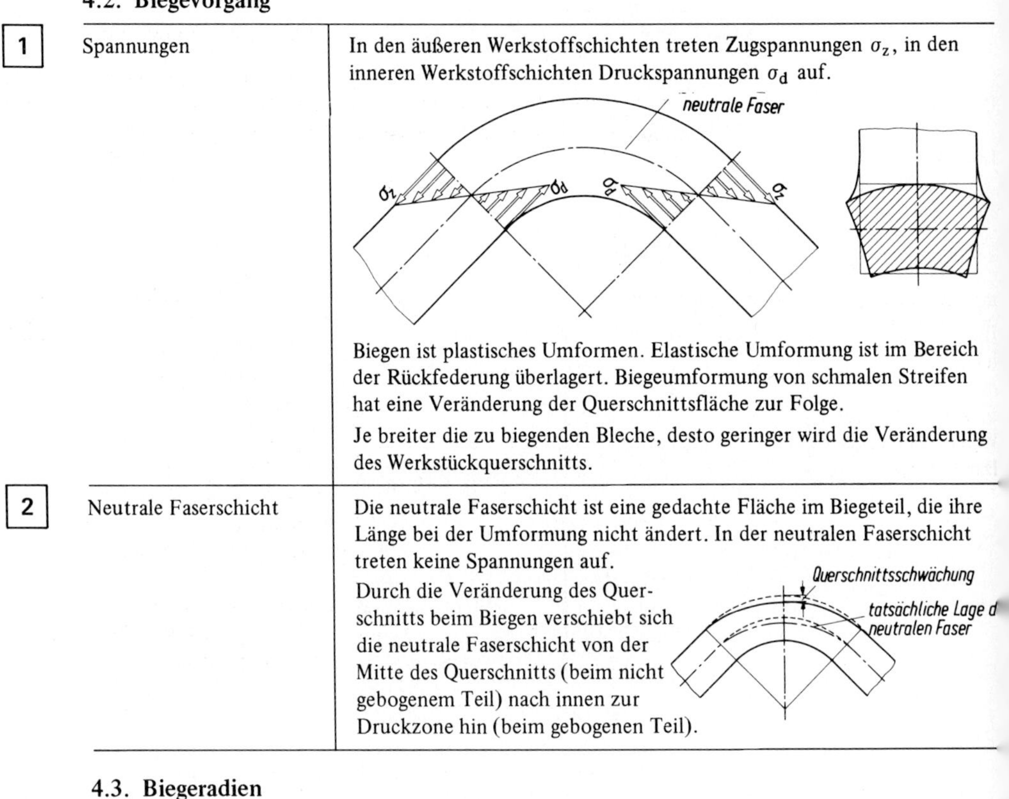

1	Spannungen	In den äußeren Werkstoffschichten treten Zugspannungen σ_z, in den inneren Werkstoffschichten Druckspannungen σ_d auf. Biegen ist plastisches Umformen. Elastische Umformung ist im Bereich der Rückfederung überlagert. Biegeumformung von schmalen Streifen hat eine Veränderung der Querschnittsfläche zur Folge. Je breiter die zu biegenden Bleche, desto geringer wird die Veränderung des Werkstückquerschnitts.
2	Neutrale Faserschicht	Die neutrale Faserschicht ist eine gedachte Fläche im Biegeteil, die ihre Länge bei der Umformung nicht ändert. In der neutralen Faserschicht treten keine Spannungen auf. Durch die Veränderung des Querschnitts beim Biegen verschiebt sich die neutrale Faserschicht von der Mitte des Querschnitts (beim nicht gebogenem Teil) nach innen zur Druckzone hin (beim gebogenen Teil).

4.3. Biegeradien

1	Voraussetzung	Die neutrale Faserschicht ist identisch mit der geometrischen Mittellinie des Werkstücks.
2	Biegefall 1	Biegen mit kleinen Abrundungsradien bei großer Umformung. Der maximale Biegeradius r_{imax} kann über die Gleichung für die Dehnung ϵ ermittelt werden:

$$\epsilon = \frac{l - l_0}{l_0} = \frac{\Delta l}{l_0}$$

ϵ Dehnung
l Länge der äußeren Faser
l_0 Länge der neutralen Faser

ϵ	$l, l_0, \Delta l$
1	mm

Dehnung ϵ siehe Arbeitshilfen Bd. 1 Abschnitt 9.1.

$$\epsilon = \frac{(r_i + s)\widehat{\alpha} - (r_i + s/2)\widehat{\alpha}}{(r_i + s/2)\widehat{\alpha}}$$

daraus ergibt sich durch mathematische Vereinfachung und mit $r_i = r_{i\,max}$

$$\epsilon = \frac{s/2}{r_{i\,max} + s/2}$$

$s/2$ im Nenner kann bei großem Biegeradius vernachlässigt werden.

$$\epsilon = \frac{s}{2 r_{i\,max}} \quad \text{mit } \epsilon \geqslant \frac{R_e}{E}$$

$$r_{i\,max} = \frac{E s}{2 R_e}$$

$r_{i\,max}$	E, R_e	s
mm	$\frac{N}{mm^2}$	mm

3

Biegefall 2

Biegen mit großen Abrundungsradien bei kleiner Umformung.
Herleitung der Gleichung für den minimalen Biegeradius $r_{i\,min}$:

$$\epsilon = \frac{s/2}{r_{i\,min} + s/2} \quad \text{(siehe Nr. 2)}$$

$$r_{i\,min} = \frac{s}{2}\left(\frac{E}{R_e} - 1\right)$$

4

Biegeradien $r_{i\,min}$ in Abhängigkeit von der Blechdicke s, der Werkstofffestigkeit R_m und der Walzrichtung bei einem Biegewinkel $\alpha \leqslant 120°$

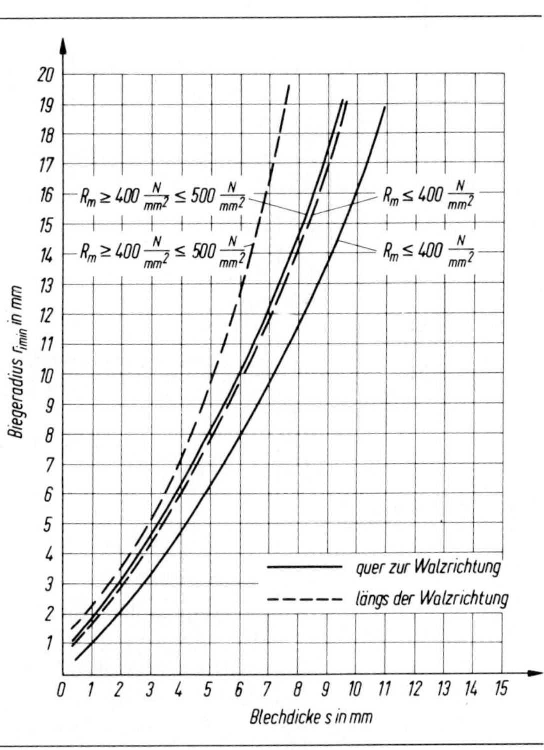

4.4. Rückfederung

1	Begriff	Rückfederung ergibt sich, weil neben plastischen auch elastische Umformung beim Biegen auftritt. Die Biegeschenkel federn als Folge der Rückfederung wieder auf. 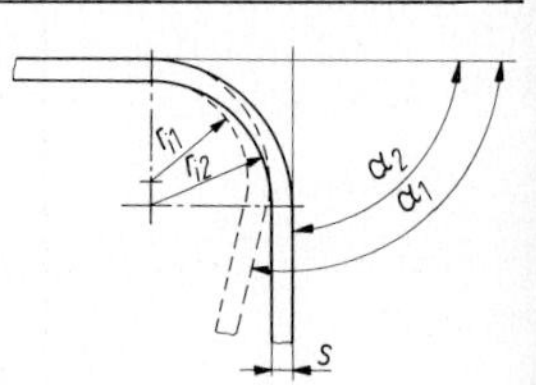 α_1 Biegewinkel beim Biegen im Gesenk, α_2 Biegewinkel nach der Rückfederung: $\alpha_1 > \alpha_2$ r_{i2} Biegeradius nach der Rückfederung, r_{i1} Biegeradius bei Berücksichtigung der Rückfederung: $r_{i2} > r_{i1}$
2	Spannung und Dehnung beim Biegen von Stahl	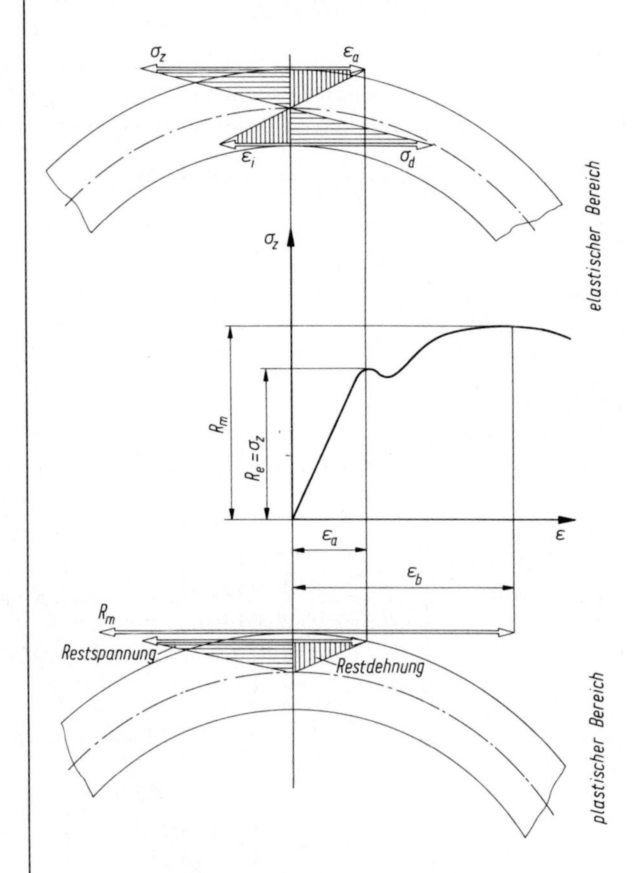 *Auswertung:* Wird ein Werkstück über den elastischen Bereich hinaus bis zur Bruchspannung belastet, federt es mit einer Restdehnung zurüc und besitzt eine Restspannung, die nicht mehr der vollen elastischen Spannung entspricht.

Ermittlung des *k*-Wertes	$k = \frac{r_{i1} + 0{,}5\,s}{r_{i2} + 0{,}5\,s} = \frac{\alpha_2}{\alpha_1}$	3
Rückfederungsdiagramm zur Ermittlung des *k*-Wertes	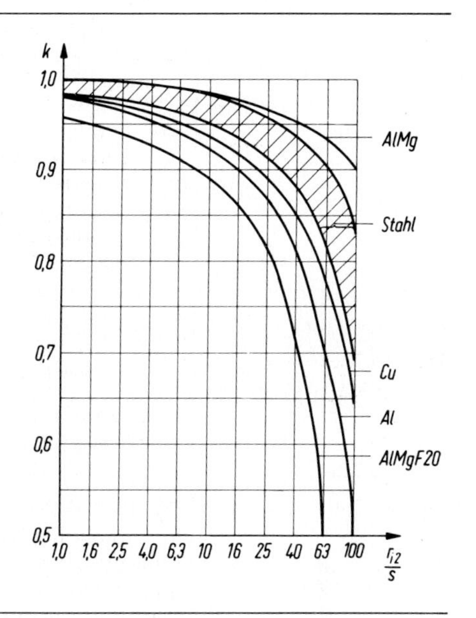	4
Rückfederung *K* nach *Schark*	$K = 1 - \frac{12\,M_b\,(r_{i2} + 0{,}5\,s)}{E\,b\,s^3}$	5

k	r_{i1}, r_{i2}, s	α_1, α_2
1	mm	°

K	M	E	r_{i2}, s, b
1	Nmm	$\frac{N}{mm^2}$	mm

M_b Biegemoment beim Biegevorgang
E Elastizitätsmodul
b Blechbreite
s Blechdicke

6 Beispiel zum Rückfederungsdiagramm

Ein Stahlband von der Dicke $s = 2$ mm soll im Gesenk genau rechtwinklig gebogen werden. Der innere Halbmesser beträgt $r_{i2} = 20$ mm.
Wie ist das Gesenk unter Berücksichtigung der Rückfederung auszubilden?

$\frac{r_{i2}}{s} = \frac{20\text{ mm}}{2\text{ mm}} = 10$; aus dem Rückfederungsdiagramm ergibt sich der Wert $k \approx 0{,}96$.

$k = \frac{r_{i1} + 0{,}5\,s}{r_{i2} + 0{,}5\,s}$; umgestellt nach r_{i1} ergibt sich

$r_{i1} = k\,(r_{i2} + 0{,}5\,s) - 0{,}5\,s$

$r_{i1} = 19{,}16$ mm

$k = \frac{\alpha_2}{\alpha_1}$; $\alpha_1 = \frac{\alpha_2}{k} = \frac{90°}{0{,}96} = 93{,}75°$

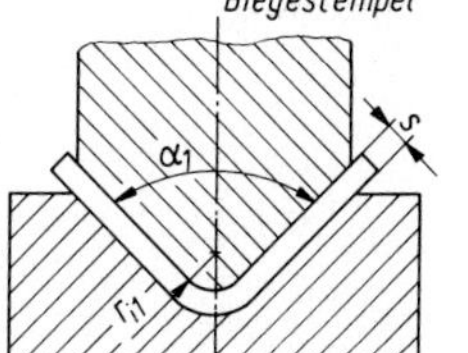

4.5. Zuschnittslängen

1 Biegeteile mit abgerundeten Kanten

$$L = l_{1-n} + l_{N\,1-n}$$

$L, l_{1-n}, l_{N\,1-n}, r_{i1-n}, s$	α	ξ_{1-n}
mm	°	1

$$l_{N\,1-n} = \frac{\pi\,\overset{\circ}{\alpha}_{1-n}}{180^\circ}\left[r_{i1-n} + \frac{s}{2}(\xi_{1-n})\right]$$

L Gesamtlänge des Biegeteils

l_{1-n} Längen der nichtgebogenen Biegeschenkel

$l_{N\,1-n}$ Längen der neutralen Fasern im Biegebereich

α°_{1-n} Biegewinkel

r_{i1-n} innere Biegeradien

ξ_{1-n} Korrekturfaktoren, berücksichtigen Verschiebungen der neutralen Fasern nach innen

2 Korrekturfaktor ξ

$\frac{r}{s}$	5,0	3,0	2,0	1,2	0,8	0,5
ξ	1,0	0,9	0,8	0,7	0,6	0,5

Annahme: Unterschiedliches Werkstoffverhalten beim Biegen wird nicht berücksichtigt.

3 Beispiel

Für das nebenstehende U-förmige Biegeteil aus Kupfer soll die Zuschnitslänge L unter Berücksichtigung der Verschiebung der neutralen Faserschicht ermittelt werden.

$$L = l_{1-n} + l_{N\,1-n}$$

$$L = l_1 + l_2 + l_3 + \frac{\pi\,\alpha_1}{180^\circ}\left[r_{i1} + \frac{s}{2}(\xi_1)\right] + \frac{\pi\,\alpha_2}{180^\circ}\left[r_{i2} + \frac{s}{2}(\xi_2)\right]$$

$$L = 30\text{ mm} + 178\text{ mm} + 48\text{ mm} + \frac{\pi\,90^\circ}{180^\circ}(18\text{ mm} + 3\text{ mm}\cdot 0{,}9) + \frac{\pi\,90^\circ}{180^\circ}(3\text{ mm} + 3\text{ mm}\cdot 0{,}5)$$

$$L = 295{,}58\text{ mm}$$

Ohne Berücksichtigung der Verschiebung der neutralen Faserschicht ergibt sich als Zuschnittslänge $L_0 = 298{,}41$ mm.

Fehler: $\Delta L = L - L_0 = 2{,}83$ mm

4 Beispiel

Es soll die Gleichung für die Zuschnittslänge L des skizzierten Biegeteils ermittelt werden. Weiter ist die Abweichung der Zuschnittslängen ΔL des Biegeteils einmal mit und einmal ohne Berücksichtigung des Korrekturfaktors ξ zu bestimmen.

Verhältnisse der Biegeradien zu der Blechdicke:

$$\frac{r_{i1}}{s} = 5{,}0; \quad \frac{r_{i2}}{s} = 2{,}0; \quad \frac{r_{i3}}{s} = 0{,}5$$

1. Entwicklung einer Gleichung für die Zuschnittslänge L:

$$L = l_1 + \frac{\pi\,\alpha_1}{180^\circ}\left[r_{i1} + \frac{s}{2}(\xi_1)\right] + \frac{\pi\,\alpha_2}{180^\circ}\left[r_{i2} + \frac{s}{2}(\xi_2)\right] + $$

$$+ \frac{\pi\,\alpha_3}{180^\circ}\left[r_{i3} + \frac{s}{2}(\xi_3)\right]$$

$$L = l_1 + \pi\left(r_{i1} + \frac{s}{2} + r_{i2} + 0{,}4\,s + r_{i3} + 0{,}25\,s\right)$$

$$L = l_1 + \pi(r_{i1} + r_{i2} + r_{i3} + 1{,}15\,s)$$

2. Zuschnittslänge L_1 ohne Berücksichtigung des Korrekturfaktors ξ:

$$L_0 = l_1 + \pi\left(r_{i1} + \frac{s}{2}\right) + \pi\left(r_{i2} + \frac{s}{2}\right) + \pi\left(r_{i3} + \frac{s}{2}\right)$$

$$L_0 = l_1 + \pi(r_{i1} + r_{i2} + r_{i3} + 1{,}5\,s)$$

3. Abweichung $\Delta L = L_0 - L$ der Zuschnittslängen:

$$\Delta L = L_0 - L$$

$$\Delta L = l_1 + \pi(r_{i1} + r_{i2} + r_{i3} + 1{,}5\,s) - l_1 - \pi(r_{i1} + r_{i2} + r_{i3} + 1{,}15\,s)$$

$$\Delta L = \pi(1{,}5\,s - 1{,}15\,s) = \pi\,0{,}35\,s$$

4.6. Biegekraft

1

Herleitung der Gleichung für die theoretische Biegekraft F_b

Voraussetzung:

Es wird ein Biegegesenk für das rechtwinklige, formschlüssige (scharfkantige) Biegen von Blechen betrachtet.

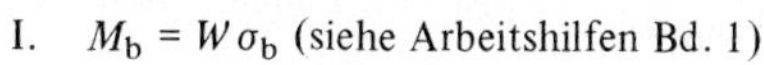

I. $M_b = W\,\sigma_b$ (siehe Arbeitshilfen Bd. 1)

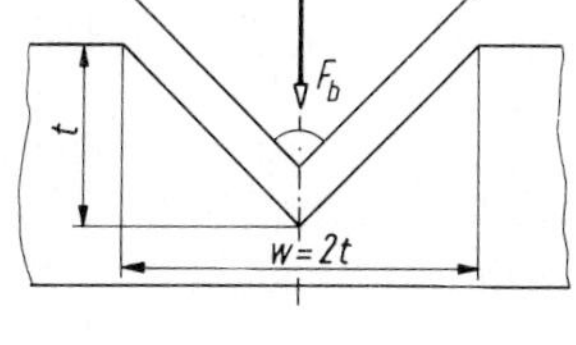

II. $M_{b\,max} = \frac{F_b}{2}\cdot\frac{w}{2}$

III. $W = \frac{b\,s^2}{6}$ (Reckteckquerschnitt mit b Blechbreite, s Blechdicke)

I. $M_b = \frac{b\,s^2\,\sigma_b}{6}$

$$\frac{b\,s^2\,\sigma_b}{6} = \frac{F_b\,w}{4}$$

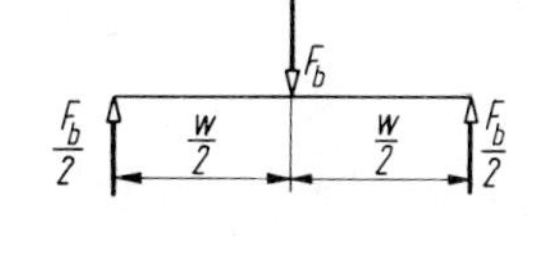

$$F_b = \frac{2\,b\,s^2\,\sigma_b}{3\,w}$$

F_b	b, s, w	σ_b
N	mm	$\frac{N}{mm^2}$

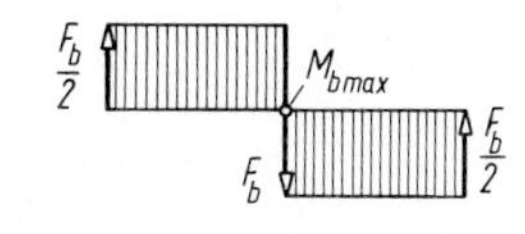

2

Zusammenhang zwischen Blechdicke s und Gesenktiefe t

Blechdicke s in mm	Gesenktiefe t in mm	Gesenkbreite w in mm
$\leqslant 0{,}5$	$10\,s$	$20\,s$
0,6 ... 1	$8\,s$	$16\,s$
> 1	$6\,s$	$12\,s$

3

Praktische Gleichung für die Biegekraft F_b

$$F_b = c\,\frac{b\,s^2\,\sigma_b}{w}$$

4

Korrekturfaktor c

$$c = 1 + \frac{4\,s}{w}$$

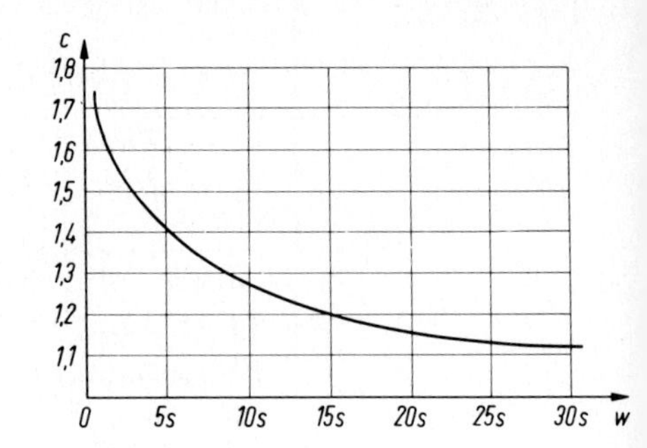

5

Beispiel

Ein V-förmiges Biegegesenk ist unter Berücksichtigung der Rückfederung für Stahlbleche mit einer Blechdicke $s = 1$ mm ausgelegt. Der Fertigungsradius beträgt $r_{i2} = 10$ mm, die Gesenkweite $w = 40$ mm.
Zulässige Biegespannung $\sigma_{b\,zul} = 500$ N/mm²,
Elastizitätsmodul $E = 2{,}1 \cdot 10^5$ N/mm².
Wie groß ist die erforderliche Biegekraft für eine Blechbreite $b = 1500$ m
Welchen Biegeradius r_{i1} muß das Biegegesenk aufweisen?

Biegekraft $F_{b\,erf}$:

$$F_{b\,erf} = c\,\frac{b\,s^2\,\sigma_{b\,zul}}{w}\,; \quad c = 1 + \frac{4\,s}{w}; \quad c = 1{,}1$$

$$F_{b\,erf} = 1{,}1 \cdot \frac{1500\text{ mm} \cdot 1\text{ mm}^2 \cdot 500\text{ N}}{40\text{ mm} \cdot \text{mm}^2}$$

$$F_{b\,erf} = 20\,625\text{ N}$$

Biegeradius r_{i1}:

Zur Ermittlung des Biegeradius r_{i1} muß zunächst der Rückfederungswert K und dazu das maximale Biegemoment $M_{b\,max}$ bestimmt werden.

$$K = 1 - \frac{12\,M_{b\,max}\,(r_{i1} + 0{,}5\,s)}{E\,b\,s^3}$$

$$M_{b\,max} = \frac{F_{b\,erf}}{2} \cdot \frac{w}{2} = 206\,250\text{ Nmm}$$

$$K = 1 - \frac{12 \cdot 20\,630\text{ Nmm}\,(10\text{ mm} + 0{,}5 \cdot 1\text{ mm})}{2{,}1 \cdot 10^5\text{ N/mm}^2 \cdot 1500\text{ mm} \cdot 1\text{ mm}^3}$$

$$K = 0{,}9175 = k$$

$$k = \frac{r_{i1} + 0{,}5\,s}{r_{i2} + 0{,}5\,s}$$

$$r_{i1} = k\,(r_{i2} + 0{,}5\,s) - 0{,}5\,s$$

$$r_{i1} = 9{,}134\text{ mm}$$

5. Tiefziehen

5.1. Begriffe

Tiefziehen	Umwandeln eines ebenen Blechzuschnitts in einen Hohlkörper; bei komplizierten Formen in mehreren Stufen. Zugdruckumformen DIN 8584.	1
Streckziehen	Fertigen von Hohlkörpern durch Einbringen eines Formstempels in ein vorgespanntes Blech. Es können nur geringe Vertiefungen erzeugt werden (DIN 8585).	2
Abstreckziehen	Verringern der Wanddicke eines Hohlkörpers unter gleichzeitiger Verringerung des Durchmessers. Die Dicke des Bodens bleibt erhalten.	3

5.2. Spannungen beim Tiefziehen

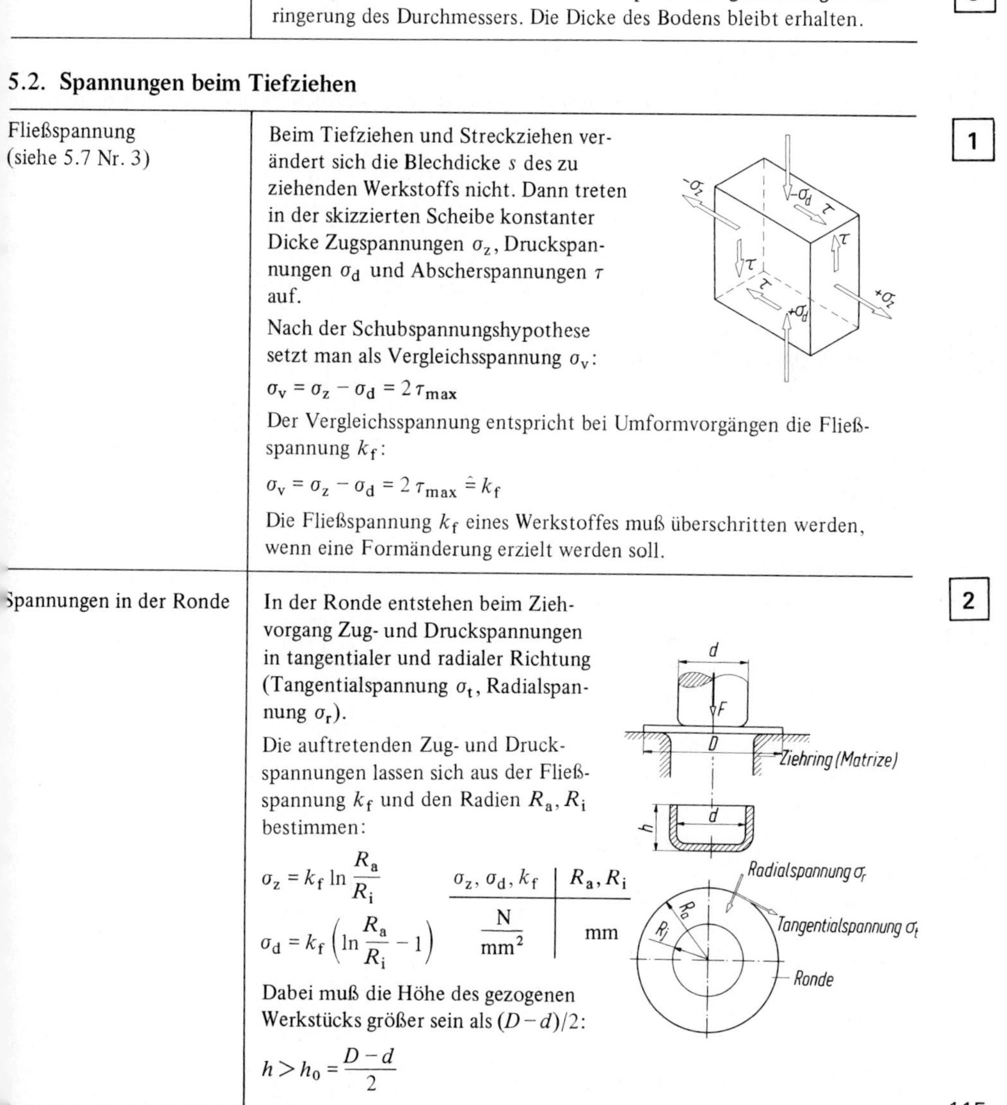

Fließspannung (siehe 5.7 Nr. 3) — 1

Beim Tiefziehen und Streckziehen verändert sich die Blechdicke s des zu ziehenden Werkstoffs nicht. Dann treten in der skizzierten Scheibe konstanter Dicke Zugspannungen σ_z, Druckspannungen σ_d und Abscherspannungen τ auf.

Nach der Schubspannungshypothese setzt man als Vergleichsspannung σ_v:

$$\sigma_v = \sigma_z - \sigma_d = 2\,\tau_{max}$$

Der Vergleichsspannung entspricht bei Umformvorgängen die Fließspannung k_f:

$$\sigma_v = \sigma_z - \sigma_d = 2\,\tau_{max} \mathrel{\hat{=}} k_f$$

Die Fließspannung k_f eines Werkstoffes muß überschritten werden, wenn eine Formänderung erzielt werden soll.

Spannungen in der Ronde — 2

In der Ronde entstehen beim Ziehvorgang Zug- und Druckspannungen in tangentialer und radialer Richtung (Tangentialspannung σ_t, Radialspannung σ_r).

Die auftretenden Zug- und Druckspannungen lassen sich aus der Fließspannung k_f und den Radien R_a, R_i bestimmen:

$$\sigma_z = k_f \ln \frac{R_a}{R_i}$$

$$\sigma_d = k_f \left(\ln \frac{R_a}{R_i} - 1\right)$$

σ_z, σ_d, k_f	R_a, R_i
$\frac{N}{mm^2}$	mm

Dabei muß die Höhe des gezogenen Werkstücks größer sein als $(D-d)/2$:

$$h > h_0 = \frac{D-d}{2}$$

5.3. Rechnerische Ermittlung des Zuschnittdurchmessers

1 Voraussetzungen

Werkstoffvolumen und Oberfläche bleiben bei der plastischen Verformung konstant. Änderungen der Blechdicke werden bei der Zuschnittermittlung nicht berücksichtigt.
Die nachfolgenden Berechnungen gehen von der Konstanz der Oberflächen aus:
Oberfläche A_r der Ronde = Oberfläche A_w des zu ziehenden Werkstücks

2 Beispiel

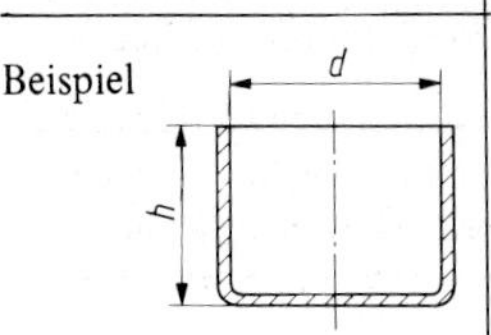

Gesucht wird der Rondendurchmesser D

$$A_r = A_w$$

$$\frac{\pi D^2}{4} = \frac{\pi d^2}{4} + \pi d h$$

$$D = \sqrt{d^2 + 4dh}$$

3 Beispiel

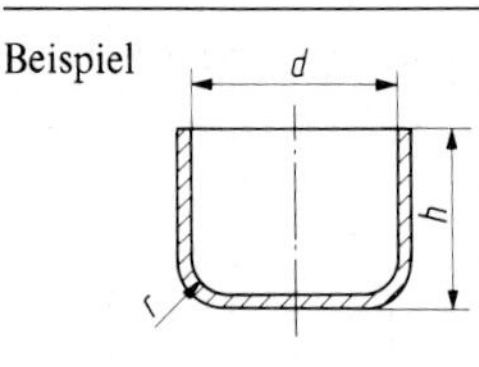

Gesucht wird der Rondendurchmesser D für einen Napf mit rundem Ansatz.

$$A_r = A_w$$

$$\frac{\pi D^2}{4} = \underbrace{\frac{\pi}{4}(d-2r)^2}_{\text{Boden}} + \underbrace{\pi d(h-r)}_{\text{Zylinder}} + \underbrace{\pi^2 r\left(0{,}9003\,r + \frac{d-2r}{2}\right)}_{\text{runder Ansatz}}$$

$$D = \sqrt{(d-2r)^2 + 4d(h-r) + 4\pi r\left(0{,}9003\,r + \frac{d-2r}{2}\right)}$$

4 Rondendurchmesser D für ausgewählte Ziehteile

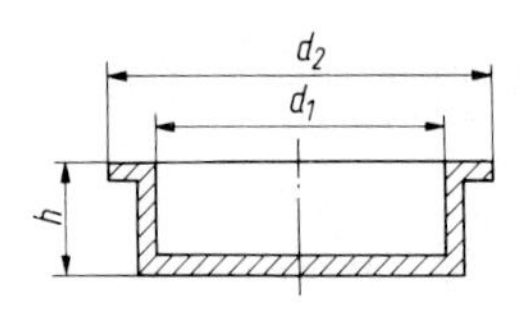

$$D = \sqrt{d_2^2 + 4d_1 h}$$

5

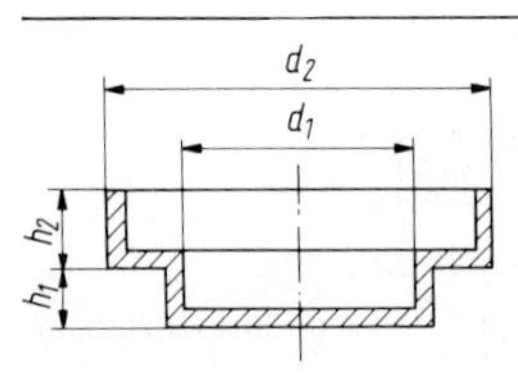

$$D = \sqrt{d_2^2 + 4(d_1 h_1 + d_2 h_2)}$$

6

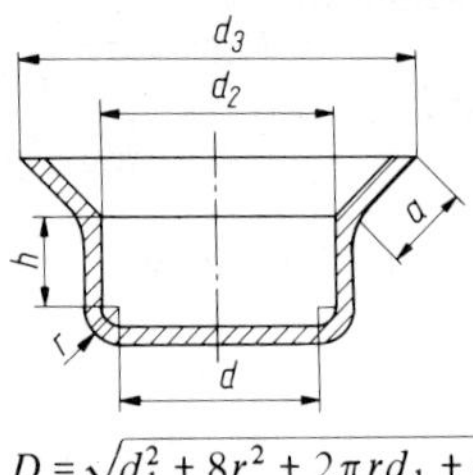

$$D = \sqrt{d_1^2 + 8r^2 + 2\pi r d_1 + 4d_2 h + 2a(d_2 + d_3)}$$

7

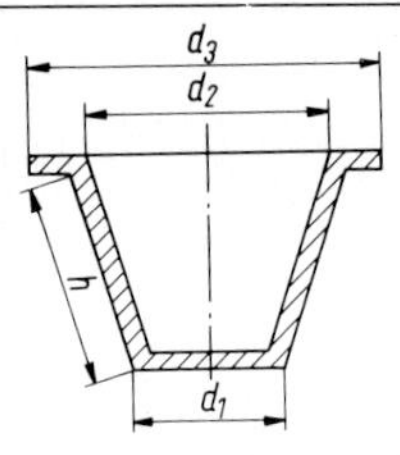

$$D = \sqrt{d_1^2 - d_2^2 + d_3^2 + 2h(d_1 + d_2}$$

8

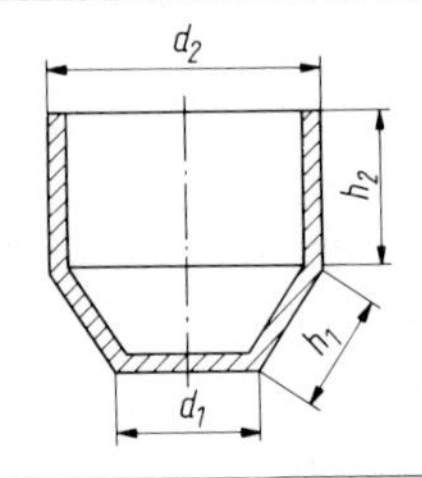

$$D = \sqrt{d_1^2 + 4d_2 h_2 + 2h_1(d_1 + d}$$

9

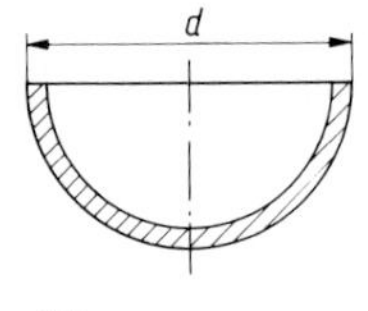

$$D = d\sqrt{2} = 1{,}4\,d$$

5.4. Zeichnerische Ermittlung des Zuschnittdurchmessers

Voraussetzung	Es handelt sich um rotationssymmetrische Werkstücke. Zeichnerische Bestimmung des Linienschwerpunktes siehe Arbeitshilfen Bd. 1, 5.7; Guldinsche Regel 5.8.
Arbeitsplan	1. Profillinie bis zur Symmetrieachse maßstäblich aufzeichnen. 2. Teilschwerpunkte der die Profillinie ergebenden Teillinien bestimmen. 3. Wirklinien in Richtung der Symmetrieachse durch die Teilschwerpunkte legen. 4. „Kräfteplan" maßstäblich zeichnen; Pol festlegen und Polstrahlen ziehen. 5. Seileck durch Parallelverschiebung zeichnen; Schnittpunkt der äußeren Seilstrahlen ergibt Lage der Schwerlinie und Abstand x_0 zur Symmetrieachse. 6. Nach *Guldin* rechnerische Ermittlung des Zuschnittdurchmessers: $A_{\text{Ronde}} = 2\pi\, l_{\text{ges}}\, x_0$; l_{ges} = Summe der Teillängen l_{1-n} $\frac{\pi D^2}{4} = 2\pi\, l_{\text{ges}}\, x_0$ $D = \sqrt{8\, l_{\text{ges}}\, x_0}$
Beispiel	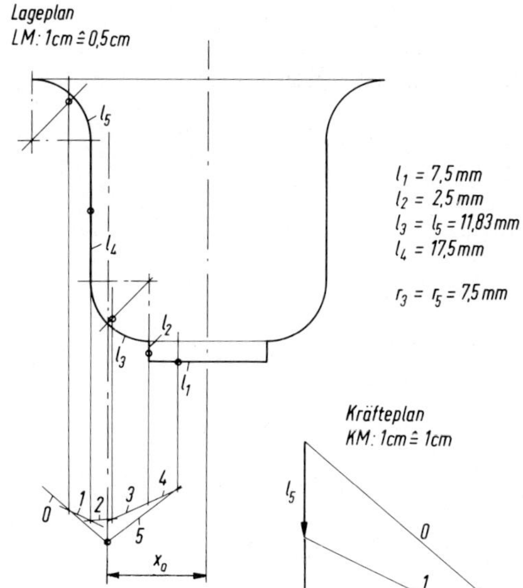 Lageplan LM: 1cm ≙ 0,5cm l_1 = 7,5 mm l_2 = 2,5 mm l_3 = l_5 = 11,83 mm l_4 = 17,5 mm r_3 = r_5 = 7,5 mm Kräfteplan KM: 1cm ≙ 1cm $x_0 \mathrel{\hat=} 2{,}6$ cm = 13 mm Rondendurchmesser D: $D = \sqrt{8\, l_{\text{ges}}\, x_0}$ $D = 72{,}94$ mm

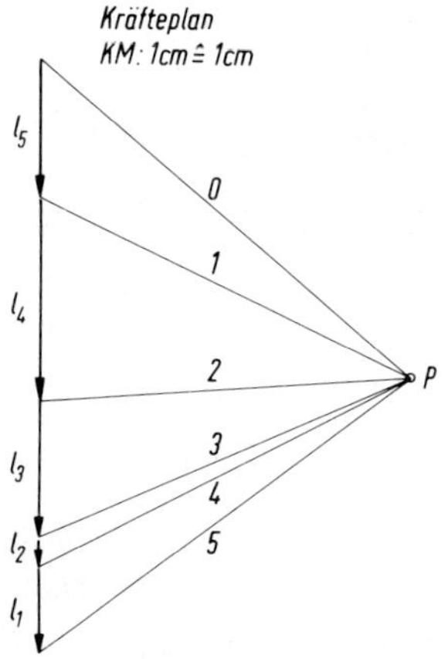

1

2

3

5.5. Ziehverhältnis

1	Begriff	Das Ziehverhältnis β_0 ist der Quotient aus dem Rondendurchmesser D und dem Enddurchmesser d: $$\beta_0 = \frac{D}{d}$$ Aufgrund dieses Ziehverhältnisses kann ermittelt werden, ob ein Ziehteil in einem Zug (Anschlag) oder in mehreren Zügen (Weiterschlag) hergestellt werden muß.
2	Einflußgrößen	Das Ziehverhältnis ist abhängig 1. vom umzuformenden Werkstoff. Spröder Werkstoff reißt im gefährdeten Querschnitt leicht ein (Bodenreißer), 2. von der Gestalt des Ziehteils. Kleine Abrundungsradien führen ebenfalls zu Bodenreißern. Je größer die Abrundungsradien, desto größer ist das erreichbare Ziehverhältnis. 3. von der Blechdicke s. Dünne Bleche neigen eher als dickere zur Faltenbildung. 4. von der Schmierung zwischen Stempel und Ziehteil. 5. von der Größe der Niederhalterkraft.
3	Maximales Ziehverhältnis	Für gut ziehfähige Werkstoffe, z.B. Ck10, Ck22 oder 15Cr3 $$\beta_{0\,max} = 2{,}15 - 10^{-3}\,\frac{d}{s}$$ Für weniger gut ziehfähige Werkstoffe: $$\beta_{0\,max} = 2{,}0 - 1{,}1 \cdot 10^{-3}\,\frac{d}{s}$$ d Stempel- oder Werkstückinnendurchmesser s Blechdicke

5.6. Bodenkraft (Reißkraft)

1	Spannungen in der Bodenkrümmung	σ_q Querspannung σ_l Zug-(Längs-)spannung
2	Bodenkraft F_{Boden}	$$F_{Boden} = (d + s)\,\pi\, s \cdot \frac{1{,}1\,R_m\,(r_{St} + 0{,}5\,s)}{r_{St} + 0{,}95\,s}$$ F_B: N; R_m: $\frac{N}{mm^2}$; d, s, r_{St}: mm F_{Boden} Bodenkraft, d Stempeldurchmesser, s Blechdicke, r_{St} Stempelradius, R_m Zugfestigkeit des zu ziehenden Werkstoffs *Grenzbetrachtung:* Blechdicke s gegen 0: Bodenkraft F_{Boden} geht gegen 0. Stempelradius r_{St} gegen 0: Bodenkraft F_{Boden} wird kleiner.

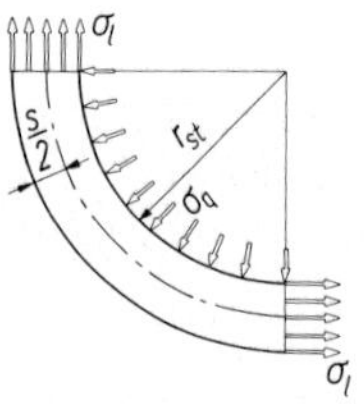

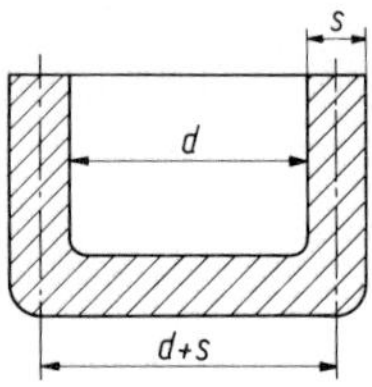

F_B	R_m	d, s, r_{St}
N	$\frac{N}{mm^2}$	mm

Stempelradius r_{St}	$r_{St} \approx 0{,}1 \dots 0{,}3\, d$	3
Matrizenradius r_M	$r_M \approx 5 \dots 10\, s$ Matrizenradius und Stempelradius zu klein gewählt: Starke Dehnung; der Werkstoff reißt am Matrizen- oder Stempelradius ab. Matrizenradius und Stempelradius zu groß gewählt: Faltenbildung des Bleches.	4

r_M

5.7. Stempelkraft beim Tiefziehen eines zylindrischen Zuges

Stempelkraft F_z nach *Siebel* [1]

$$F_z = \frac{\pi d s k_{fm} \ln \dfrac{D}{d}}{\eta_{Form}}$$

F_z	k_{fm}	D, d, s	η_{Form}
N	$\frac{N}{mm^2}$	mm	1

F_z Stempelkraft, k_{fm} mittlere Fließspannung, D Rondendurchmesser, d Stempeldurchmesser, s Blechdicke, η_{Form} Formänderungswirkungsgrad

Formänderungswirkungsgrad η_{Form} [2]

$\eta_{Form} \approx 0{,}5 \dots 0{,}65$, berücksichtigt die Reibung am Ziehring und Niederhalter

Fließdiagramm für einige tiefziehfähige Werkstoffe (k_f, β_0-Diagramm) [3]

Fließspannung k_f in $\frac{N}{mm^2}$

900, 800, 700, 600, 500, 400, 300, 200, 100

X15 CrNi 189

Ck 22

Ck 15 (k_{fm})

0, 0,1, 0,2, 0,3, 0,4, 0,5, 0,6, 0,7

logarithmisches Ziehverhältnis $\ln \beta_0$

Stempelkraft F_z nach *Schuler* [4]

$$F_z = n \pi d s R_m$$

F_z	d, s	R_m	n
N	mm	$\frac{N}{mm^2}$	1

Ziehfaktor n [5]

$$n = 1{,}2\, \frac{\beta_0 - 1}{\beta_{0\,max} - 1} \quad ; \quad \beta_0 = \frac{D}{d}$$

Ziehspaltweite w [6]

$$w \geqslant s; \quad w = s \sqrt{\frac{D}{d}} = s \sqrt{\beta_0}$$

w

Ziehspaltweite w zu groß gewählt:
Es kann keine zylindrische Form gezogen werden.

Ziehspaltweite w zu klein gewählt:
Beim Ziehen wird gleichzeitig noch abgestreckt, was in Grenzen einkalkuliert wird (Abstrecken: Verringern der Blechdicke s am Mantel des Ziehteils). Die zylindrische Form wird exakt eingehalten. Die Ziehkraft steigt aber an. Es besteht die Gefahr, daß der Boden abreißt.

7 Blechhaltekraft F_B

$$F_B = \frac{\pi}{4}\,[D^2 - (d + 2\,r_M)^2]\,p$$

F_B	D, d, r_M, s	p
N	mm	$\frac{N}{mm^2}$

$$F_B \approx \frac{\pi}{4}\,(D^2 - d^2)\,p$$

Flächenpressung p:

$$p = 2\left(\frac{D}{d} - 1{,}2\right)\frac{D}{100\,s}$$

Matrizenradien und Ziehspaltweite werden vernachlässigt.

8 Maximale Ziehgeschwindigkeit v_{max} (Kurbelpresse)

Kolbengeschwindigkeit = Ziehgeschwindigkeit v_{max}

$v_{max} = r\,\omega\,\sin\varphi$

φ Kurbelwinkel
r Kurbelradius
ω Winkelgeschwindigkeit der Kurbel

Näheres zum Schubkurbelgetriebe siehe Arbeitshilfen Bd. 1, 6.7.

Empirisch ermittelte maximale Drehzahl n_{max} der Kurbel:

$$n_{max} = 62\,500\,\frac{\beta_{0\,max}}{h\,\beta_0\,\sqrt{R_m}}\,\sin\varphi \qquad h = 2\,r \quad \text{Hub}$$

v_{max} wird bei $\varphi = 90^\circ$ ($\sin\varphi = 1$) erreicht.

Mit einem angenommenen Verhältnis $r/h = 0{,}5$ ergibt sich die maximal zulässige Ziehgeschwindigkeit

$$v_{max} = 3272{,}5\,\frac{\beta_{0\,max}}{\beta_0\,\sqrt{R_m}}$$

v_{max}	$\beta_0, \beta_{0\,max}$	R_m
$\frac{mm}{min}$	1	$\frac{N}{mm^2}$

5.8. Fehler

Fehler	Ursachen	Änderungsvorschlag
Doppelungen im Werkstoff	Oxid- oder Sandeinschlüsse im Werkstoff	Vor dem Umformen Ultraschallprüfung durchführen. Blechqualität verbessern.
Betonte Walzstruktur (Textur) führt zu Zipfelungen	Walzen des Bleches ergibt Zeilenstruktur. Mechanische Eigenschaften des Werkstoffs stark abhängig von der Walzrichtung.	Normalglühen des Bleches bei 900 ... 950 °C ergibt sehr feines Gefüge. Walzstruktur geht verloren. Die mechanischen Eigenschaften des Werkstoffs sind nach dem Glühprozeß richtungsunabhängig.
Blechdickenabweichungen	Abgenutzte Walzen	Gewünschte maximale Blechdickenabweichung vorschreiben
Bodenreißer (häufiger Fall)	Ziehverhältnis zu groß	Zugabstufung wählen: Durch größere Anzahl der Züge vermindert sich der Verformungsgrad pro Zug! Blechqualität verbessern.
Bodenabriß (seltener Fall)	Ziehwerkzeug falsch ausgelegt	Werkzeuggestaltung generell überarbeiten.
Ziehriefen in der Oberfläche des Ziehteils	Übermäßiger Verschleiß des Ziehwerkzeugs	Hartverchromen der dem stärksten Verschleiß ausgesetzten Werkzeugoberflächen (Stempel, Matrize).

5.9. Oberflächenbehandlung von Umformwerkzeugen

Gründe für Oberflächenbehandlungen	Beim Umformen tritt Reib- und Adhäsionsverschleiß auf. Auf Werkzeugen und Werkstücken bilden sich Riefen. Die Riefenbildung kann verzögert werden, wenn das Werkzeug mit einer verschleißfesten, eisenfreien Schicht überzogen wird. Je höher der Schmelzpunkt und die Härte der Schicht, desto geringer ist der abrasive Verschleiß bzw. die Neigung zur Riefenbildung.
Nitrieren (Gasnitrieren)	Bildung der Nitridschicht bei 450 ... 500 °C Schichtdicken liegen zwischen 50 μm und 150 μm Härte der Nitridschicht: 1000 ... 1400 HV 0,05 Vorteile. Durch engen Verbund der Nitridschicht mit dem Grundwerkstoff können auch Werkzeuge mit engen Radien oder Kanten behandelt werden. Nitrieren ist ein billiges Beschichtungsverfahren. Nachteile: Änderungen oder Reparaturen an nitrierten Werkzeugen sind nur unter erhöhtem Aufwand möglich, z.B. muß nach Schweißarbeiten am Werkzeug nachnitriert werden.
Hartverchromen	Bildung der Chromschicht bei 50 °C Schichtdicken liegen zwischen 30 μm und 40 μm Härte der Chromschicht: 1100 HV Vorteile: Beim Hartverchromen treten keinerlei Gefüge- oder Maßveränderungen auf. Das Verfahren ist fast unabhängig von der Größe und der Geometrie des Werkzeugs. Nachteile: An kleinen Radien oder scharfen Kanten kann die Chromschicht abblättern. Nach Reparaturen oder Änderungen am Werkzeug kann – nach einer Entchromung – wieder verchromt werden. Das Verfahren ist ungefähr 60 % teurer als das Nitrieren.
Titancarbidbeschichtung	Bildung der TiC-Schicht bei 1100 °C Schichtdicken liegen zwischen 6 μm und 12 μm Härte der TiC-Schicht: 4100 HV0,05 Vorteile: Sehr gute Haftung am Grundwerkstoff des Werkzeugs. Der Verschleiß ist durch die große Härte von Titancarbid sehr gering. Nachteile: Es können nur kleine Werkzeuge oder Werkzeugeinsätze beschichtet werden (Ofengröße). Nach Reparaturen oder Werkzeugänderungen kann nicht nachbeschichtet werden; eine Neuanfertigung ist erforderlich. Das Verfahren ist ungefähr 300 % teurer als das Nitrieren.

5.10. Beispiele

Beispiel 1: Ein Napf soll in einem Zug (Anschlagzug) gezogen werden. Die Blechstärke beträgt $s = 1$ mm. Der Innendurchmesser des Napfes sei $d = 80$ mm, seine zylindrische Höhe $h = 50$ mm.

Es soll berechnet werden, bei welchem Stempelradius r_{St} ein Aufreißen des Bodens eintritt, wenn die Blechdicke s_1 an der Bodenrundung 10 % geringer ist als am zylindrischen Teil des Napfes.

Folgende Fragen müssen dazu gelöst werden:

a) Wie groß ist der Zuschnittdurchmesser D, wenn 10 % Abfall am Flansch einkalkuliert werden muß?

b) Wie groß ist das Ziehverhältnis β_0?

c) Welche Ziehkraft F_z nach *Siebel* ergibt sich, wenn die mittlere Fließspannung $k_{fm} = 780$ N/mm² beträgt?

d) Wie groß ist die Reißkraft F_{Boden} bei einer Zugfestigkeit $R_m = 800$ N/mm²?

e) Welche maximale Ziehkraft $F_{z\,max}$ kann die Bodenrundung bei einem angenommenen Stempelradius $r_{St} = 0{,}2\,d$ übertragen?

Lösung: a) Zuschnittdurchmesser D bei scharfkantigem Ziehen

$$D = \sqrt{d^2 + 4\,d\,h} = 149{,}67 \text{ mm};$$

bei 10 % Abfall beträgt der Zuschnittdurchmesser $D = 164{,}6$ mm.

b) Ziehverhältnis β_0

$$\beta_0 = \frac{D}{d} = 1{,}87$$

c) Ziehkraft nach *Siebel* ($\eta_{Form} = 0{,}6$ gewählt)

$$F_z = \frac{\pi\,d\,s\,k_{fm}\ln\dfrac{D}{d}}{\eta_{Form}} = \frac{\pi\;80\text{ mm}\cdot 1\text{ mm}\cdot 780\,\dfrac{\text{N}}{\text{mm}^2}\cdot\ln 1{,}87}{0{,}6} = 204\,663\text{ N}$$

d) Reißkraft F_{Boden} ($k_f \approx R_m$)

$$F_{Boden} = (d + s)\,\pi\,s\,\frac{1{,}1\,R_m\,(r_{St} + 0{,}5\,s)}{r_{St} + 0{,}95\,s}$$

$$F_{Boden} = (80\text{ mm} + 1\text{ mm})\,\pi\,1\text{ mm}\cdot\frac{1{,}1\cdot 800\,\dfrac{\text{N}}{\text{mm}^2}\cdot(16\text{ mm} + 0{,}5\cdot 1\text{ mm})}{16\text{ mm} + 0{,}95\cdot 1\text{ mm}}$$

$$F_{Boden} = 217\,988\text{ N}$$

e) Die Reißkraft an der Bodenrundung ist bei einem Stempelradius $r_{St} = 0{,}2\cdot 80\text{ mm} = 16$ mm geringfügig größer als die Ziehkraft F_z.

Beispiel 2: Ein gut tiefziehfähiger Werkstoff (USt12) mit einer Blechdicke $s = 2$ mm soll auf einer doppelt wirkenden Presse zu einem Napf gezogen werden. Der Stempeldurchmesser beträgt $d = 140$ mm; für den Rondendurchmesser wurden $D = 256$ mm errechnet.

Für die Fertigung des Napfes müssen folgende Werte ermittelt werden:

a) Ziehverhältnis β_0.

b) Grenzziehverhältnis $\beta_{0\,max}$.

c) Ziehfaktor n für die Bestimmung der Ziehkraft nach *Schuler*.

d) Ziehkraft F_z nach *Schuler* bei $R_m = 420$ N/mm².

e) Ziehkraft F_z nach *Siebel* bei $k_{fm} = 360$ N/mm².

f) Maximale Ziehgeschwindigkeit v_{max} des Stempels.

g) Reißkraft des Bodens F_{Boden} für eine Stempelradius $r_{St} = 0{,}1\,d$.

h) Zieharbeit W_z bei einem Ungleichförmigkeitsfaktor $x = 0{,}75$.

i) Erforderliche Leistung P der Presse bei der maximalen Drehzahl nach 5.7 Nr. 8.

j) Blechhaltekraft F_B.

Lösung: a) Ziehverhältnis β_0

$$\beta_0 = \frac{D}{d} = 1{,}829$$

b) Grenzziehverhältnis $\beta_{0\,max}$

$$\beta_{0\,max} = 2{,}15 - 10^{-3}\frac{d}{s} = 2{,}08$$

c) Ziehfaktor n

$$n = 1{,}2\,\frac{\beta_0 - 1}{\beta_{0\,max} - 1} = 0{,}921$$

d) Ziehkraft F_z nach *Schuler*

$$F_z = n\,\pi\,d\,s\,R_m = 340\,306\ \text{N}$$

e) Ziehkraft F_z nach *Siebel* ($\eta_{Form} = 0{,}58$ gewählt, siehe 5.7 Nr. 2)

$$F_z = \frac{\pi\,d\,s\,k_{fm}\ln\frac{D}{d}}{\eta_{Form}} = 329\,522\ \text{N}$$

f) Maximale Ziehgeschwindigkeit v_{max}

$$v_{max} = 3272{,}5\,\frac{\beta_{0\,max}}{\beta_0\sqrt{R_m}} = 181{,}6\,\frac{\text{mm}}{\text{min}}$$

g) Reißkraft F_{Boden}

$$F_{Boden} = (d + s)\,\pi\,s\,\frac{1{,}1\,R_m\,(r_{St} + 0{,}5\,s)}{r_{St} + 0{,}95\,s}$$

$$F_{Boden} = 388\,870\ \text{N}$$

h) Zieharbeit W_z

$W_z = x\,F_z\,h$; h Stempelweg, errechnet sich aus der Gleichung für den Rondendurchmesser D:

$$\frac{D^2\pi}{4} = \frac{d^2\pi}{4} + \pi\,d\,h$$

$$h = \frac{D^2 - d^2}{4d} = 82{,}03\ \text{mm}$$

$$W_z = 0{,}75 \cdot 340\,306\ \text{N} \cdot 82{,}03\ \text{mm} = 20\,937\ \text{Nm}$$

i) Leistung P der Presse

$$P = W_z\,\frac{n}{60}; \quad n_{max} = 62\,500\,\frac{\beta_{0\,max}}{h\,\beta_0\sqrt{R_m}} = 42{,}3\ \text{min}^{-1}$$

$$P = 14\,761\,\frac{\text{Nm}}{\text{s}} = 14{,}761\ \text{kW}$$

j) Blechhaltekraft F_B

$$F_B = \frac{\pi}{4}(D^2 - d^2)\,p; \quad p = 2\left(\frac{D}{d} - 1{,}2\right)\frac{D}{100\,s} = 1{,}61\,\frac{\text{N}}{\text{mm}^2}$$

$$F_B = 58\,086\ \text{N}$$

Spanlose Fertigung

6. Schmieden

6.1. Begriffe

Nr.	Begriff	Erläuterung
1	Stauchen	Das Schmiedewerkstück kann bei der Umformung allseitig ausweichen. *Beispiel:* Eine Stange wird senkrecht in Richtung ihrer Längsachse zusammengedrückt (DIN 8583).
2	Strecken	Der Querschnitt des Schmiedewerkstücks wird verringert, die Länge vergrößert.
3	Absetzen	Örtliches Strecken des Schmiedewerkstücks.
4	Gesenkschmieden	Der Werkstoff wird in eine allseitig geschlossene Form geschlagen. Die Form besteht aus zwei Teilen: Ober- und Untergesenk.

6.2. Fließspannung und Formänderung

1 Verschmiedungsgrad

Verhältnis von Blockquerschnitt A_0 zum Endquerschnitt A_1:

$$\text{Verschmiedungsgrad} = \frac{A_0}{A_1}$$

2 Fließspannung

Abhängigkeiten:

1. Werkstoff (chemische Zusammensetzung, Gefügezustand)
2. Umformtemperatur t
3. Werkzeuggeschwindigkeit v

$$k_f = k_{f0}\left(\frac{v}{h_1}\right)^n$$

k_f, k_{f0}	v	h_1	n
$\frac{N}{mm^2}$	$\frac{m}{s}$	m	1

k_f Fließspannung bei der Umformung
k_{f0} Fließspannung bei einer bestimmten Temperatur nach Nr. 5
v Werkzeuggeschwindigkeit
h_1 Endhöhe des Schmiedewerkstücks nach der Stauchung
n Formänderungskoeffizient nach Nr. 4

3 Längsspannung σ_l, Querspannung σ_q

$$\sigma_l = k_f\, e^{\frac{2\mu x}{h_1}}$$

$$\sigma_q = k_f\left(e^{\frac{2\mu x}{h_1}} - 1\right)$$

σ_l, σ_q, k_f	x, h_1	μ
$\frac{N}{mm^2}$	m	1

σ_l Längsspannung, σ_q Querspannung, k_f Fließspannung,
μ Gleitreibzahl, x variable Länge, h_1 Endhöhe nach dem Stauchvorgang

4

Formänderung φ	$\varphi = \ln \frac{h_0}{h_1}$ — φ: 1; h_0, h_1: m φ Formänderung h_0 Ausgangshöhe des Rohlings h_1 Endhöhe nach Stauchung

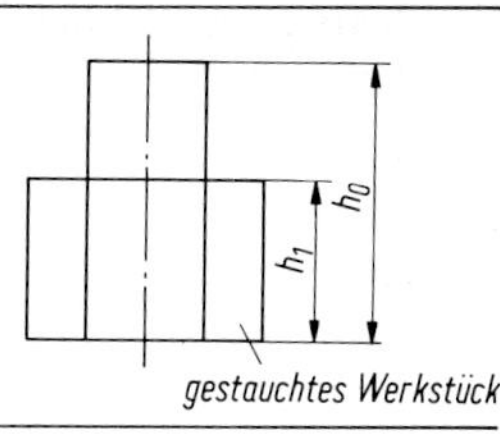

5

Fließspannung k_{f0} in $\frac{N}{mm^2}$ von C45 für $\frac{v}{h_0} = 1\ s^{-1}$ bei veränderlicher Temperatur in °C

φ	700 °C	750 °C	800 °C	900 °C	1000 °C	1100 °C
0,05	250	180	179	106	79	56
0,1	252	209	203	132	95	66
0,2	256	239	234	160	108	74
0,3	255	251	249	173	111	76
0,4	259	256	249	174	109	76

Verformungsexponent n bei veränderlicher Temperatur in °C

φ	700 °C	750 °C	800 °C	900 °C	1000 °C	1100 °C
0,05	0,078	0,102	0,08	0,089	0,1	0,175
0,1	0,085	0,103	0,082	0,103	0,125	0,168
0,2	0,086	0,099	0,086	0,108	0,128	0,167
0,3	0,083	0,097	0,083	0,11	0,162	0,18
0,4	0,083	0,103	0,105	0,134	0,173	0,188

6.3. Werkzeug- und Umformgeschwindigkeit

1

Werkzeuggeschwindigkeit v	Hammer $v = (5 \ldots 7)\ \frac{m}{s}$ Kurbelpresse $v = (0{,}4 \ldots 0{,}6)\ \frac{m}{s}$ Hydraulische Presse $v = 0{,}5\ \frac{m}{s}$

2

Umformgeschwindigkeit ω	ω ist abhängig von $\frac{v}{h} \neq$ konstant $\omega_{max} = \frac{v}{h_0}$ — ω: $\frac{1}{s}$; v: $\frac{m}{s}$; h_0: m v Werkzeuggeschwindigkeit beim Auftreffen auf das Schmiedewerkstück h_0 Höhe des Werkstücks vor dem Stauchvorgang Mittlere Umformgeschwindigkeit ω_m $\omega_m = 0{,}85\ \omega_{max}$ Umformgeschwindigkeit ω für einige Umformmaschinen: Hammer $\omega = (40 \ldots 160)\ \frac{1}{s}$ Kurbel- oder Exzenterpresse $\omega = (4 \ldots 25)\ \frac{1}{s}$ Hydraulische Presse $\omega = (0{,}01 \ldots 10)\ \frac{1}{s}$

6.4. Erforderliche Stauchkraft F_{erf} eines prismatischen Körpers unter Berücksichtigung der Reibung

1

Kreisförmiger Werkstückquerschnitt

$$F_{erf} = A \underbrace{k_{f0} \left(\frac{v}{h_1}\right)^n}_{k_f} \left(1 + \frac{1}{3}\,\frac{\mu d_1}{h_1}\right)$$

F_{erf}	k_{f0}	A	v	b_1, h_1, d_1, l_1	μ, n
N	$\frac{N}{mm^2}$	mm^2	$\frac{m}{s}$	m	1

F_{erf} Stauchkraft, A Querschnittsfläche des Werkstücks, v Werkzeuggeschwindigkeit, h_1 Höhe des Werkstücks nach dem Stauchvorgang, d_1 Durchmesser des Werkstücks nach dem Stauchvorgang, n Formänderungskoeffizient, μ Gleitreibzahl

2

Rechteckiger Werkstückquerschnitt

$$F_{erf} = \underbrace{b_1 l_1}_{A} k_{f0} \left(\frac{v}{h_1}\right)^n \left(1 + \frac{\mu l_1}{h_1}\right)$$

b_1 Breite
h_1 Endhöhe
l_1 Länge des Werkstücks

6.5. Erforderliche Arbeit W_{erf} für das Stauchen eines prismatischen Körpers mit Kreisquerschnitt unter Berücksichtigung der Reibung

$$W_{erf} = \int_{h_1}^{h_0} A k_f \left(1 + \frac{1}{3}\,\frac{\mu d_1}{h_1}\right) . \, dh$$

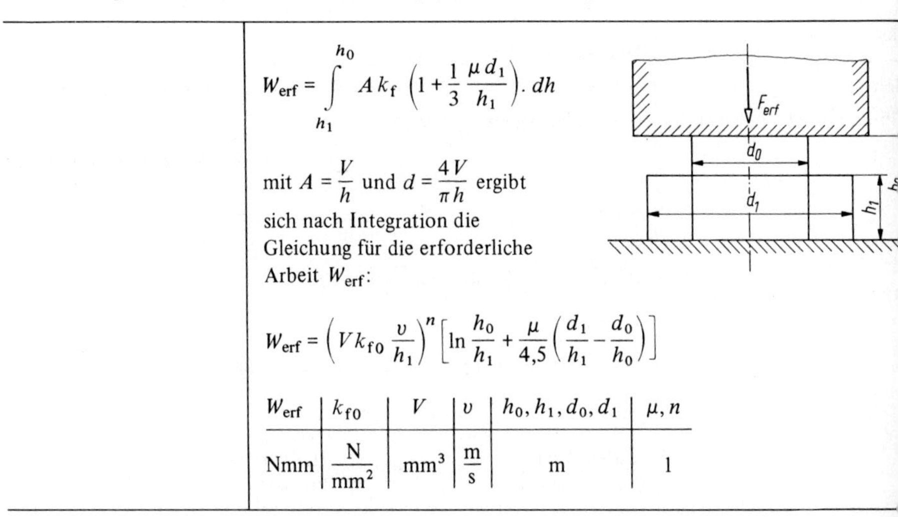

mit $A = \frac{V}{h}$ und $d = \frac{4V}{\pi h}$ ergibt sich nach Integration die Gleichung für die erforderliche Arbeit W_{erf}:

$$W_{erf} = \left(V k_{f0} \frac{v}{h_1}\right)^n \left[\ln \frac{h_0}{h_1} + \frac{\mu}{4{,}5}\left(\frac{d_1}{h_1} - \frac{d_0}{h_0}\right)\right]$$

W_{erf}	k_{f0}	V	v	h_0, h_1, d_0, d_1	μ, n
Nmm	$\frac{N}{mm^2}$	mm^3	$\frac{m}{s}$	m	1

6.6. Energiebetrachtung am Schabottehammer

1

Die gesamte Energie W_B des Hammerbärs ist die Summe aus der Nutzenergie W_N, der Bärrücksprungenergie W_R und der Schabotteverlustenergie W_S:

$$W_B = W_N + W_R + W_S$$

2

Schlagwirkungsgrad η_s (siehe auch Nr. 6)

$$\eta_s = \frac{W_B - W_R - W_S}{W_B} = 1 - \underbrace{\frac{W_R}{W_B}}_{V_R} - \underbrace{\frac{W_S}{W_R}}_{V_S}$$

$$V_R = \frac{m_B c_1^2 2}{2 m_B v_1^2} = \frac{c_1^2}{v_1^2}$$

$$V_S = \frac{m_S c_2^2 2}{2 m_B v_1^2} = \frac{m_S c_2^2}{m_B v_1^2}$$

V_S, V_R	m_B, m_S	v_1, c_2
1	kg	$\frac{m}{s}$

V_R Bärrücksprungverlust
m_B Masse des Bärs
c_1 Rückprallgeschwindigkeit des Bärs nach Nr. 3
v_1 Auftreffgeschwindigkeit des Bärs
V_S Schabotteverlust
m_S Masse der Schabotte
c_2 Schabotterückstoßgeschwindigkeit nach Nr. 5

3

Stoßzahl k

$$k = \frac{c_2 - c_1}{v_1 - v_2}$$

v_2 Schabottegeschwindigkeit
$v_2 = 0$ (angenommen)

Erfahrungswerte für Stoßzahl k
beim Freiformschmieden $k = 0{,}1 \dots 0{,}3$
beim Gesenkschmieden $k = 0{,}6 \dots 0{,}8$

4

Rückprallgeschwindigkeit c_1 des Bärs

Mit $Q = \frac{m_S}{m_B}$ ergibt sich

$$c_1 = \frac{v_1(1 - Qk)}{1 + Q}$$

Schabotterückstoßgeschwindigkeit c_2

$$c_2 = \frac{v_1(1 + k)}{1 + Q}$$

c_1, c_2, v_1	Q, k
$\frac{m}{s}$	1

5

Schlagwirkungsgrad η_s (siehe auch Nr. 1)

Mit dem Massenverhältnis Q und der Stoßzahl k kann der Schlagwirkungsgrad neu definiert werden:

$$\eta_s = \frac{1 - k^2}{1 + \frac{1}{Q}}$$

Erfahrungswert für den Schlagwirkungsgrad η_s bei Schabottehämmern:
$\eta_s \approx 0{,}3$

6

Maschinenwirkungsgrad η_M

Riemenfallhammer	$\eta_M = 0{,}2 \dots 0{,}3$
Kettenfallhammer	$\eta_M = 0{,}5$
Kurbelpresse	$\eta_M = 0{,}2 \dots 0{,}65$
Hydraulische Presse	$\eta_M = 0{,}1 \dots 0{,}6$

7

Gesamtwirkungsgrad η_{ges}

$$\eta_{ges} = \eta_s \eta_M$$

Erfahrungswert für den Gesamtwirkungsgrad η_{ges}

$\eta_{ges} = 0{,}05 \dots 0{,}3$

6.7. Gratbahn beim Gesenkschmieden

1 Die Gratbahn soll mit Sicherheit die Gesenkfüllung gewährleisten.

2 Gratbahndicke s

$s = 0{,}015\sqrt{A_s}$ oder

$s = 0{,}015\sqrt{D_s}$

s	A_s	D_s
mm	mm^2	mm

s Gratbahndicke, A_s projizierte Fläche des Werkstücks ohne Grat, D_s größter Durchmesser bei einer kreisförmigen Projektionsfläche

3 Richtwerte für Gratbahndicke s und Gratbreite b

A_s (mm^2)	s (mm)	Gratverhältnis b/s Stauchen	Breiten
bis 180	0,6	8	10
28 000 bis 71 000	4,0	3	3,5
180 000 bis 450 000	10	1	2

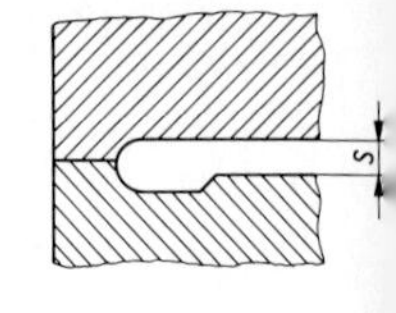

6.8. Schwindmaß und Temperaturerhöhung beim Schmieden

1 Temperaturdifferenz $\Delta\vartheta$

Voraussetzung: Die mechanische Umformenergie wird vollkommen in Wärme umgesetzt.

$Q = W_{id}$ ideelle mechanische Umformarbeit ohne Berücksichtigung der Reibung

$$m c \Delta\vartheta = V k_f \varphi$$

$$\Delta\vartheta = \frac{k_f \varphi 10^6}{\rho c}$$

$\Delta\vartheta$	k_f	ρ	c	φ
°C	$\frac{N}{mm^2}$	$\frac{kg}{m^3}$	$\frac{J}{kg\,°C} = \frac{Nm}{kg\,°C}$	1

c spezifische Wärmekapazität

Mittlere spezifische Wärmekapazitäten siehe Arbeitshilfen Bd. 1, 10.16.

6.9. Konstruktionshinweise

1. Stark unterschiedliche Wanddicken und örtliche Werkstoffanhäufungen vermeiden (Spannungsrisse
2. Scharfe Übergänge vermeiden (Kerbrisse).
3. Schmiedewerkstücke, die dünne Wanddicken oder Rippen haben, können nur im Gesenk geschmiedet werden (Kosten beachten).
4. Gesenkschmiedewerkstücke müssen mit einer ebenen Gratnaht ausgebildet werden. Keine Gratnaht an eine Schmiedekante anbringen.
5. Gesenkschmiedewerkstücke mit Aushebeschrägen versehen (DIN 7523 und 7524).
6. Hinterschneidungen vermeiden, da sonst erhebliche Werkzeugmehrkosten entstehen können.

6.10. Beispiele zum Schmieden

Beispiel 1: Durch Hammerschmieden soll ein niedriglegierter Stahlbutzen C15 mit einer Umformgeschwindigkeit $\omega_{max} = 63\,\frac{1}{s}$ bei einer Umformtemperatur $\vartheta = 1100\ °C$ gestaucht werden. Die Ausgangshöhe beträgt $h_0 = 15$ cm, das Verhältnis $h_0/d_0 = 1{,}5$. Die Endhöhe $h_1 = 9{,}1$ cm soll bei einem Schlag des Hammers erreicht werden.

Für die Fertigung des Butzens sind folgende Fragen zu lösen:

a) Welche Umformarbeit W_{erf} ist aufzubringen (Reibzahl $\mu = 0{,}3$ geschätzt)?
b) Mit welcher Geschwindigkeit v_0 trifft der Hammerbär auf dem Werkstück auf?
c) Wie groß muß die Masse des Hammerbärs bei einem Schlagwirkungsgrad $\eta_s = 0{,}8$ sein; welche Fallhöhe H ist erforderlich?
d) Welche Temperatur hat der Stahlbutzen nach der Umformung durch Stauchen? *Voraussetzung:* Es geht während des Stauchvorganges keine Wärme verloren.

Lösung: a) Umformarbeit W_{erf}

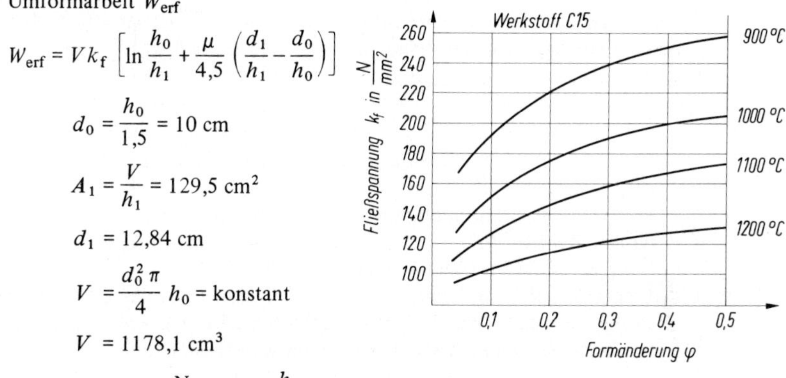

$$W_{erf} = V k_f \left[\ln \frac{h_0}{h_1} + \frac{\mu}{4{,}5}\left(\frac{d_1}{h_1} - \frac{d_0}{h_0}\right)\right]$$

$$d_0 = \frac{h_0}{1{,}5} = 10 \text{ cm}$$

$$A_1 = \frac{V}{h_1} = 129{,}5 \text{ cm}^2$$

$$d_1 = 12{,}84 \text{ cm}$$

$$V = \frac{d_0^2 \pi}{4} h_0 = \text{konstant}$$

$$V = 1178{,}1 \text{ cm}^3$$

$$k_f = 158 \frac{\text{N}}{\text{mm}^2} \quad \left(\text{bei } \ln \frac{h_0}{h_1} = 0{,}5 \text{ nach Diagramm}\right)$$

$$W_{erf} = 1178{,}1 \text{ cm}^3 \cdot 15\,800 \frac{\text{N}}{\text{cm}^3} \; [0{,}5 + 0{,}067\,(1{,}411 - 0{,}667)] = 1{,}0235 \cdot 10^5 \text{ J}$$

b) Auftreffgeschwindigkeit v_0

$$\omega_{max} = \frac{v_0}{h_0} \qquad v_0 = h_0\,\omega_{max} = 9{,}45\,\frac{\text{m}}{\text{s}}$$

c) Bärmasse m_B bei $\eta_s = 0{,}8$

Kinetische Energie des Bärs unter Berücksichtigung von η_s:

$$W_{kin} = \eta_s \frac{m_B}{2} v_0^2; \qquad W_{kin} = W_{erf}$$

$$m_B = \frac{2\,W_{kin}}{\eta_s\,v_0^2} = \frac{2 \cdot 1{,}0235 \cdot 10^5 \text{ Nm}}{0{,}8 \cdot 89{,}3025\,\frac{\text{m}^2}{\text{s}^2}} = 2865{,}3 \text{ kg}$$

Fallhöhe H:

Potentielle Energie W_{pot}; $\quad W_{pot} = W_{kin} = W_{erf}$

$$W_{pot} = \eta_s\,m_B\,g\,H$$

$$H = \frac{W_{pot}}{\eta_s\,m_B\,g} = \frac{1{,}0235 \cdot 10^5 \text{ Nm}}{0{,}8 \cdot 2865{,}3 \text{ kg} \cdot 9{,}81\,\frac{\text{m}}{\text{s}^2}} = 4{,}55 \text{ m}$$

d) Temperaturdifferenz $\Delta\vartheta$

$$\Delta\vartheta = \frac{k_f\,\varphi\,10^6}{\varrho\,c} = \frac{158\,\frac{N}{m^2}\cdot 0{,}5\cdot 10^6}{7850\,\frac{kg}{m^3}\cdot 450\,\frac{Nm}{kg\,°C}} = 22{,}4\;°C$$

$$\vartheta = 1122{,}4\;°C$$

Beispiel 2: Ein zylindrischer Körper aus C45 soll zwischen zwei parallelen Stauchbahnen umgeformt werden. Abmessungen des Zylinders:

Ausgangshöhe $h_0 = 13{,}5$ cm
Ausgangsdurchmesser $d_0 = 10$ cm
Geforderte Endhöhe $h_1 = 10$ cm

Bei Stauchbeginn beträgt die Schmiedetemperatur des Rohlings 900 °C. Die Auswahl der für die Fertigung optimalen Presse erfordert die Lösung folgender Fragen:

a) Welcher Verschmiedungsgrad liegt vor?
b) Mit welcher Fließspannung k_f muß bei einer Auftreffgeschwindigkeit $v = 5$ m/s des Hammers und konstanter Umformtemperatur gerechnet werden?
c) Wie groß ist die mittlere Werkzeuggeschwindigkeit v_m bei einer Werkstückhöhe $h = 11{,}75$ cm?
d) Welche ideelle Umformarbeit W_{id} und welche erforderliche Umformarbeit W_{erf} sind für den Stauchvorgang bei einer geschätzten Reibzahl $\mu = 0{,}35$ aufzubringen?
e) Wie groß ist die erforderliche Stauchkraft F_{erf}?
f) Welche Temperaturerhöhung ergibt sich durch die Umformung des Schmiedewerkstücks, wenn keine Wärme durch Strahlung und Konvektion verloren geht und die Umformarbeit vollkommen in Wärme umgesetzt wird?

Lösung: a) Verschmiedungsgrad

$$\text{Verschmiedungsgrad} = \frac{A_0}{A_1} = \frac{78{,}54\;cm^2}{106{,}03\;cm^2} = 0{,}741$$

$$V = \text{konst.}; \quad V_0 = A_0\,h_0 = 78{,}54\;cm^2\cdot 13{,}5\;cm = 1060{,}3\;cm^3$$

$$A_1 = \frac{V_0}{h_1} = 106{,}03\;cm^2$$

Der Verschmiedungsgrad beträgt 74,1 %.

b) Fließspannung k_f bei $v = 5$ m/s und ϑ = konstant

$$k_f = k_{f0}\left(\frac{v}{h_0}\right)^n$$

$$k_{f0} = 173\,\frac{N}{mm^2} \text{ aus der Tabelle bei } \varphi = \ln\frac{h_0}{h_1} = \ln 1{,}35 = 0{,}3001$$

$$\vartheta = 900\;°C$$

Verformungsexponent $n = 0{,}11$ bei $\varphi = 0{,}3$ und $\vartheta = 900$ °C

$$k_f = 173\,\frac{N}{mm^2}\cdot\left(\frac{5\,\frac{m}{s}}{0{,}135\;m}\right)^{0{,}11}$$

$$k_f = 257{,}4\,\frac{N}{mm^2}$$

c) Mittlere Werkzeuggeschwindigkeit v_m

$$\varphi = \ln \frac{13{,}5\ \text{cm}}{11{,}75\ \text{cm}} = 0{,}1388$$

$$k_{f0} = 140\ \frac{\text{N}}{\text{mm}^2}\ \text{bei}\ \varphi = 0{,}1388\ \text{und}\ \vartheta = 900\ ^\circ\text{C aus der Tabelle}$$

$$k_f = \frac{257\ \frac{\text{N}}{\text{mm}^2} \cdot 140\ \frac{\text{N}}{\text{mm}^2}}{173\ \frac{\text{N}}{\text{mm}^2}} = 208\ \frac{\text{N}}{\text{mm}^2}$$

$$k_f = k_{f0} \left(\frac{v_m}{h}\right)^n; \quad \left(\frac{v_m}{h}\right)^n = \frac{k_f}{k_{f0}}$$

$$\ln \frac{v_m}{h} = \frac{\ln k_f - \ln k_{f0}}{n} = 3{,}59905$$

$$\frac{v_m}{h} = 36{,}56354\ \frac{1}{\text{s}}$$

$$v_m = 4{,}3\ \frac{\text{m}}{\text{s}}$$

d) Ideelle Umformarbeit W_{id}

$$W_{id} = V k_f \ln \frac{h_0}{h_1}$$

$$k_f = 257{,}4\ \frac{\text{N}}{\text{mm}^2} = 25\,740\ \frac{\text{N}}{\text{cm}^2}$$

$$V = V_0 = 1060{,}3\ \text{cm}^3$$

$$W_{id} = 8{,}191 \cdot 10^4\ \text{Nm} = 8{,}191 \cdot 10^4\ \text{J}$$

Erforderliche Umformarbeit W_{erf}

$$W_{erf} = V k_f \left[\ln \frac{h_0}{h_1} + \frac{\mu}{4{,}5}\left(\frac{d_1}{h_1} - \frac{d_0}{h_0}\right)\right]$$

$$d_1 = \sqrt{\frac{4 A_1}{\pi}} = 11{,}634\ \text{cm}$$

$$W_{erf} = 9{,}0876 \cdot 10^4\ \text{Nm} = 9{,}0876 \cdot 10^4\ \text{J}$$

e) Erforderliche Stauchkraft F_{erf}

$$F_{erf} = A_1 k_f \left[1 + \frac{1}{3}\ \frac{\mu d_1}{h_1}\right]$$

$$F_{erf} = 3{,}1 \cdot 10^6\ \text{N}$$

f) Temperaturerhöhung $\Delta\vartheta$

$$\Delta\vartheta = \frac{k_f \varphi\, 10^6}{\rho c} = \frac{257{,}4\ \frac{\text{N}}{\text{mm}^2} \cdot 0{,}3001 \cdot 10^6}{7850\ \frac{\text{kg}}{\text{m}^3} \cdot 450\ \frac{\text{Nm}}{\text{kg}\ ^\circ\text{C}}}$$

$$\Delta\vartheta = 21{,}9\ ^\circ\text{C}$$

Spanlose Fertigung

7. Fließpressen

7.1. Begriffe

1	Fließpressen	Werkstoff wird unter hohem Druck zum Fließen gebracht und durch eine vom Preßstempel und Werkzeug gebildete Öffnung gepreßt.
2	Kaltfließpressen	Umformung unterhalb der Rekristallisationstemperatur. Die einzelnen Kristallite verzerren sich, der Formänderungswiderstand wird erhöht.
3	Warmfließpressen	Umformung oberhalb der Rekristallisationstemperatur. Keine Verzerrung der Kristallite und keine Erhöhung des Formänderungswiderstandes.

7.2. Fließpreßverfahren

1	Rückwärtsfließpressen (indirektes Fließpressen)	Der Werkstoff fließt gegen die Stempelbewegung. Er wird in Form einer Platine in das Werkzeugunterteil eingelegt. Der Stempel drückt auf die Platine: Der Werkstoff steigt am Stempel empor. Die Wanddicke ist im Verhältnis zum Durchmesser klein.
2	Vorwärtsfließpressen (direktes Fließpressen)	Der Werkstoff fließt in Richtung der Stempelbewegung. Der Stempel drückt zunächst auf den Boden, dann auf die Stirnseiten der Napfwandung und preßt so den Werkstoff durch die Matrizenöffnung.
3	Koldflo-Verfahren	Kombination von direktem und indirektem Fließpressen. Zwei Stempel bewegen sich gegeneinander. Als Rohlinge werden Näpfe eingelegt. Anwendung meist beim Fließpressen von Stahl.

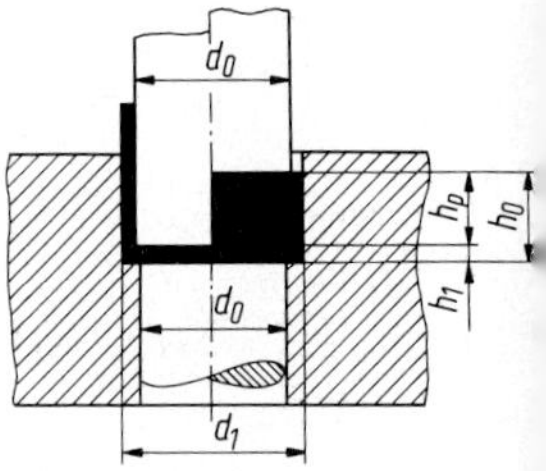

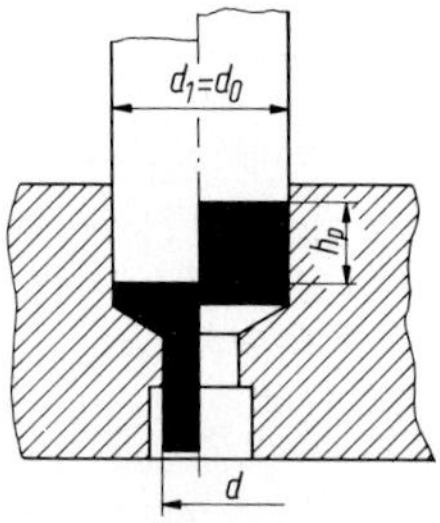

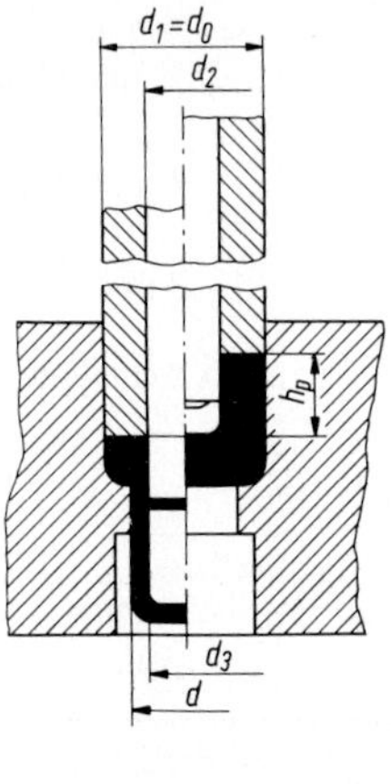

d_0 h_p h_0 h_1 d_1

$d_1 = d_0$ h_p d

$d_1 = d_0$ d_2 h_p d_3 d

Hydrostatisches Fließpressen	Prinzipiell wird vorwärts gepreßt. Die Druckkraft wird über eine Flüssigkeit auf das Werkstück übertragen. Vorteile gegenüber mechanischer Kraftübertragung: 1. Geringere Reibung zwischen Werkzeug und Werkstück. 2. Umformung wird durch kleine Matrizenöffnungswinkel gleichmäßiger. 3. Es können Rohlinge mit größerem Verhältnis von Länge zum Durchmesser umgeformt werden. 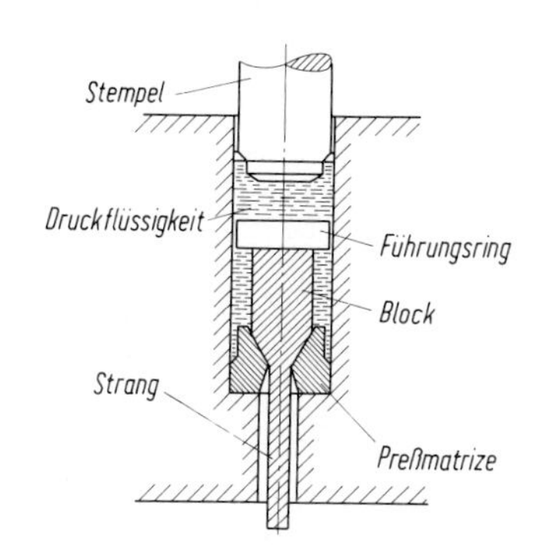 Nachteilig wirken sich die Abdichtungsschwierigkeiten an der Stempelführung aus, verursacht durch die zum Fließpressen erforderlichen hohen Drücke.	4
Hydrostatisches Fließpressen mit Gegendruck	Spröde Werkstoffe wie z.B. Chrom, Molybdän und Beryllium werden hydrostatisch mit Gegendruck fließgepreßt. Die Gefahr des Aufreißens fließgepreßter Werkstücke kann durch den bei diesem Verfahren allseitig wirkenden Flüssigkeitsdruck vermindert werden. Nachteile gegenüber mechanischer Kraftübertragung: 1. Die Kraft- und Arbeitsermittlung macht große Schwierigkeiten. 2. Die Anforderungen an die Druckflüssigkeit sind sehr hoch; sie muß außerdem für jeden Fließpreßvorgang neu eingefüllt werden. 3. Das Verfahren läuft sehr langsam ab. 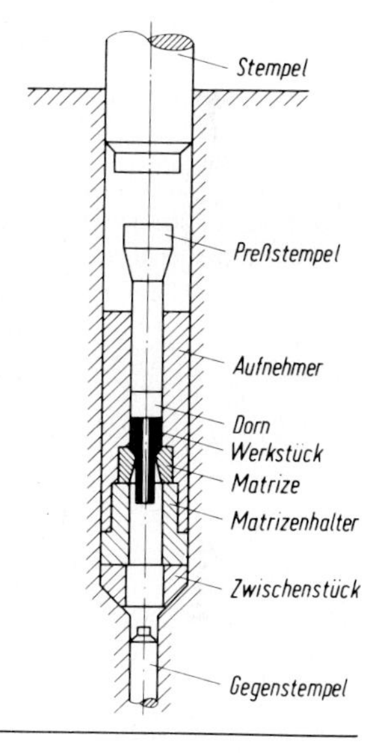 	5

7.3. Theoretische Grundlagen des Fließpressens

1 Schubspannungshypothese

Nach der Schubspannungshypothese tritt Fließen eines Werkstoffes dann ein, wenn die Hauptspannungsdifferenz eines räumlichen Systems einen bestimmten werkstoffabhängigen Wert – die Fließspannung k_f – durch Einwirkung äußerer Kräfte überschreitet.

Der Werkstoff fließt dann in den Ebenen der maximalen Schubspannung, die gegen die Hauptspannungsdifferenz unter einem Winkel von 45° geneigt sind. Man kann also von einem zweiachsigen Spannungszustand ausgehen. Dann ergibt sich die Hauptspannungsdifferenz nach folgender Gleichung:

$$\sigma_x - \sigma_z = 2\,\tau_{max}$$

Wird $\sigma_z = 0$ (Rückführung auf den einachsigen Spannungszustand), erhält man

$$2\,\tau_{max} = \sigma_x = k_f$$

Als resultierende Spannung wird nun die Fließspannung k_f eingesetzt:

$$\sigma_x - \sigma_z = k_f$$

Nach der Gleitflächentheorie fällt die Hauptspannung σ_z weg; durch Versuche wurde jedoch festgestellt, daß σ_z den Fließvorgang um etwa 12% beeinflußt:

$$\sigma_1 - \sigma_3 = 1{,}12\,k_f$$

2 Hypothese der konstanten Gestaltänderungsarbeit

Beim Umformen wird Formänderungsarbeit in dem umgeformten Werkstück solange gespeichert, bis die Plastizitätsgrenze erreicht ist. Diese aufzubringende Arbeit bleibt immer konstant.

Die Formänderungsarbeit für den Hauptspannungszustand (x-, y-, z-Richtung) an einem Volumenelement beträgt:

$$\Delta W_x = \frac{1}{2E}\left(\sigma_x^2 - \frac{\sigma_x\,\sigma_y}{2} - \frac{\sigma_x\,\sigma_z}{2}\right)$$

$$\Delta W_y = \frac{1}{2E}\left(\sigma_y^2 - \frac{\sigma_y\,\sigma_z}{2} - \frac{\sigma_x\,\sigma_y}{2}\right)$$

$$\Delta W_z = \frac{1}{2E}\left(\sigma_z^2 - \frac{\sigma_x\,\sigma_z}{2} - \frac{\sigma_y\,\sigma_z}{2}\right)$$

$$W = \frac{1}{2E}\left(\sigma_x^2 + \sigma_y^2 + \sigma_z^2 - \sigma_x\,\sigma_y - \sigma_x\,\sigma_z - \sigma_y\,\sigma_z\right)$$

Die Formänderungsarbeit Δw für die Schubspannungen an einem Volumenelement in allen drei Ebenen ergibt sich aus folgender Gleichu

$$\Delta w = \frac{3}{2E}\left(\tau_{xy}^2 + \tau_{xz}^2 + \tau_{yz}^2\right)$$

Gesamtarbeit W_0:

$$W_0 = \Sigma\,\Delta W + \Sigma\,\Delta w$$

$$W_0 = \frac{1}{E}\left[\frac{1}{2}\left(\sigma_x^2 + \sigma_y^2 + \sigma_z^2 - \sigma_x\,\sigma_y - \sigma_x\,\sigma_z - \sigma_y\,\sigma_z\right) + \frac{3}{2}\left(\tau_{xy}^2 + \tau_{yz}^2 + \tau_{xz}^2\right)\right.$$

Mit $4\tau_{max}^2 = k_f^2$ (Schubspannungshypothese) wird

$$(\sigma_x - \sigma_y)^2 + (\sigma_x - \sigma_z)^2 + (\sigma_y - \sigma_z)^2 + 6(\tau_{xy}^2 + \tau_{xz}^2 + \tau_{yz}^2) = 2k_f^2 = \text{konst.}$$

Die Hypothese der konstanten Gestaltänderungsarbeit erfaßt die auftretenden Spannungen genauer als die Schubspannungshypothese. Abweichungen der Ergebnisse zwischen den beiden hier betrachteten Hypothesen etwa ± 12 %.

7.4. Rechnerische Ermittlung der erforderlichen Fließpreßkraft F_{erf}

7.4.1. Fließpreßkraft nach Siebel, Karmann, Feldmann

1

Rückwärtsfließpressen (Bild 7.2 Nr. 1)

Fließpreßkraft F_{erf}

$$F_{erf} = A_{d1} \frac{k_{fm}\,\varphi_{rm}}{\eta_F}$$

F_{erf}	k_{fm}	A_{d1}	$\varphi_{rm}, \varphi_g, \eta_F$
N	$\frac{N}{mm^2}$	mm^2	1

2

Vorwärtsfließpressen (Bild 7.2 Nr. 2, Nr. 3)

Fließpreßkraft F_{erf} für Vollkörper

$$F_{erf} = A_{d1} \frac{k_{fm}\,\varphi_g}{\eta_F}$$

Fließpreßkraft F_{erf} für Hohlkörper

$$F_{erf} = (A_{d1} - A_{d2}) \frac{k_{fm}\,\varphi_g}{\eta_F}$$

φ_g logarithmische Formänderung

$$\varphi_g = \ln \frac{A_{d1}}{A_d}$$

φ_{rm} mittlerer radialer Formänderungsgrad

$$\varphi_{rm} = \ln \frac{d_0}{d_1 - d} - 0{,}16$$

η_F Formänderungswirkungsgrad
für Rückwärtsfließpressen $\eta_F = 0{,}3 \ldots 0{,}7$
für Vorwärtsfließpressen $\eta_F = 0{,}4 \ldots 0{,}6$

3

k_{fm} mittlere Fließspannung

$$k_{fm} \approx \frac{k_{f0} + k_{f\,max}}{2}$$

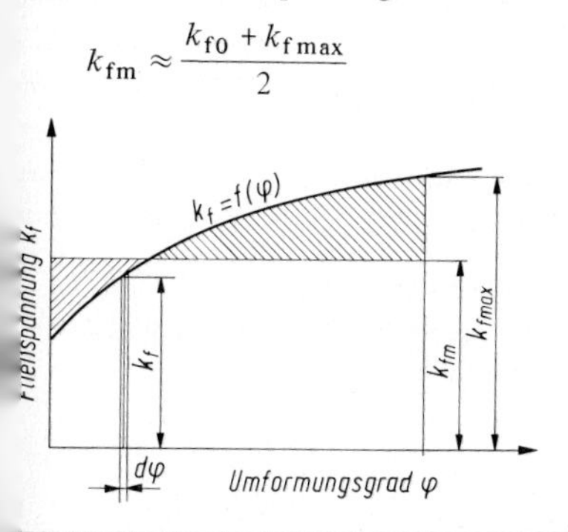

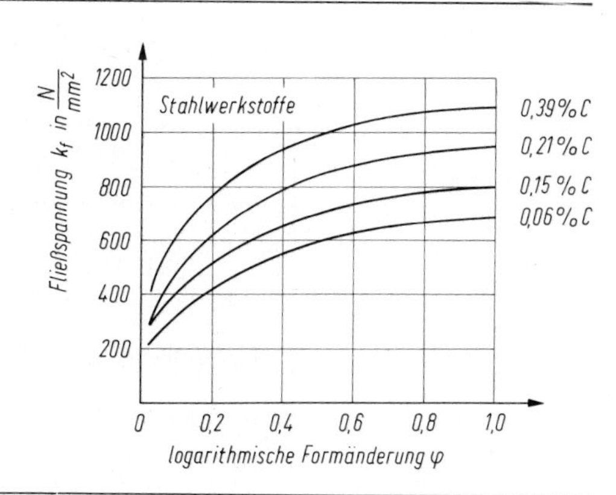

7.4.2. Fließpreßkraft nach Dipper

1	Vorbemerkungen	Die Kraftermittlung nach *Dipper* wird aus der Gestaltänderungshypothese hergeleitet. Die Reibungsverhältnisse werden nur ungenau berücksichtigt, da konstante Reibung über alle Umformzonen angenommen wird. Das ist aber nur in erster Näherung der Fall, denn vor allem die Relativbewegungen an den Grenzschichten und damit auch die dort auftretenden Reibungsverluste bleiben unberücksichtigt.

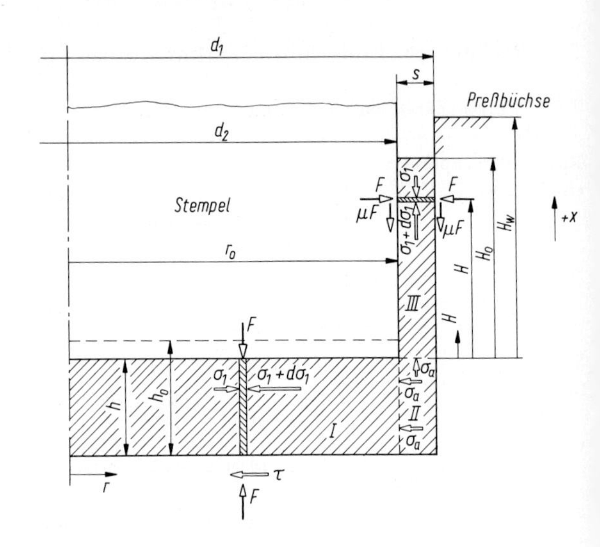

Der fließende Werkstoff wird in Umformzonen gleicher Beanspruchung unterteilt. Diese Zonen werden so aufgeteilt, daß sie beim Rückwärts- und Vorwärtsfließpressen gleiche Bedeutung haben:

- Zone I: Die Umformungen in dieser Zone können als reine Stauchvorgänge angesehen werden.
- Zone II: Es handelt sich hier um sogenannte Umlenkzonen. Der Werkstoff kann als zähe Masse angesehen werden, die allseitig unter dem konstanten Druck σ_a steht.
- Zone III: In dieser Zone vollzieht sich der Abfließvorgang. Die maximale Spannung σ_a richtet sich nach der zu erreichenden Höhe H_w (beim Rückwärtsfließpressen) und der Abfließphase h_3 (beim Vorwärtsfließpressen).

2	Rückwärtsfließpressen	Umformkraft für die Zone I: Da es sich bei der Umformung der Zone I um einen Stauchvorgang handelt, kann die Gleichung für die Stauchkraft bei rotationssymmetrischen Werkstücken übernommen werden:

$$F_{\mathrm{I\,erf}} = A\,(k_f + \sigma_a)\left(1 + \frac{1}{3}\,\frac{\mu d}{h}\right)$$

Umformkraft für die Zone III:
Gleichgewichtsbedingungen für ein Volumenelement (Bild in Nr. 1)

$$(\sigma_1 + d\sigma_1) \cdot 2\pi r_0 s - \sigma_1 \cdot 2\pi r_0 s - 2\mu F \cdot 2\pi r_0 dH = 0$$

Daraus folgt

$$\sigma_1 s + d\sigma_1 s - \sigma_1 s + 2\mu F dH = 0 \qquad F - \sigma = k_f$$

$$d\sigma_1 s + 2\mu F\, dH = 0 \qquad dF - d\sigma = 0$$

$$dF = d\sigma$$

Eingesetzt ergibt sich

$$dF s + 2\mu F dH = 0$$

$$\int_{F_0}^{F_a} \frac{dF}{F} = -\int_{H_0}^{0} \frac{2\mu}{s}\, dH$$

$$\ln \frac{F_a}{F_0} = \frac{2\mu H_0}{s}; \quad F_a = F_0\, e^{\frac{2\mu}{s} H_0}; \quad \begin{matrix} F_a - \sigma_a = k_f \\ F_0 - \sigma_0 = k_f \end{matrix}$$

$$\sigma_a + k_f = (\sigma_0 + k_f)\, e^{\frac{2\mu}{s} H_0} \rightarrow \sigma_0 = 0$$

$$\sigma_a = k_f \left(e^{\frac{2\mu}{s} H_0} - 1 \right)$$

Damit wird die Stempelkraft $F_{III\,erf}$:

$$F_{III\,erf} = A \left[k_f + k_f \left(e^{\frac{2\mu}{s} H_0} - 1 \right) \right] \left(1 + \frac{1}{3} \frac{\mu}{h} d \right)$$

Die e-Funktion wird in einer Reihe entwickelt. Näherungsweise wird

$$e^{\frac{2\mu}{s} H_0} = 1 + \frac{2\mu}{s} H$$

Für die Gesamtkraft F_{ges} wird $h = s$ und $H = H_w$

$$F_{ges} = A\, k_f \left(1 + \frac{2\mu}{s} H_w \right) \left(1 + \frac{1}{3} \frac{\mu}{s} d_0 \right)$$

Vorwärtsfließpressen **3**

Gleichgewichtsbedingung für ein Volumenelement

$$\sigma d_0 \pi s_1 - (\sigma + d\sigma) d_0 \pi s_1 + \mu F \pi (d_0 + d s_1)(-dx) = 0$$

$$-s_1 d\sigma - \mu F dx = 0;$$

$$d s_1 \approx 0$$

$$-s_1 dF - \mu F dx = 0;$$

$$F - \sigma = k_f; \quad dF - d\sigma = 0$$

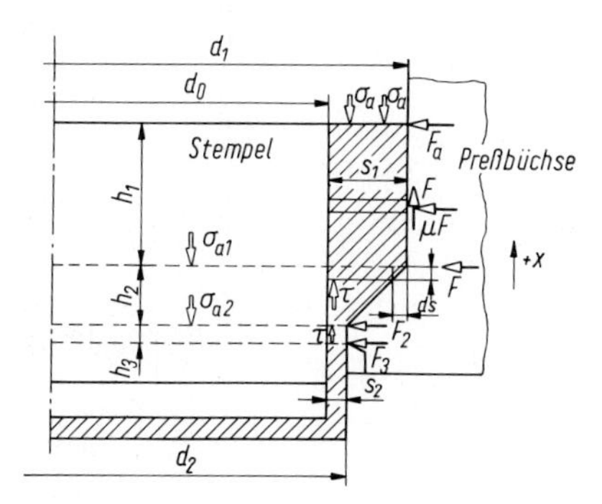

$$\int_{F_1}^{F_a} \frac{dF}{F} = - \int_{h_1}^{0} \frac{dx\,\mu}{s_1} \quad \longrightarrow \quad \ln \frac{F_a}{F_1} = \frac{\mu h_1}{s_1}$$

$$F_a = F_1\, e^{\frac{\mu h_1}{s_1}} \rightarrow \sigma_a = F_1\, e^{\frac{\mu h_1}{s_1}} - k_f$$

$$\sigma_a = (\sigma_1 + k_f)\, e^{\frac{\mu h_1}{s_1}} - k_f$$

$$F_a - \sigma_a = k_f; \quad F_a = \sigma_a + k_f; \quad F_1 = \sigma_1 + k_f$$

Bestimmung von σ_1 (Zone II, siehe Element):

$$\sigma D_0 \pi s - (\sigma + d\sigma)(s + ds) D_0 \pi + F \sin\varphi D_0 \pi \frac{(-dx)}{\cos\varphi} +$$
$$+ \frac{\mu F D_0 \pi \cos\varphi(-d\boldsymbol{x})}{\cos\varphi} - \sigma ds - s d\sigma - F \tan\varphi dx - \mu F dx = 0$$

Bedingung: $\tan\varphi = 1 \rightarrow \varphi = 45° \rightarrow dx = -\frac{ds}{\tan\varphi} = -ds$

$\mu F = \tau_{max} = \frac{k_f}{2} \rightarrow$ Schubspannungshypothese

$$-\sigma ds - s d\sigma + F ds + \frac{k_f}{2} ds = 0 \rightarrow F - \sigma = k_f; \quad F = \sigma + k_f$$

$$-s d\sigma + \frac{3}{2} k_f ds = 0$$

$$\int_{\sigma_2}^{\sigma_1} d\sigma = \int_{s_2}^{s_1} \frac{3}{2} k_f \frac{ds}{s}$$

$$\sigma_1 - \sigma_2 = \frac{3}{2} k_f \ln \frac{s_1}{s_2}$$

$$\sigma_1 = \sigma_2 + \frac{3}{2} k_f \ln \frac{s_1}{s_2}$$

Bestimmung von σ_2 (Zone III, siehe Element):

$$\sigma D_0 \pi s_2 - (\sigma + d\sigma) D_0 \pi s_2 + 2\mu F \pi D_0 (-dx) = 0$$
$$-s_2 d\sigma - 2\mu F dx = 0$$
$$-s_2 dF - 2\mu F dx = 0$$

$$\int_{F_3}^{F_2} \frac{dF}{F} = - \int_{h_3}^{0} \frac{2\mu dx}{s_2}$$

$$F_2 = F_3\, e^{\frac{2\mu h_3}{s_2}}$$

$$\sigma_2 = k_f \left(e^{\frac{2\mu h_3}{s_2}} - 1 \right)$$

Als nächstes werden die Spannungen in den einzelnen Umformzonen in die allgemeine Ausgangsgleichung eingesetzt:

$$F_{ges} = \sigma_a A \qquad \sigma_a = (\sigma_1 + k_f)\, e^{\frac{\mu h_1}{s_1}} - k_f \qquad \sigma_1 = \sigma_2 + \frac{3}{2} k_f \ln \frac{s_1}{s_2}$$

$$\sigma_2 = k_f\, e^{\frac{2\mu h_3}{s_2}} - 1$$

σ_2 in σ_1:

$$\sigma_1 = k_f \left(e^{\frac{2\mu h_3}{s_2}} - 1\right) + \frac{3}{2} k_f \ln \frac{s_1}{s_2}$$

σ_1 in σ_a:

$$\sigma_a = \left[k_f \left(e^{\frac{2\mu h_3}{s_2}} - 1\right) + \frac{3}{2} k_f \ln \frac{s_1}{s_2} + k_f\right] e^{\frac{\mu h_1}{s_1}} - k_f$$

$$\sigma_a = k_f \left[\left(e^{\frac{2\mu h_3}{s_2}} + \frac{3}{2} \ln \frac{s_1}{s_2}\right) e^{\frac{\mu h_1}{s_1}} - 1\right]$$

Damit ergibt sich die Stempelkraft F_{ges}:

$$F_{ges} = A\, k_f \left[\left(e^{\frac{2\mu h_3}{s_2}} + \frac{3}{2} \ln \frac{s_1}{s_2}\right) e^{\frac{\mu h_1}{s_1}} - 1\right]$$

7.5. Praktische Kraftermittlung

7.5.1. Kraft-Weg-Diagramm

Eine rechnerische Kraftermittlung ist nur bei einfachen Umformvorgängen mit ausreichender Genauigkeit möglich.

Für kompliziertere Fließpreßwerkstücke werden auf Versuchsmaschinen Kraft-Weg-Diagramme erstellt.

Ziele:

I. Festlegung der für die Fertigung eines bestimmten Fließpreßwerkstücks zweckmäßigsten Presse.

Bestimmung der maximal auftretenden Fließpreßkraft.
Bestimmung des Kraftangriffspunktes der größten Fließpreßkraft auf dem Stempelweg.

Die so aufgenommenen Werte werden mit der Preßkraftkennlinie einer Presse überlagert.

Beispiel: Im Diagramm liegt die maximale Preßkraft innerhalb der Grenzkurve der Pressenkennlinie, jedoch tritt ungefähr 50° vor dem unteren Totpunkt des Stempels eine Kraftspitze auf, die eine Verwendung der betrachteten Presse für diesen Vorgang unmöglich macht.

II. Vermeidung von Werkzeugkonstruktionsfehlern durch die Anzeige auftretender Kraftspitzen.

III. Auslegung der Gesamtanlage (Presse und Werkzeug) durch Ermittlung des erforderlichen Arbeitsbedarfs für die Umformung.

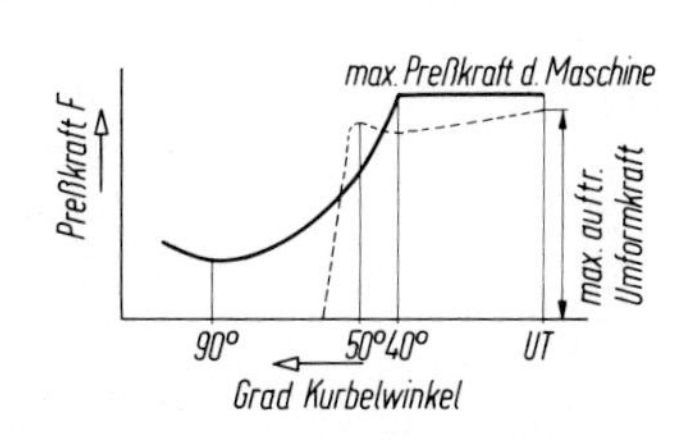

7.5.2. Meßeinrichtungen

1	Hydraulische Meßgeräte	Anschluß an das hydraulische Kissen mechanisch getriebener Pressen. Anwendung nur bei langsam ablaufenden Umformvorgängen möglich, da sonst Kraftspitzen nicht erfaßt werden.
2	Kraftmessung durch Dehnungsmeßstreifen	Befestigung am Werkzeug oder am Pressengestell, damit der Draht alle Dehnungen und Stauchungen mitmachen kann. Die dadurch auftretenden Widerstandsänderungen werden über Verstärker auf einen Kathodenoszillographen übertragen.
3	Magnetoelastische Druckmeßdose	Der Scheinwiderstand einer in Permalloy eingebetteten Spule ändert sich, wenn sich beim Auftreten einer Druckspannung die Permeabilität des ferromagnetischen Werkstoffs ändert.
4	Kapazitive Druckmeßdose	Bei Belastung wird die Durchbiegung eines Federsystems durch ein elektrisches Meßelement gemessen. Der Meßwert wird elektrisch verstärkt und angezeigt. Kapazitive Druckmeßdosen werden zur Kraftermittlung sehr häufig verwendet, da sie direkt unter den Stempel gesetzt werden können und eine große Meßgenauigkeit haben (etwa 1 % des Ablesewertes).
	Piezoelektrische Kraftmessung	Piezokristalle (Quarz, Bariumtitanal) erzeugen bei Krafteinwirkung an den Kristalloberflächen Ladungsunterschiede. Zur Signalverarbeitung sind Ladungsverstärker erforderlich. Druckfestigkeit bis 5000 N/mm^2, Betriebstemperatur bis 500 °C.

7.6. Fließpreßbare Werkstoffe

1

Grundsätzlich lassen sich alle Metalle – also auch Stahl – fließpressen. Besonders geeignet sind Werkstoffe, die im Verhältnis zur Zugfestigkeit eine niedrige Streckgrenze haben. Die Grenze ergibt sich aus der maximalen Belastbarkeit und wirtschaftlichen Lebensdauer der Werkzeuge und Pressen.

Faustregel: Es ist unwirtschaftlich, Fließpreßwerkzeuge über eine spezifische Belastung von 2500 N/mm hinaus zu beanspruchen. Werkstoffe, bei denen die größte Formänderung unter 25 % liegt, sollten ebenfalls nicht fließgepreßt werden.

2	NE-Metalle	Das Fließpressen von NE-Metallen ist problemlos und weitverbreitet. Hauptsächlich werden Werkstoffe wie Aluminium, Kupfer, Blei, Zinn, Zink und deren Legierungen fließgepreßt.
3	Kaltfließpreßbare Stähle (unterhalb der Rekristallisationstemperatur)	*Bedingung:* Bei einer bestimmten Druckbelastung müssen einzelne Kristallite gleiten können, ohne daß der Zusammenhang der gleitenden Schichten verlorengeht. Nach einer Kegelstauchprobe lassen sich ungeeignete (spröde) Werkstoffe durch Zertrümmerung von Kristalliten bei sehr hoher Schubbeanspruchung erkennen. Großen Einfluß auf die Kaltverformbarkeit eines Stahles hat seine chemische Zusammensetzung: Mit steigendem Kohlenstoffgehalt und zunehmenden Legierungsbestandteilen nimmt der Formänderungswiderstand zu und damit das Formänderungsvermögen ab. Die Umformgrenze liegt bei einem Kohlenstoffgehalt $< 0{,}45$ %.

Kriterien für fließpreßbare Werkstoffe	In der Praxis wird für jeden Werkstoff, der durch Fließpressen umgeformt werden soll, eine Fließkurve aufgestellt. Diese Kurve stellt die Änderung der Festigkeitseigenschaften beim Kaltfließpreßvorgang dar.	4

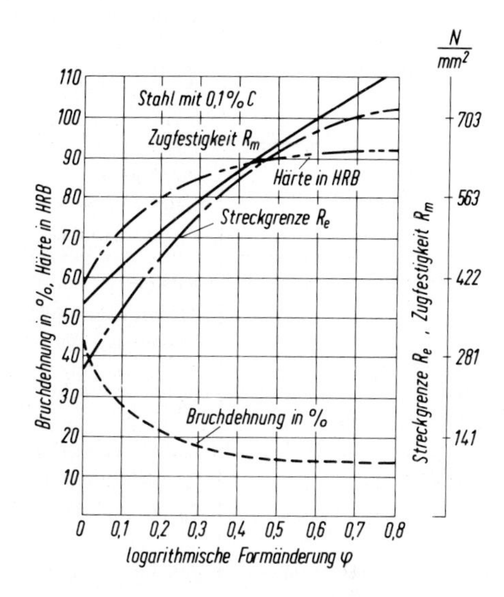

Als Kriterien werden die Härte, die Streckgrenze (Fließgrenze) und die Bruchdehnung herangezogen. Nach dem Diagramm ergibt sich bei einer bezogenen Querschnittsabnahme

$$\epsilon_A = \frac{A_0 - A_1}{A_0}$$ A_0 Anfangsquerschnitt, A_1 Endquerschnitt

eine Erhöhung der Streckgrenze von

258 N/mm² auf 703 N/mm² (272,5 %),

eine Steigerung der Zugfestigkeit von

374 N/mm² auf 754 N/mm² (201,6 %)

und eine Zunahme der Härte von

530 N/mm² auf 940 N/mm² (177,4 %).

Die Bruchdehnung dagegen fällt von 44 % auf 14 %.

Warmfließpreßbare Stähle	Die Warmformänderungsfähigkeit wird durch den gleichen Versuchsablauf wie bei kaltfließpreßbaren Stählen festgestellt: Stauchprobe, Warmfließkurve, Analyse der chemischen Zusammensetzung der Stähle. Niedriglegierte Nickel- und Manganstähle sowie Stähle mit geringem Kohlenstoffgehalt haben gegenüber hochlegierten Stählen eine gute Warmformbarkeit.	5

7.7. Werkzeugkonstruktion

1 Beanspruchbarkeit der Werkzeug-Werkstoffe

Beim normalen Fließpressen mit den schon erwähnten fließpreßbaren Werkstoffen ist eine Druckspannung $\sigma_{d\,zul} \leqslant 2500\ N/mm^2$ zulässig. Bei Preßvorgängen wie Setzen, Stauchen und Kalibrieren kann eine Verfestigung der Werkzeug-Werkstoffe auftreten, so daß die zulässige Druckspannung größer werden kann.

Auswahl geeigneter Werkzeug-Werkstoffe:

Stempeldruckplatte	X 210 Cr 12
Fließpreßstempel	X 210 Cr 46
Preßbüchse	X 210 Cr 46, 50 Ni Cr 13, Hartmetall
Gegenstempel	X 210 Cr 46
Preßbüchsen-Druckplatte	X 145 Cr 6

2 Stempel

Knickgefahr durch große Druckkräfte.

Faustregel: Napftiefe oder abzustreckende Länge $l \approx 2{,}5 \ldots 3 \cdot$ Stempeldurchmesser.

3 Stempel- und Matrizenkonstruktion

Der zylindrische Teil des Stempels wird beim Rückwärtsfließpressen möglichst kurz gehalten und geht über einen Kegel in den Schaft über. Der Fließpreßwinkel β hängt vom Werkstoff ab und sorgt für einen kontinuierlichen Werkstofffluß. Für Stahl beträgt der Fließpreßwinkel $\beta = 5 \ldots 10°$.

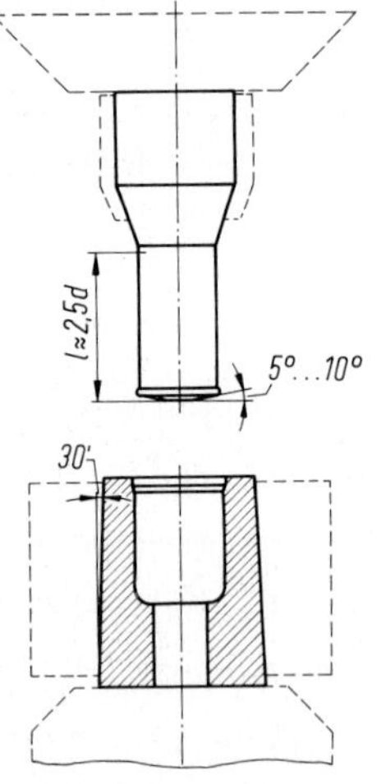

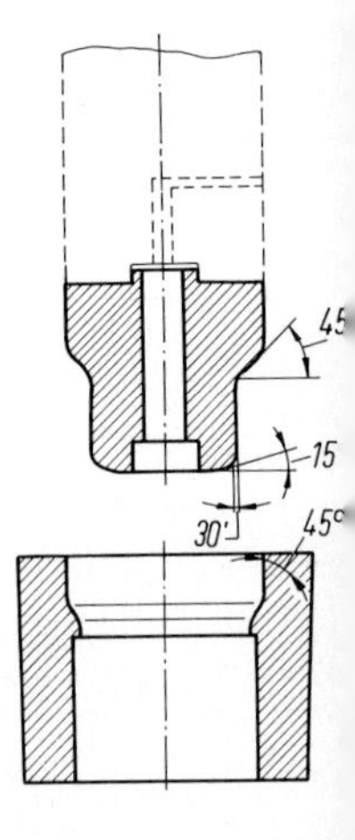

Beim Vorwärtsfließpressen werden Stempel und Schaft getrennt gefertigt, da der Stempel als eigentliches Verschleißteil sehr oft ausgewechselt werden muß. Bei den im Gegensatz zum Rückwärtsfließpressen kompliziert aufgebauten Schäften ist eine gesamte Erneuerung von Stempel und Schaft zu teuer.

Um optimales Fließen des Werkstoffs erreichen zu können, beträgt der Preßbüchsenwinkel mindestens 45°.

Für beide Verfahren wird die Preßbüchse außen konisch geschliffen ($\approx 30'$), um Armierungen besser aufpressen zu können.

Vorspannung der Fließpreßwerkzeuge

Bei der Umformung durch Fließpressen treten hohe Drücke in axialer und radialer Richtung auf.

Der axiale Druck wird von der Presse aufgenommen, der radiale Druck wirkt auf die Preßbüchse.

Bei schwer preßbaren Werkstoffen, wie z.B. Stahl, wird die nach außen wirkende positive Radialspannung (+) so groß, daß eine entgegengesetzt gerichtete negativ wirkende Radialspannung (–) geschaffen werden muß. Die Resultierende beider Spannungen darf während des Fließpreßvorganges eine positive Radialspannung (+) von 2500 N/mm^2 nicht überschreiten. Eine negative Radialspannung (Vorspannung) kann durch Teilung der Matrize und Aufschrumpfen äußerer Ringe auf die Preßbüchse erreicht werden.

Im Ruhezustand wirkt dann die Vorspannung (–), die während des Fließpreßvorganges völlig abgebaut wird.

Durch die Teilung der Matrize werden zusätzlich die sonst nur in der Preßbüchse auftretenden hohen Spannungsspitzen abgebaut und auf das gesamte Werkzeug gleichmäßig verteilt.

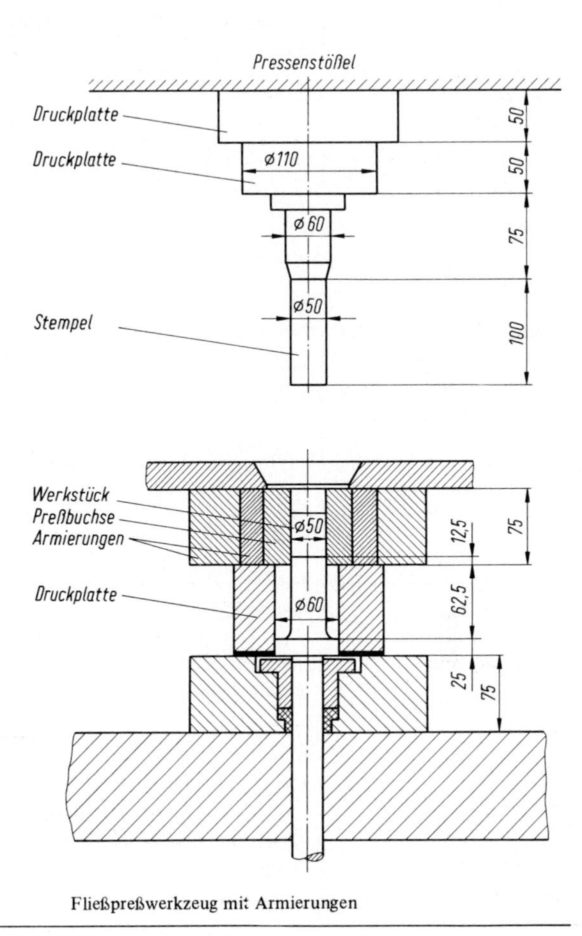

Fließpreßwerkzeug mit Armierungen

7.8. Toleranzen

1	Toleranzwahl	Die Wahl der Toleranzen und Passungen ist bei allen Fertigungsverfahren eine Frage der Wirtschaftlichkeit der eingesetzten Werkzeuge. Je größer z.B. die Toleranz des Außendurchmessers einer fließzupressenden Hülse gewählt wird, desto länger kann die Werkzeugmatrize bis zu dieser Toleranzgrenze eingesetzt werden. Andererseits können Werkstücke, die sehr kleine Toleranzen verlangen, durch Fließpressen ohne folgende spangebende Fertigung hergestellt werden.
2	Abhängigkeiten der Toleranzgröße	Die für einen bestimmten Fließpreßvorgang einzukalkulierenden Toleranzen ergeben sich als Folge 1. der Elastizität des Werkzeugs, 2. der Federung der Presse und 3. der Festigkeitsunterschiede des fließzupressenden Werkstoffs. Welche Maßabweichungen bei einer bestimmten Werkzeugkonstruktion zu erwarten sind, zeigt das folgende Beispiel.

7.9. Beispiel zur Toleranzermittlung beim Fließpressen unter Berücksichtigung der Werkzeug- und Pressenfederung

1

Gegeben: Fließpreßwerkzeug nach Bild 7.7 Nr. 4 mit hydraulischem Auswerfersystem und einer Preßkraft $F = 2500$ kN.

Gesucht: Die zu erwartenden Maßabweichungen durch die Federung des Werkzeugs und der Presse.

Lösung: Während des Preßvorganges werden Stempel, Gegenstempel und Druckplatten auf Druck beansprucht.

Die Gesamtfederzahl c_w des Werkzeuges ist gleich der Summe der Federzahlen c_{w1-n} der einzelnen Teile:

$$c_w = c_{w1} + c_{w2} + \ldots + c_{wn}$$

$$c_w = \frac{h_1}{A_1 E} + \frac{h_2}{A_2 E} + \ldots + \frac{h_n}{A_n E}$$

c_w	E	A	h
$\frac{\text{mm}}{\text{N}}$	$\frac{\text{N}}{\text{mm}^2}$	mm^2	mm

c_w Gesamtfederzahl
E Elastizitätsmodul
A Querschnittsfläche des Werkzeugteiles
h Höhe des zylindrischen Werkzeugteiles

2	Federzahl c_{w1} (Stempel + Oberteil des Gegenstempels)	Querschnittsfläche des Stempels $A_1 = 1963{,}5\ \text{mm}^2$ bei $d_1 = 50$ mm. $h_1 = 100$ mm (Stempel) + 75 mm (Oberteil des Gegenstempels) $h_1 = 175$ mm Elastizitätsmodul von Stahl $E = 2{,}1 \cdot 10^5\ \frac{\text{N}}{\text{mm}^2}$ $c_{w1} = \frac{175\ \text{mm}}{1963{,}5\ \text{mm}^2 \cdot 2{,}1 \cdot 10^5\ \frac{\text{N}}{\text{mm}^2}} = \frac{1}{2{,}1 \cdot 10^5} \cdot 0{,}0891\ \frac{\text{mm}}{\text{N}}$
3	Federzahl c_{w2} (Stempeloberteil + Gegenstempelunterteil)	Querschnittsfläche des Stempeloberteils bei $d_2 = 60$ mm $A_2 = 2827{,}4\ \text{mm}^2$ $h_2 = 75\ \text{mm} + 25\ \text{mm}$ $h_2 = 100$ mm $c_{w2} = \frac{100\ \text{mm}}{2827{,}4\ \text{mm}^2 \cdot 2{,}1 \cdot 10^5\ \frac{\text{N}}{\text{mm}^2}} = \frac{1}{2{,}1 \cdot 10^5} \cdot 0{,}0354\ \frac{\text{mm}}{\text{N}}$

Federzahl c_{w3} (obere Stempeldruckplatten)	$A_3 = A_2 = 2827{,}4\ \text{mm}^2$ Querschnittsfläche $A_4 = 9503{,}3\ \text{mm}^2$ bei $d_4 = 110\ \text{mm}$ $c_{w3} = \dfrac{100\ \text{mm}}{(2827{,}4\ \text{mm}^2 + 9503{,}3\ \text{mm}^2) \cdot 2{,}1 \cdot 10^5\ \dfrac{\text{N}}{\text{mm}^2}}$ $c_{w3} = \dfrac{1}{2{,}1 \cdot 10^5} \cdot 0{,}00811\ \dfrac{\text{mm}}{\text{N}}$	4
Federzahl c_{w4} (untere Druckplatte)	Querschnittsfläche $A_4 = A_2 = 2827{,}4\ \text{mm}^2$ $c_{w4} = c_{w2} = 0{,}0354\ \dfrac{\text{mm}}{\text{N}}$	5
Gesamtfederzahl c_w	$c_w = \dfrac{1}{2{,}1 \cdot 10^5} \cdot (0{,}0891 + 0{,}0354 + 0{,}00811 + 0{,}0354)\ \dfrac{\text{mm}}{\text{N}}$ $c_w = 0{,}8 \cdot 10^{-6}\ \dfrac{\text{mm}}{\text{N}}$	6
Federzahl c_p der Presse	Nach Herstellerangaben beträgt die Auffederung der Presse 2 mm: $c_p = \dfrac{2\ \text{mm}}{2500\ \text{kN}} = 0{,}8 \cdot 10^{-6}\ \dfrac{\text{mm}}{\text{N}}$	7
Maßabweichung ΔM	Maßabweichung ΔM bei einer geschätzten Endkraftabweichung von $\Delta F = 0{,}05\ F$: $\Delta M = (c_p + c_w)\,\Delta F = 1{,}6 \cdot 10^{-6}\ \dfrac{\text{mm}}{\text{N}} \cdot 125\ \text{kN}$ $\Delta M = 0{,}2\ \text{mm}$	8

7.10. Schmierung

Allgemeine Hinweise	Der Schmierung kommt im Fertigungsbereich Fließpressen große Bedeutung zu. Günstige Schmierverhältnisse lassen die Umformkräfte sinken, die Standzeit vergrößern und die Oberfläche des Werkstücks verbessern. Normale Öle und Fette können nicht verwendet werden, weil die hohe Flächenpressung den Öl- oder Fettfilm abquetscht, so daß sich die Wirkflächen berühren. Auch Ölzusätze, meist Sulfid-, Phosphit- oder Nitridverbindungen, die bei hohen Temperaturen Salze bilden und so ein Verschweißen von Metallen verhindern, sind nicht sehr wirkungsvoll.	1

2 Molybdändisulfid MoS_2

Chemische Verbindung von Molybdän und Schwefel. MoS_2 wird wegen seiner besonders guten Schmiereigenschaften auch beim Fließpressen von Stahl verwendet.

Die Schmierwirkung beruht auf der Lamellenstruktur des MoS_2. Die Molybdänpartikel bilden auf dem Schwefel liegende Lamellen, die sich durch die geringe Bindung des Schwefels leicht verschieben lassen. Die Oberfläche des Werkstücks wird phosphatiert (bewirkt eine Vergrößerung der Oberfläche) und damit für Molybdändisulfid haftbar gemacht.

Nach dem Fließpreßvorgang wird das Schmiermittel durch Preßluft ausgeblasen.

MoS_2-Schmierfilme sind über die Fließgrenze aller bekannten Fließpreßwerkstoffe hinaus druckbeständig.

3 Seife und Wachse

Schmierfilme auf Seifen- oder Wachsbasis reißen auch bei sehr großer Belastung und unter extremen Bedingungen nicht ab. Der Reibwert ist gleichbleibend niedrig.

Der Schmierfilm muß möglichst dünn und gleichmäßig aufgetragen werden, was gerade bei Hohlräumen größte Sorgfalt erfordert.

Beispiel einer Wachsmischung:

48 % Caruaba-Wachs
48 % Stearinsäure
2 % Pentachlorbuttersäure
2 % Dibenzyldisulfid

7.11. Beispiel zum Ausschneiden, Tiefziehen und Fließpressen

1 Aufgabenstellung

Für ein Schaltergehäuse aus 16 Mn Cr5, das durch Vorwärtsfließpressen gefertigt werden soll, muß das gesamte Fertigungsprogramm vom Rohteil bis zum Endprodukt einschließlich Werkzeugkonstruktion und Pressenauswahl erstellt werden.

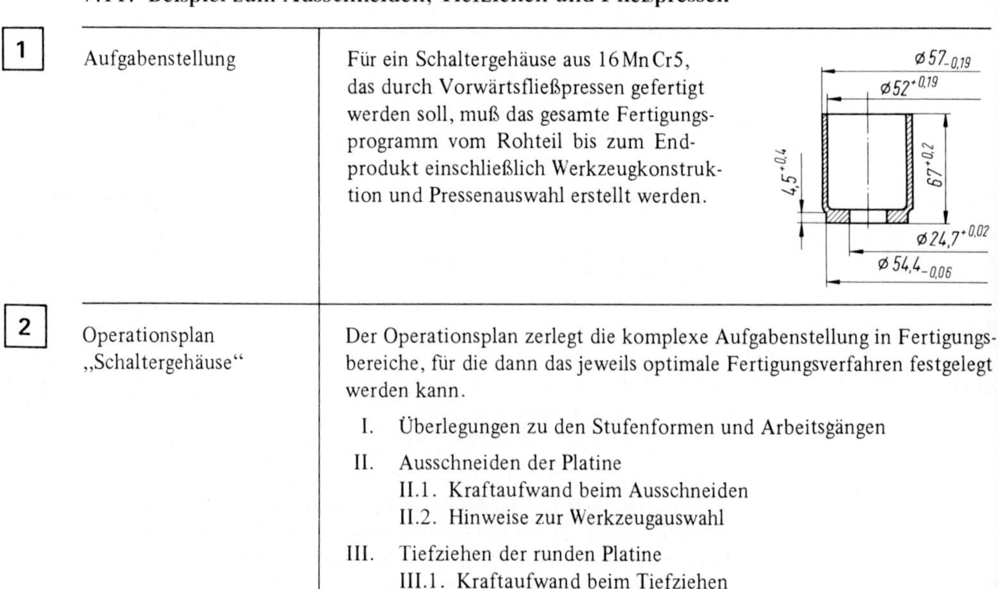

2 Operationsplan „Schaltergehäuse“

Der Operationsplan zerlegt die komplexe Aufgabenstellung in Fertigungsbereiche, für die dann das jeweils optimale Fertigungsverfahren festgelegt werden kann.

I. Überlegungen zu den Stufenformen und Arbeitsgängen

II. Ausschneiden der Platine
  II.1. Kraftaufwand beim Ausschneiden
  II.2. Hinweise zur Werkzeugauswahl

III. Tiefziehen der runden Platine
  III.1. Kraftaufwand beim Tiefziehen
  III.2. Hinweise zur Werkzeugauswahl

IV. Schaftfließpressen des Schaltergehäuses
  IV.1. Vergleich zwischen den theoretischen Kraftermittlungsverfahren von *Feldmann* und *Dipper*
  IV.2. Werkzeugkonstruktion
V. Lochen des Gehäuses
  V.1. Werkstückzuführung
VI. Boden des Gehäuses nachschlagen und Rand hochstellen

I. Überlegungen zu den Stufenformen und Arbeitsgängen

1

Man kann zwischen drei geometrischen Formen des Rohteils wählen: dem Stangenabschnitt, der runden und der quadratischen Platine.

runde Platine	quadratische Platine	Stangenabschnitt
		glühen, phosphatieren, schmieren mit MOS_2
glühen, phosphatieren, schmieren mit MOS_2	glühen, phosphatieren, schmieren mit MOS_2	glühen, phosphatieren, schmieren mit MOS_2
		glühen, phosphatieren, schmieren mit MOS_2
glühen, schmieren mit MOS_2	glühen, schmieren mit MOS_2	glühen, phosphatieren, schmieren mit MOS_2
entfetten	entfetten	entfetten
11 Arbeitsgänge	11 Arbeitsgänge	18 Arbeitsgänge

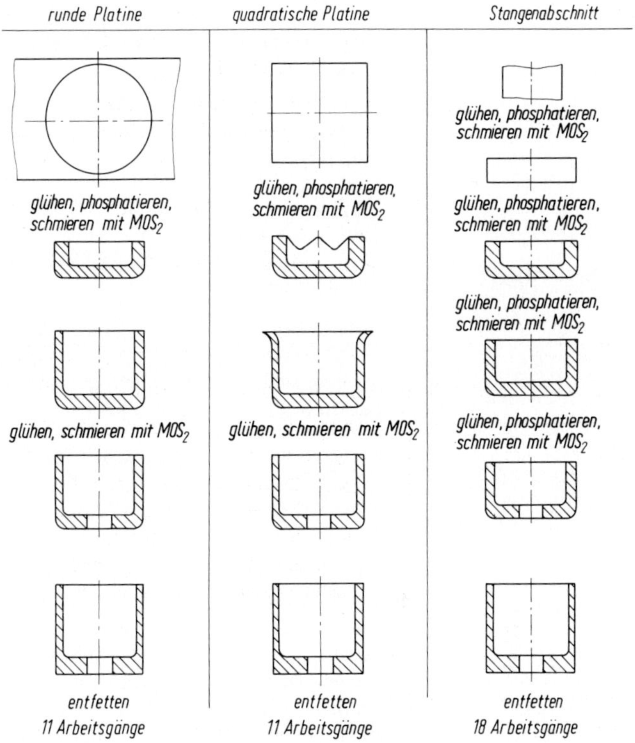

2

Ausgangsteil: Stangenabschnitt	Geht man vom Stangenabschnitt als Rohteil aus, werden 18 Arbeitsgänge zum Fertigen des Schaltergehäuses benötigt. Die sieben im Vergleich zur Platine zusätzlichen Arbeitsgänge ermöglichen eine vollkommenere Umformung; die Festigkeitseigenschaften des Schaltergehäuses können über den gesamten verformten Werkstoff hin als konstant angesehen werden. Da jedoch das Schaltergehäuse mechanisch nur gering beansprucht wird, ist dieser Vorteil für die Fertigung uninteressant.

3	Ausgangsteil: quadratische Platine	Beim Ausschneiden einer quadratischen Platine aus einem Blechstreifen entsteht kein Abfall. Die weitere Verarbeitung macht aber erhebliche Schwierigkeiten, da z.B. die Fließpreßgeschwindigkeiten über dem Umfang der Platine nicht konstant sind. Man erhält einen „Kronennapf" mit tief heruntergezogenen Zacken und Rissen. Die Rißbildung läßt sich einschränken, wenn Matrizenwinkel und Stempelform verändert werden. Derartige Werkzeugmodifikationen sind jedoch in der Praxis noch nicht angewendet worden.
4	Ausgangsteil: runde Platine (Ronde)	Beim Ausschneiden der Ronde aus einem Blechstreifen entsteht Abfall, der kaum noch verwendet werden kann. Verringert wird der Abfall, indem man den Blechstreifen in der Breite kleiner hält als den Rondendurchmesser und den Stempel ineinander schneiden läßt. Der Blechstreifenvorschub ist demnach kleiner als der Rondendurchmesser. Die Einbuchtungen in der Ronde werden durch den Umformvorgang aufgefangen und machen sich nicht bemerkbar.

Nach diesen Überlegungen entscheiden wir uns für die Ronde als Ausgangsteil und untersuchen nun, ob das Schaltergehäuse direkt aus der Ronde herausgepreßt werden kann. Voraussetzung dafür ist ein extrem großer Matrizenöffnungswinkel von etwa 30°.

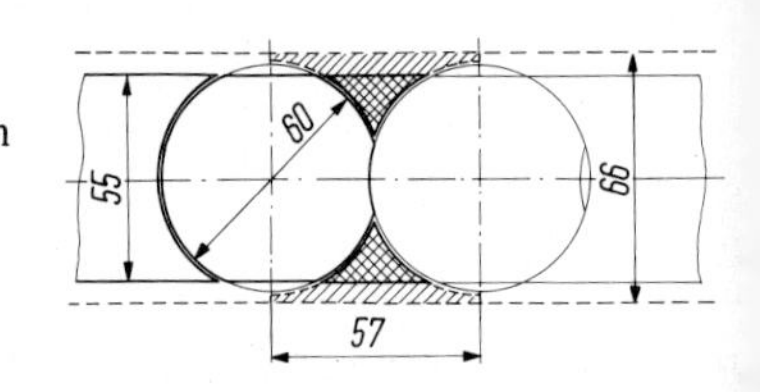

Das zulässige logarithmische Umformverhältnis für 16 Mn Cr 5 beträgt $\varphi_F = 1{,}2 \ldots 1{,}4$. Aus der dargestellten Arbeitsfolge ergibt sich ein tatsächliches Umformverhältnis

$$\varphi_F = \ln \frac{A_0}{A_1} = \ln \frac{\frac{\pi}{4} \cdot 90^2 \text{ mm}^2}{\frac{\pi}{4}(56{,}6^2 - 52^2) \text{ mm}^2} = 2{,}7859$$

Das logarithmische Umformverhältnis zeigt, daß der Werkstoff offensichtlich in seiner Fließfähigkeit stark überfordert wäre, wollte man das Schaltergehäuse direkt aus der Ronde herauspressen. Deshalb wird zunächst ein Napf gezogen, bei dem dann der Schaft fließgepreßt werden kann. Nun ergibt sich das logarithmische Umformverhältnis:

$$\varphi_F = \ln \frac{A_0}{A_1} = \ln \frac{\frac{\pi}{4}(66^2 - 52{,}3^2) \text{ mm}^2}{\frac{\pi}{4}(56{,}6^2 - 52^2) \text{ mm}^2} = 1{,}177$$

$$\varphi_F = 1{,}177 < \varphi_{F\,max} = 1{,}4$$

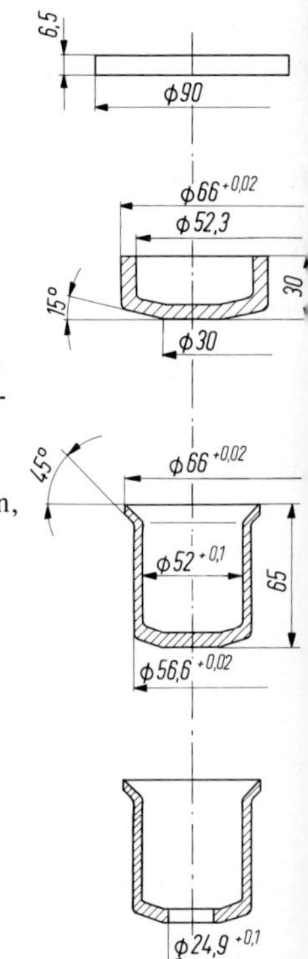

	Im Anschluß an das Schaftfließpressen wird die Bohrung in den Boden geschnitten, und zwar etwas größer als der am Ende geforderte Durchmesser, da sich beim Nachschlagen im letzten Arbeitsgang die Bohrung wieder verkleinert. Der letzte Arbeitsgang dient dem Nachschlagen. Das Schaltergehäuse wird dabei in das Werkzeug hineingezogen, damit sich der Rand hochstellt. Der Formstempel hat am Boden einen Ansatz, der die Bohrung auf Maß bringt und die Bohrungswände glättet. Eine spanabhebende Nachbearbeitung des Schaltergehäuses ist nicht mehr erforderlich.

II. Ausschneiden der Platine

II.1. Kraftaufwand beim Ausschneiden

Gegebene Größen	Abscherbruchfestigkeit $\tau_{aB} = 600 \frac{N}{mm^2}$ (siehe 3.3 Nr. 4) Rondendurchmesser $d = 90$ mm, Blechdicke $s = 6{,}5$ mm	1
Schnittkraft bei Parallelschliff	$F = l s \tau_{aB} = \pi\, 90 \text{ mm} \cdot 6{,}5 \text{ mm} \cdot 600 \frac{N}{mm^2}$ $F = 1103$ kN	2

II.2. Hinweise zur Werkzeugwahl

Die Ronden werden vom Blechstreifen ausgeschnitten. Die Zuführung des Blechstreifens erfolgt automatisch durch Suchstift und Walzenvorschub.

Als Presse kann eine Exzenterpresse mit einer maximalen Druckkraft von 1800kN eingesetzt werden.

III. Tiefziehen der runden Platine

III.1. Kraftaufwand beim Tiefziehen

Gegebene Größen	Napfinnendurchmesser	$d = 52{,}3$ mm	1
	Mittlere Fließspannung	$k_{fm} = \frac{k_{f1} + k_{f2}}{2}$	
	(siehe 7.4.1 Nr. 3)	$k_{fm} = \frac{280 \frac{N}{mm^2} + 780 \frac{N}{mm^2}}{2}$	
		$k_{fm} = 530 \frac{N}{mm^2}$	
	Blechdicke	$s = 6{,}5$ mm	
	Ziehverhältnis	$\beta_0 = \frac{D}{d} = 1{,}721$ $\ln \beta_0 = 0{,}543$ $\beta_{0\,max} = 2{,}142$	
	Formänderungsexponent	$n = 1{,}2 \frac{\beta_0 - 1}{\beta_{0\,max} - 1}$ $n = 0{,}758$	
	Zugfestigkeit	$R_m \approx 650 \frac{N}{mm^2}$	

2	Ziehkraft F_{z1} nach *Siebel*	$F_{z1} = 5\,d\,s\,k_{fm} \ln \beta_0$ $F_{z1} = 489{,}17$ kN
3	Ziehkraft F_{z2} nach *Schuler*	$F_{z2} = \pi\,n\,d\,s\,\sigma_B$ $F_{z2} = 526{,}2$ kN

III.2. Hinweise zur Werkzeugauswahl

Der Napf stellt keine besonderen Anforderungen an das Tiefziehwerkzeug. Die Bodenform des Ziehstempels wird so gestaltet, daß sie bis zum letzten Arbeitsgang – dem Nachschlagen – nicht mehr verändert werden muß (Bild 7.10.I. Nr. 3). Der gezogene Napf wird pneumatisch durch einen Auswerfer nach oben ausgestoßen.

Die Zuführung erfolgt aus einem Magazin, aus dem die Ronde von einem Schieber auf das Werkzeug geschoben wird. Sowohl das Zuführen als auch das Ausstoßen wird von der Presse gesteuert.

Als Presse kann eine kurzhubige Kniehebelpresse mit einer maximalen Ziehkraft $F_z \approx 1000$ kN verwendet werden.

IV. Schaftfließpressen des Schaltergehäuses

IV.1. Vergleich zwischen den theoretischen Kraftermittlungsverfahren von Feldmann und Dipper

Kraftermittlung nach *Feldmann*

1	Gegebene Größen	Formänderungswirkungsgrad	$\eta_F = 0{,}4$ (geschätzt)
		Kreisringfläche	$A_1 = A_{d1} - A_d = \frac{\pi}{4}(d_1^2 - d^2)$ $A_1 = \frac{\pi}{4}(66^2 - 52{,}3^2)\ \text{mm}^2$ $A_1 = 1273\ \text{mm}^2$
		Mittlere Fließspannung	$k_{fm} = 530\ \frac{\text{N}}{\text{mm}^2}$
		Logarithmische Formänderung	$\varphi_g = \ln \frac{A_1}{A_2} = \ln \frac{1273\ \text{mm}^2}{392\ \text{mm}^2}$ $\varphi_g = 1{,}178$
2	Fließpreßkraft F	$F = (A_{d1} - A_d)\,\frac{k_{fm}\,\varphi_g}{\eta_F}$ $F = 1987$ kN	

Kraftermittlung nach *Dipper*

3	Gegebene Größen	Höhen $h_1 \dots h_3$ (siehe Bild 7.4.2 Nr. 3)	$h_1 = 10$ mm $h_2 = 8$ mm $h_3 = 4$ mm
		Reibzahl	$\mu = 0{,}2$ (angenommen)
		Blechdicken	$s_1 = 6{,}5$ mm $s_2 = 2{,}3$ mm

Fließpreßkraft F	$F = d_1\, s_1\, \pi\, k_{fm} \left[\left(e^{\frac{2\mu h_3}{s_2}} + 1{,}5 \ln \frac{s_1}{s_2}\right) e^{\frac{\mu h_1}{s_1}} - 1\right]$ $F = 2748$ kN	4

Die beiden Kraftermittlungsverfahren ergeben unterschiedliche Ergebnisse. Der Streubereich ist bei der Berechnungsmethode nach *Feldman* besonders hoch. Bei Schätzungen des Wirkungsgrades zwischen $\eta_F = 0{,}4 \ldots 0{,}7$ beträgt der Preßkraftunterschied $\Delta F \approx 700$ kN.

5

Bei der Berechnungsmethode nach *Dipper* liegt der größte Unsicherheitsfaktor in der Festlegung von K_{fm}. Für das Beispiel ergibt sich dadurch ein Preßkraftunterschied $\Delta F \approx 150$ kN.

Die theoretische Ermittlung der Preßkraft kann demnach nur der überschlägigen Bestimmung des Pressentyps dienen. Mit Sicherheit wird die maximale Preßkraft der Presse weit über der erforderlichen Preßkraft liegen müssen.

IV.2. Werkzeugkonstruktion

Die Preßbüchse des Fließpreßwerkzeugs hat eine doppelte Armierung. Das Werkzeug wird horizontal geteilt, um waagerecht und senkrecht eine genügende Elastizität zu erhalten. Der Stempelkopf ist auswechselbar, damit beim Nachschleifen nicht das gesamte Oberteil des Werkzeugs auseinandergenommen werden muß.

Das Werkstück wird nach dem Fließpreßvorgang durch einen pneumatischen Auswerfer ausgestoßen.

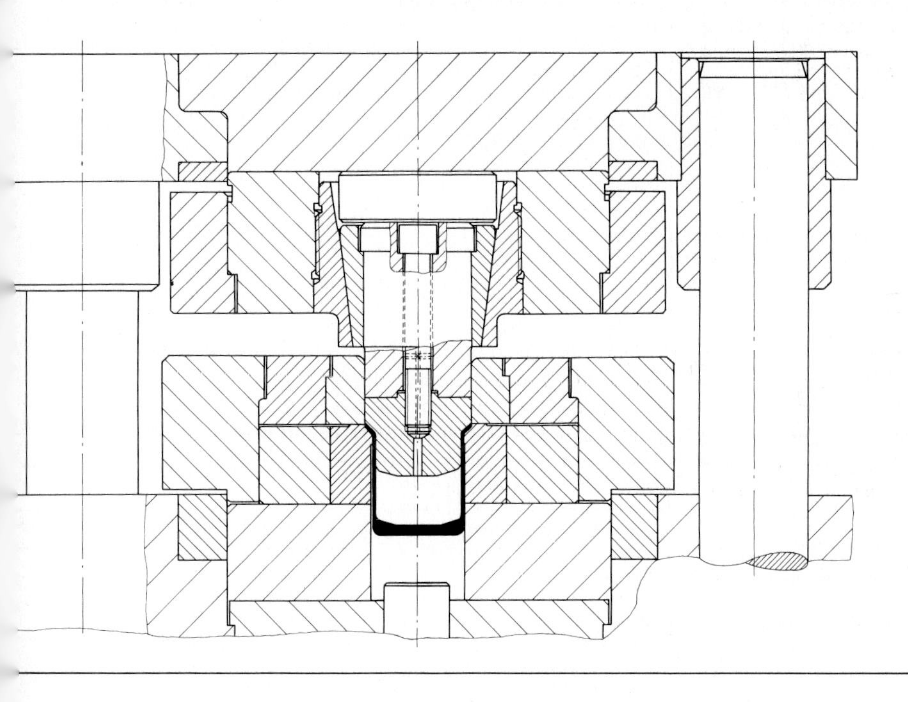

V. Lochen des Schaltergehäuses

V.1. Werkstückzuführung

Am Beispiel des Ausschneidens wird die Konstruktion einer unkomplizierten automatischen Werkstückzuführung erläutert, die im Prinzip auch beim Schaftfließpressen und Nachschlagen verwendet werden kann.

Die Zuführvorrichtung besteht aus einem Röhrenmagazin mit einer Kapazität von 30 ... 40 Werkstücken, zwei Halteringen (Wartestellung I und II), dem Preßluftstößel und einer Führungsbahn. Die Halteringe sind geteilt; sie werden durch einen pneumatisch von der Presse gesteuerten Kolben geöffnet und durch ein Federsystem wieder geschlossen.

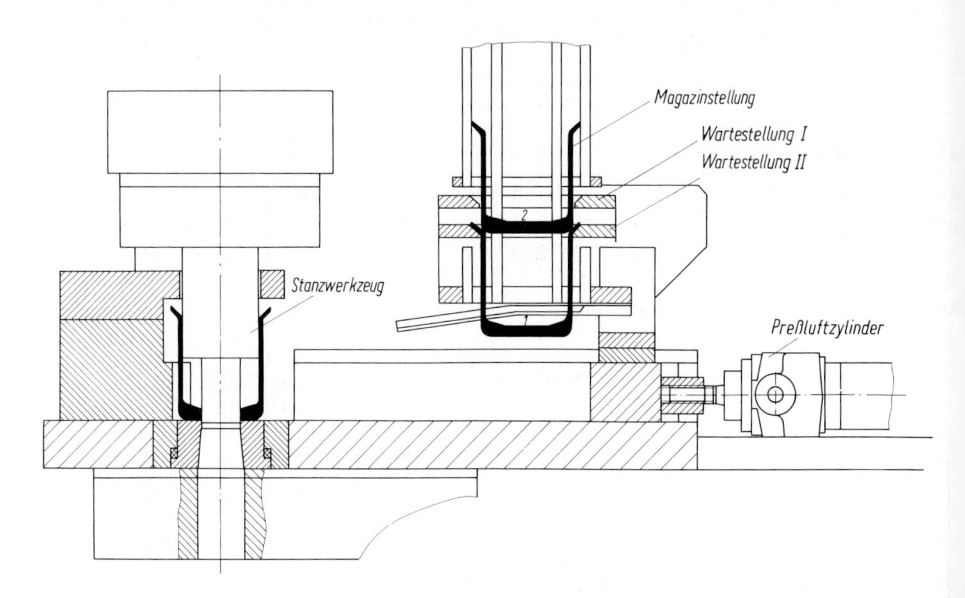

Wirkungsweise:

Bewegt sich der Stempel nach oben, öffnet er ein Ventil – Preßluft betätigt einen Kolben, der Haltering II öffnet. Werkstück 1 fällt in die Führungsbahn. Durch das Öffnen des Ventils wird auch der Preßluftstößel zeitlich verzögert in Bewegung gesetzt, der Teil 1 in der Führungsbahn unter den Stempel schiebt (Verzögerung etwa 1/10 s durch Membrane). Die Zentrierung des Werkstücks übernimmt der Stempelschaft. Während der Arbeitsbewegung des Stempels wird Haltering I, in dem Werkstück 2 hängt, geöffnet und das Werkstück fällt in Wartestellung II.

VI. Boden des Schaltergehäuses nachschlagen und Rand hochstellen

Das Werkstück wird zunächst von dem Formstempel so tief in die Preßbüchse eingezogen, bis der Boden die Unterseite des Werkzeugs erreicht. Dadurch wird zwangsläufig der Rand hochgestellt.

Es folgt die Stauchoperation, bei der erst der Boden plangedrückt und dann um 2 mm gestaucht wird. Der Ansatz im Stempel bringt die Bohrung im Boden des Gehäuses auf genaues Maß.

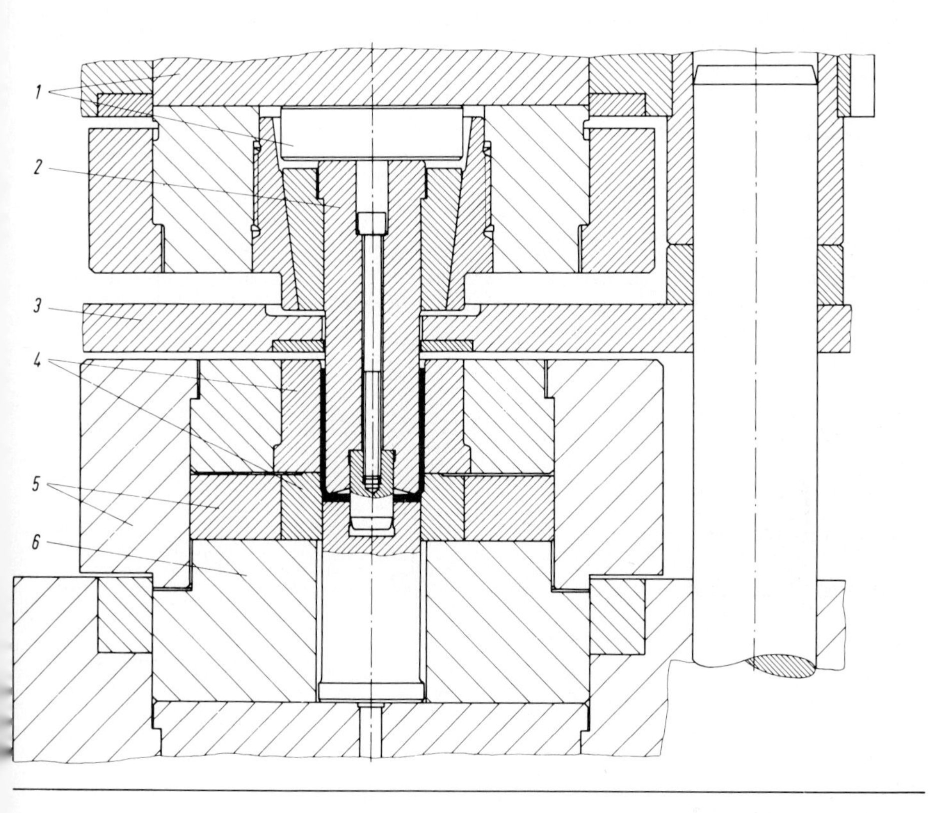

8. Preßmaschinen

8.1. Einteilung der Preßmaschinen

Bei Preßmaschinen gibt es drei Möglichkeiten, Kräfte und Arbeitsvermögen bereitzustellen:

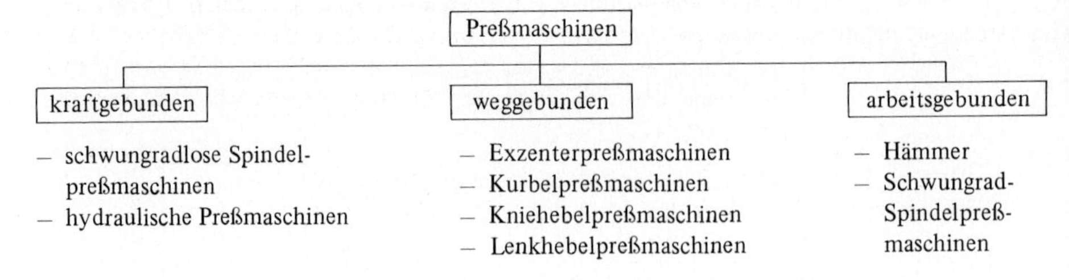

8.2. Schneid- und Umformkennlinien

Jeder der in der Übersicht (8.1) gezeigte Preßmaschinentyp hat seinen eigenen Kennlinienverlauf. Die Kennlinie der gewünschten Preßmaschine muß mit dem Kraft-Weg-Diagramm des jeweiligen Schneid- oder Umformvorganges überlagert werden, um feststellen zu können, ob die Preßmaschine den Anforderungen dieses Vorganges genügt (siehe 7.5.1).

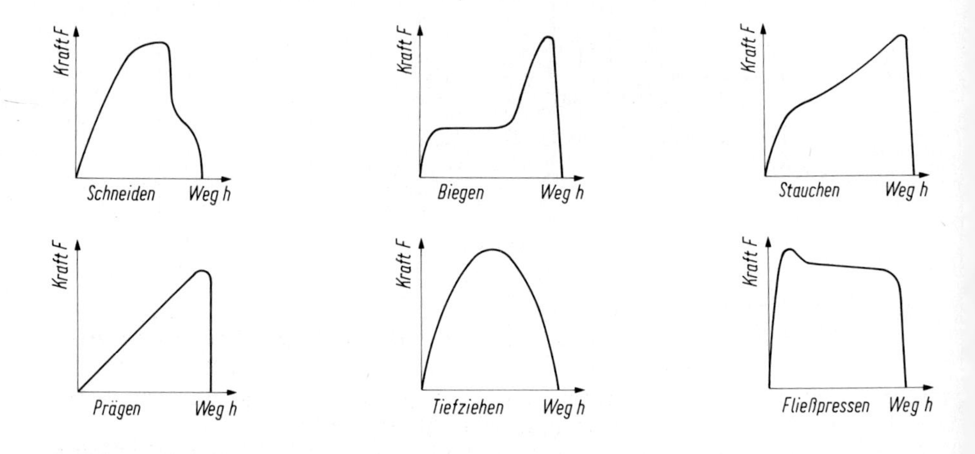

8.3 Kenngrößen von Preßmaschinen

Erforderliche Nennkraft F_N	Aus der überschlägig ermittelten theoretischen Preßkraft für die Umformung eines Werkstücks kann unter Zuschlag einer Kraftreserve die erforderliche Nennkraft der Preßmaschine bestimmt werden. Die erforderliche Umform- oder Schneidkraft darf unter keinen Umständen über die Werte der Kennlinie steigen, da die Preßmaschine sonst zerstört werden könnte.
Stößelkraft F_{st}	Die Stößelkraft ist die in jedem beliebigen Moment des Nutz- oder Arbeitshubes abgegebene Kraft.

Arbeitsvermögen E_M	Die erforderliche Umformarbeit für ein Werkstück darf nicht größer sein als das der Preßmaschine zur Verfügung stehende Arbeitsvermögen, da die Maschine sonst im Dauerbetrieb wegen Überlastung zum Stillstehen kommen würde.
Stößelweg h (Gesamthub H)	Der zum Schneiden oder Umformen erforderliche Stößelweg (Hub) entscheidet mit darüber, welche Antriebsart die Preßmaschine haben muß. Das gilt besonders für weggebundene Preßmaschinen. Hier ist der Stößelhub schon durch die Art der Kraftübertragung (Kniehebel- oder Kurbeltrieb) begrenzt.
Hubzahl n_H Kurbelwellendrehzahl n_K	Die Hubzahl pro Minute richtet sich hauptsächlich nach der Anzahl der pro Hub auszuführenden Arbeitsgänge. Bei Preßmaschinen mit Kurbeltrieb ist $n_H = n_K$.

8.4. Ausgewählte Bauarten von Preßmaschinen

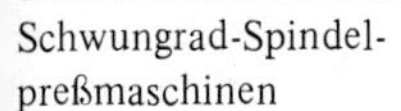 Schwungrad-Spindel-preßmaschinen	Die erforderliche Umformarbeit bekommt man über die Rotationsenergie der Schwungräder. Die Rotationsbewegung wird über eine mehrgängige Gewindespindel in eine geradlinige Bewegung übertragen. 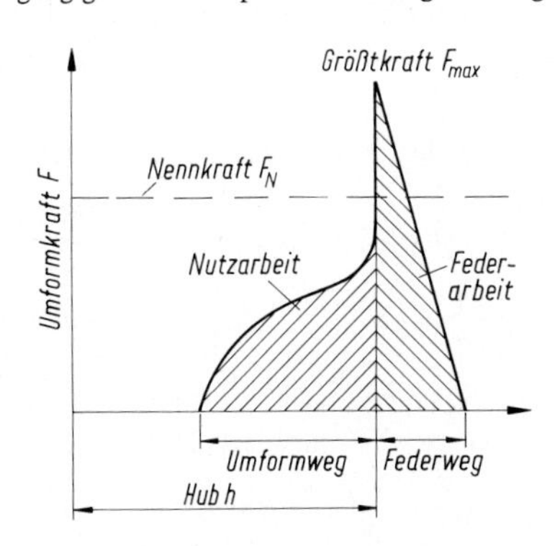 Das Kraft-Weg-Diagramm einer Schwungrad-Spindelpreßmaschine zeigt, daß – sehr viel Nutzarbeit verlorengeht, weil die Preßmaschine während des Umformvorganges verspannt und auffedert, – eine Kraftspitze auftritt, die zur Überlastung der Preßmaschine führen kann. Deshalb dienen Scherstifte und Rutschkupplungen zur Überlastsicherung.
Exzenter- und Kurbel-preßmaschinen	Baugrößen von Einständer-Exzenterpreßmaschinen sind – abhängig von der Größe der Preßkraft – genormt (DIN 55 170, DIN 55 171, DIN 55 172). Baugrößen von Doppelständer-Exzenterpreßmaschinen sind festgelegt in DIN 55 173. Alle Exzenter- und Kurbelpreßmaschinen arbeiten nach dem Prinzip des Schubkurbeltriebes.

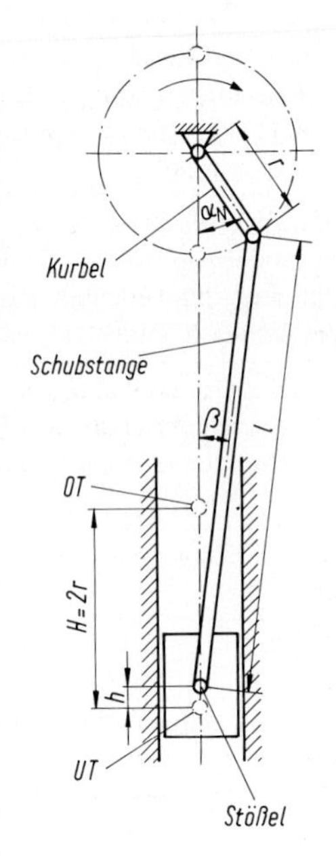

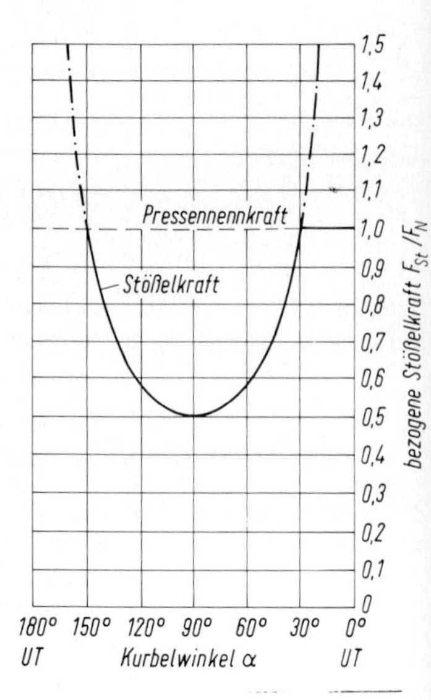

Wichtige Kenngrößen sind das Schubstangenverhältnis r/l und der Nutzwinkel α_N:

Schubstangenverhältnis

$$\frac{r}{l} = \frac{1}{4} \dots \frac{1}{15}$$

Nutzwinkel $\alpha_N = 30°$, hier ist $F_N = F_{st}$ nach DIN 55 170.

Je nach dem bei einem bestimmten Schneid- oder Umformverfahren auftretenden Kraftverlauf werden Preßmaschinen mit unterschiedlichem Nutzwinkel α_N gebaut.

Beispiele:

Fertigung durch		
	Schneiden	$\alpha_N = 20°$
	Gesenkschmieden	$\alpha_N = 10°$
	Tiefziehen	$\alpha_N = 75°$
	Fließpressen	$\alpha_N = 45°$

Schubkurbel-Kniehebelpreßmaschine

Die gegenüber der Exzenter-Preßmaschine veränderten Antriebsbewegungen lassen nur sehr kleine Preßwege, aber sehr große Preßkräfte zu.

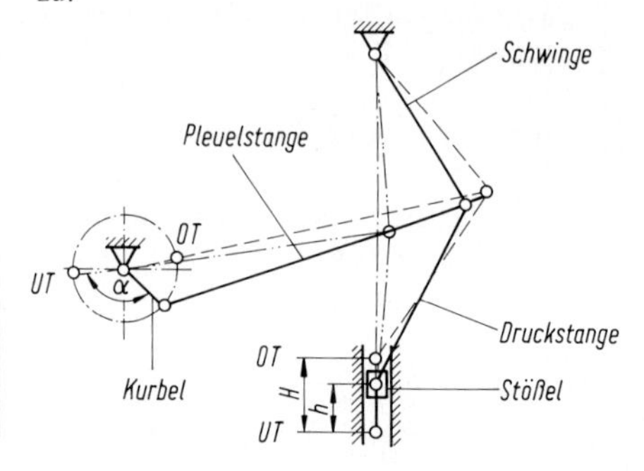

	Vorteile: Antrieb und Pleuelstange werden geringer belastet als bei der Exzenter-Preßmaschine. Der Stößel setzt weich auf der Werkstückoberfläche auf; die Werkzeuge werden geschont. Die Stößelkraft steigt über den Stößelweg hinweg stark an; komplizierte Werkstückformen können exakt ausgeprägt werden. *Anwendung:* Fließpressen von Werkstücken mit geringer Höhe, Münzprägen
Hydraulische Preßmaschinen	Antrieb des Stößels bei kleineren Preßmaschinen über Konstantförderpumpen, bei größeren Maschinen über verstellbare Axial- oder Radialkolbenpumpen. *Vorteile:* Die Nennkraft steht über den gesamten Hub hinweg zur Verfügung. Sie ist genau einstellbar. Der Stößel ist leicht steuerbar. *Nachteile:* Bei Betriebsdrücken bis 300 bar ist Öl kompressibel. Dadurch können bei hohen Arbeitsgeschwindigkeiten, z.B. beim Schneiden, Schwingungen wie bei mechanischen Preßmaschinen auftreten. *Anwendung:* Tiefziehen Fließpressen von Werkstücken mit großer Höhe, Prägen Gesenkschmieden von Leichtmetallen

Literaturverzeichnis

Spanende Fertigung

Böge, A.: Das Techniker Handbuch, Verlag Vieweg Braunschweig/Wiesbaden

Bruins/Dräger: Werkzeuge und Werkzeugmaschinen für die spanende Metallbearbeitung Teil 1, Verlag Carl Hanser München

Degener/Lutze/Smejkal: Spanende Formung, Verlag Technik Berlin

König: Fertigungsverfahren Band 1 und 2, VDI-Verlag Düsseldorf

Neubauer/Stroppe/Wolf: Hochgeschwindigkeitstechnologie der Metallbearbeitung, Verlag Technik Berlin

Paucksch. Zerspantechnik, Verlag Vieweg Braunschweig/Wiesbaden

Schamschula: Spanende Fertigung, Verlag Springer Berlin

Spur/Stöferle: Handbuch der Fertigungstechnik Band 3/1 und 3/2, Verlag Carl Hanser München

Tschätsch: Handbuch spanende Formgebung, Verlag Hoppenstedt Technik-Tabellen Darmstadt

Victor/Müller/Opferkuch: Zerspantechnik, Verlag Springer Berlin

Weber/Loladze: Grundlagen des Spanens, Verlag Technik Berlin

Spanlose Fertigung

Böge, A.: Arbeitshilfen und Formeln für das technische Studium, Band 1, Verlag Vieweg Braunsschwe[illegible] Wiesbaden

Böge, A.: Das Techniker Handbuch, Verlag Vieweg Braunschweig/Wiesbaden

Grünig, K.: Umformtechnik, Verlag Vieweg Braunschweig/Wiesbaden

Semlinger, E. und *Hellwig, W.:* Spanlose Fertigung: Schneiden – Biegen – Ziehen, Verlag Vieweg Braunschweig/Wiesbaden

Liedtke, D.: Nitrieren und Nitrocarburieren, Merkblatt 447, Beratungsstelle für Stahlverwendung, Düsseldorf

Sligte, J.. Bearbeiten von Feinblech, Merkbaltt 407, Beratungsstelle für Stahlverwendung, Düsseldorf

Feldmann, H.-D.. Fließpressen von Stahl, Merkblatt 201, Beratungsstelle für Stahlverwendung, Düssel[illegible]

Lemke, E.. Fertigungsmeßtechnik, Verlag Vieweg Braunschweig/Wiesbaden

Weißbach, W.: Werkstoffkunde und Werkstoffprüfung, Verlag Vieweg Braunschweig/Wiesbaden

Sachwortverzeichnis